전산정보학 총론

전자계산기 구조

신봉희 저

일진사

머리말

컴퓨터는 초기 수치 계산의 도구로 개발되기 시작하여 현재는 모든 첨단기기에 응용되어 사용되고 있는, 인간이 개발한 가장 놀라운 기기 중 하나이며, 해를 거듭할수록 더욱더 발전하고 있다. 이러한 컴퓨터의 구조와 원리를 이해하고 응용에 도움을 줄 수 있는 학문이 전자계산기 구조이며, 이는 컴퓨터를 응용하는 모든 분야에서 필수적인 학문이다.

이 교재는 컴퓨터의 기초 원리와 구조를 중심으로 컴퓨터 하드웨어에 접근, 동작원리를 이해하여 컴퓨터를 응용하는 데 도움을 줄 수 있도록 다음과 같이 구성하였다.

1. 컴퓨터 개요
2. 논리 회로
3. 자료의 표현
4. 연 산
5. 명 령
6. 명령의 수행과 제어
7. 인터럽트
8. 기억장치
9. 입출력장치
10. 데이터 통신

또한 각 단원을 기초적인 지식에서부터 응용에 이르도록 구성하였으며, 특히 각종 자격 시험에 대비할 수 있도록 전자계산기, 정보처리, 전자계산기 조직응용, 정보통신 등 자격 시험에 출제되었던 문제들을 수록하여 단원별 중요부분을 인지하도록 하였고, 실력 평가를 통해 미진한 부분을 재학습할 수 있도록 구성하였다.

끝으로 이 교재가 컴퓨터 구조를 이해하고 응용하는 데 올바른 길잡이가 되기를 기원하며, 도움을 주신 동료 교직원 여러분과 항상 물심양면으로 지원을 아끼지 않으신 도서출판 **일진사** 여러분께 깊은 감사를 드린다.

저자 씀

4

차 례

CHAPTER 06 명령의 수행과 제어

CHAPTER 07 **인터럽트**

CHAPTER 09 **입출력장치**

컴퓨터 개요

1. 전자계산기의 개념 및 특성

1-1 전자계산기란

인간은 수를 이용하면서부터 보다 신속하고 정확하게 대량의 자료를 처리하고자 노력해 왔으며, 결국 수많은 발전을 통해 전자계산기라는 도구를 만들게 되었다.

이 전자계산기는 전자적으로 자료를 처리하는 장치로, EDPS(Electronic Data Processing System)라고도 불리는데 단계적이고 상세하게 작성된 일련의 명령들, 즉 프로그램(Program)을 이용하여 자료를 입력, 저장, 처리, 출력하는 기능을 수행한다. 전자계산기는 필요한 각종 데이터를 유효·적절하게 분석하여 새롭고 가치 있는 유용한 정보(Information)를 만들어 내는 장치이며, 사무관리, 과학기술 계산 등의 일반 업무 처리에서부터 군사용, 의료용, 기기 제어용과 같은 특수 분야에서도 많이 응용되고 있음은 물론 최근에는 멀티미디어(Multimedia) 지향에 따라 영상의 편집과 재생, 음성인식, 정보통신 등에도 널리 활용되고 있다. 따라서 현재의 전자계산기는 인간 삶의 거의 모든 분야에 적용되어 인간의 생활을 보다 편리하도록 도와주는 아주 중요한 기기가 되었다.

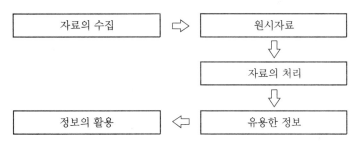

전자계산기의 역할

전자계산기는 폰 노이만(J. Von Neumann)이 주창한 프로그램 내장(Stored Program) 방식에 의해 동작된다. 프로그램 내장방식이란 전자계산기 안에 기억장치를 갖추고 수행하고자 하는 명령과 데이터들을 모두 기억장치에 저장한 후, 명령을 순차적으로 읽어 들여 해독과 실행을 함으로써 고속으로 입출력 및 연산을 수행할 수 있는 방식이다. 이는 프로그램이 바뀔 때마다 배선의 연결을 바꾸어야 하는 문제를 해결하기 위한 방식으로, 현재 이용되고 있는 대부분의 전자계산기는 이 방식을 사용하고 있다.

1-2　전자계산기의 특성

전자계산기는 수많은 특성과 기능들을 가지고 있으며, 이러한 특성과 기능들을 이용하여 보다 편리하게 자료를 처리할 수 있다.

(1) 고속성

전자계산기는 방대한 자료를 전자적으로 읽고(Reading), 이를 연산(Calculating)하여 출력(Writing)하기 때문에 신속하게 처리할 수 있으며, 현재 전자계산기의 속도는 μs (Micro Second : 10^{-6}), ns(Nano Second : 10^{-9}), ps(Pico Second : 10^{-12}), fs(Femto Second : 10^{-15}), as(Atto Second : 10^{-18}) 등의 속도로 빠르게 발전해 가고 있다.

(2) 정확성

전자계산기는 업무 처리에 있어서 단계적이고 상세하게 기술된 일련의 명령어들을 주어진 처리 방법에 의해 순서적으로 수행하기 때문에 정확성을 통해 높은 신뢰성을 가진다.

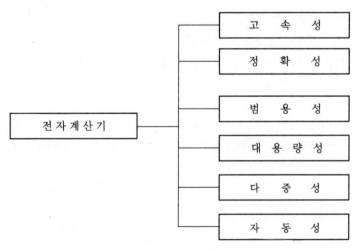

전자계산기의 특성

(3) 대용량성

전자계산기는 주로 자기 성분으로 구성된 보조기억장치를 이용하여 자료를 무한정 저장할 수 있으며 처리 면에서도 많은 양의 자료를 짧은 시간 내에 처리할 수 있다.

(4) 범용성

전자계산기는 과학기술 계산, 통계 처리, 사무 처리, 컴퓨터 그래픽(CG ; Computer Graphic), 멀티미디어 이용, 정보통신 등에 널리 사용된다.

(5) 다중성

전자계산기는 여러 가지 업무를 동시에 처리하는 다중 프로그래밍(Multiprogramming) 기술을 통하여 활용도를 높이고, 필요에 따라 다수의 처리기를 이용한 멀티 프로세싱 (Multiprocessing)으로 업무 처리의 고속화가 가능하다.

(6) 자동성

전자계산기는 복잡한 수식 등을 포함한 각종 데이터들을 프로그램에 의해 정해진 순서에 따라 제어장치의 통제하에 스스로 자동적으로 처리한다.

2. 전자계산기의 발전사

2-1 　전자계산기의 등장

인간들은 수의 계산을 위해 다양한 기기들을 개발하게 되었고 이러한 기기들은 차츰 보완과 개발을 거듭하여 전자적으로 자료를 처리하는 현재의 전자계산기에 이르고 있다.

2-2 　전자계산기의 발전 과정

(1) 초기의 계산도구

17세기 초 스코틀랜드의 수학자 네이피어(John Napier, 1550~1617)는 복잡한 수를 간단하게 계산하기 위해 대수표를 만들고 이를 계산자(Slide Rule)로 발전시켰으며 1617년 곱셈용 계산도구인 네이피어 봉(Napier's Bones)을 만들었다.

네이피어 봉

1642년에는 프랑스의 수학자 파스칼(Blaise Pascal, 1623~1662)이 톱니바퀴를 이용하여 기계적으로 덧셈을 수행하는 치차식 계산기를 만들었다. 이 계산기는 자동적으로 자리올림이 가능하며 톱니바퀴를 역으로 회전시켜 감산을 수행하는 기계적 가감산 계산기이다.

치차식 계산기

파스칼의 계산기가 가감산만 가능하다는 점에 착안하여 가산을 반복함으로써 승산을 수행할 수 있는 계산기가 1671년 독일의 라이프니츠(Gottfried Wilhelm Leibnitz, 1646~1716)에 의해 만들어졌는데 스텝 실린더(Stepped Cylinder)라 부르는 9개의 서로 다른 크기의 이를 가진 커다란 기어들을 사용한 계산기이다.

라이프니츠 승산기

1786년 독일인 뮐러(Johann Helfrich von Müller, 1746~1830)에 의해 삼각법과 대수를 풀 수 있는 미분기(Difference Engine)가 창안되었고, 그 이론을 토대로 하여 배비지(Charles Babbage, 1792~1871)는 차분기관을 완성시키고 차후 해석 기관(Analytical Engine)을 설계함으로써 현대의 계산기 구조와 비슷한 연산, 제어, 기억, 입출력의 개념을 고안하게 되었다. 이 해석기관은 연산을 담당하는 밀(Mill), 기억을 위해 여러 개의 톱니바퀴로 구성된 스토어(Store), 동작 순서와 수치 전송을 제어하는 제어 기구(Control), 펀치카드를 이용한 입력 기구(Input)와 출력 기구(Output)로 구성되어 있으나 당시 기술 수준이 미흡하여 완성하지는 못했다.

미분기(Difference Engine) 해석기관(Analytical Engine)

1887년 미국의 통계학자이며 공학자인 홀러리스(Herman Hollerith, 1860~1929)는 그당시 사용하던 기차표에 착안하여 전기와 기계가 사용된 최초의 계산기인 천공 카드 기계(PCS ; Punch Card System)를 발명하여 1890년 미국의 인구 조사에 사용하였으며, 이것은 여러 가지 자료를 카드의 천공 상태로 표현하여 구멍의 유무를 전기적인 신호로 검출하여 사용되었다.

(2) 전자식 계산기

전기의 동력을 이용하는 기술과 진공관(Tube)을 사용하는 전자 공학 기술이 발전함에 따라 전자적 계산기가 개발되어 기계적으로 구성되어 있던 기기들을 전자적 스위치나 진공관으로 대체하여 사용하게 되었다. 이러한 기술의 발전으로 1943년 하버드 대학의 에이킨(Howard Aiken, 1900~1973) 교수는 배지지의 해석기관(Analytical Engine)을 모방하여 릴레이(Relay) 3천여 개로 구성된 최초의 자동 계산기인 MARK-I를 제작하였다.

그 후 아타나소프(John Atanasoff, 1903~1995)와 베리(Clifford Berry, 1918~1963)에 의해 ABC(Atanasoff Berry Computer)라는 진공관으로 만들어진 최초의 디지털 계산기가 개발되었고, 1946년에는 18000여 개의 진공관과 1500여 개의 릴레이(Relay)로 만들어

진 최초의 대형 전자계산기인 ENIAC(Electronic Numerical Integrator And Calculator)이 모클리(John Mauchly, 1907~1980)와 에커트(John Eckert, 1919~1995)에 의해 개발되었다.

이 전자계산기는 무게가 30톤에 달하고 $9 \times 15 \ m^2$의 공간을 차지하며 컴퓨터의 각 부분을 전선으로 연결시켜 프로그램하도록 되어 있어 프로그램을 변경하고자 하는 경우 전선의 연결을 완전히 다시 해야 했다. 2차 세계대전 시 미 육군의 포탄 궤도를 파악하기 위해 개발되었으나 일기 예보나 원자에너지 계산, 난수 연구 등 다양하게 사용되었다.

에니악(ENIAC) 컴퓨터

그 후 1949년에는 프로그램 내장 방식과 2진 개념을 최초로 사용한 EDSAC(Electronic Delayed Storage Automatic Calculator)이 개발되었고, 1950년에는 프로그램 내장 방식을 기본 원리로 하여 미국의 펜실베이니아 대학에서 EDVAC(Electronic Discrete Variable Automatic Computer)이 개발되었다. 최초의 상업용 컴퓨터는 미국의 국세 조사를 위해 1951년 개발된 UNIVAC-I(Universal Automatic Computer I)으로, 미국 조사통계국에서 데이터 처리용으로 이용되었다.

EDSAC 컴퓨터

EDVAC 컴퓨터

UNIVAC 컴퓨터

2-3 전자계산기의 세대별 구분

(1) 1세대 (1946~1958)

진공관을 기본 소자로 하여 컴퓨터의 상품화와 실용화가 시작된 세대로 1946년 ENIAC을 시작으로 UNIVAC, IBM 650 등의 컴퓨터가 등장했다. 진공관을 사용하여 전력소모가 크고, 발열로 인한 고장을 덜기 위해 열을 식히기 위한 냉각장치가 필요하였으며 부피가 매우 크기 때문에 넓은 공간이 필요한 점 등 단점이 많았다. 주기억장치로는 수은지연소자가 사용되었으나 안정성이 적어 후에 자기드럼으로 개선되었으며 프로그램은 기계어와 어셈블리 언어를 사용하고 통계 처리, 간단한 과학기술 계산 등 제한된 분야에만 이용되었다.

(2) 2세대 (1959~1964)

TR(TRansistor)을 기본 소자로 사용함으로써 부피의 감소, 신뢰성 향상, 기억 용량의 증대, 전력 소모의 감소, 제작 단가 및 유지 보수 비용의 감소 등의 장점과 함께 운영체제 (OS ; Operating System) 개념을 도입하고 다중 프로그래밍(Multi programming) 방식을 실현하였으며 고급 언어(High Level Language)의 사용, 온라인 실시간 처리 시스템(On-Line Real Time Processing) 실용화 등의 특징을 가지고 있었다. 주기억장치로는 자기코어(Magnetic Core)를 사용하고 보조기억장치로는 자기디스크(Magnetic Disk), 자기드럼

(Magnetic Drum) 등이 사용되었으며 적용분야도 정형적인 관리업무와 과학기술 계산 등 다양한 목적으로 사용되었다.

(3) 3세대 (1965~1974)

집적회로(IC ; Integrated Circuit)를 기본 소자로 하여 컴퓨터의 소형화와 기억용량이 증대된 시대로 다양한 소프트웨어를 구사할 수 있는 기능이 크게 개선되었을 뿐만 아니라, 관리프로그램과 처리프로그램 및 사용자 프로그램 등의 소프트웨어 체계가 확립된 시대였다. 즉 이 시대에 운영체제(OS ; Operating System), 다중 프로그래밍(Multi Programming), 다중 처리(Multi Processing), 실시간 처리 시스템(Real Time Processing System), 시분할 시스템(Time Sharing System) 등이 실현되었는데, 이러한 기능들은 인간과 컴퓨터 간의 대화 기능을 가능하게 하여, 영상 표시장치(CRT display) 등 단말기에 의한 자료처리가 보편화되었다. 또한 OMR(Optical Mark Reader), OCR(Optical Character Reader), MICR(Magnetic Ink Character Read)과 같은 입력장치가 개발되었다.

(4) 4세대 (1975~1984)

고밀도 집적회로(LSI ; Large Scale Integrated circuit)가 기본 소자인 4세대 전자계산기는 마이크로프로세서의 등장과 더불어 극소형화되고 가격 면에서 저렴해졌지만 기억용량은 더욱더 커지고 신뢰도의 급격한 상승이 나타난 세대이다. Intel 4004 마이크로프로세서를 시작으로 거듭된 마이크로프로세서의 발전은 개인용 컴퓨터인 PC(Personal Computer) 시대를 맞이하였으며, 이를 이용하여 사무 자동화(OA ; Office Automation), 공장 자동화(FA ; Factory Automation) 등은 물론 컴퓨터 네트워크(Computer Network) 기술의 개발 및 분산 처리 시스템(DPS ; Distributed Processing System)이 시작되고, 데이터베이스(DB ; DataBase) 시스템, 의사결정 지원 시스템(DSS ; Decision Support System) 등이 개발되었다. 슈퍼컴퓨터(Super computer) 역시 이 세대에 등장하였다.

(5) 5세대 (1985~   )

초고밀도 집적회로(VLSI ; Very Large Scale Integrated circuit)를 기본 소자로 하여 초미니, 초대용량화, 초고속화를 추구하였고, 조셉슨 접합(Josephson Junction), 펌웨어(Firmware), 광섬유(Optical Fiber), 퍼지 이론(Fuzzy Theory), 인공지능(Artificial Intelligence) 등의 보다 종합적이고 최첨단의 기술이 나타났으며, 계속적으로 연구 개발이 이루어지고 있다.

3. 전자계산기의 분류

(1) 디지털 컴퓨터(Digital Computer)

디지털 컴퓨터는 수치, 문자 등과 같은 이산적인 데이터(Discrete Data)를 취급하는 전자계산기로, 논리회로로 구성되어 있으며 숫자, 문자, 이미지 등을 2진 부호화하여 처리하고, 그 결과를 다시 숫자나 문자 또는 이미지 형태로 변환하여 출력하는 전자계산기이다.

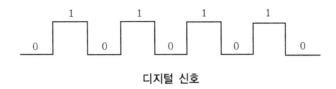

디지털 신호

디지털 컴퓨터는 기억이 용이하고, 과학기술 계산, 사무계산 등 넓은 범용성을 가지며 융통성이 좋고 높은 정밀도와 함께 프로그램 보존이 용이하다는 장점을 가지고 있지만 아날로그 컴퓨터에 비해 속도가 느리고 고도의 보수 기술이 요구된다.

(2) 아날로그 컴퓨터(Analog Computer)

아날로그 컴퓨터는 전압, 전류의 흐름, 길이, 무게, 속도 등의 연속적 데이터(Continuous Data), 즉 연속적인 물리량을 처리하는 전자계산기로, 증폭회로로 구성되어 있으며 가감산 및 미적분 계산 등을 수행한다.

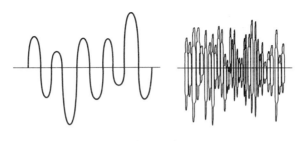

아날로그 신호

아날로그 컴퓨터는 연산 속도 면에서 디지털 컴퓨터보다 빠르고 유지보수가 쉬운 반면, 프로그램의 보존이 어렵고 기억 능력에 제약이 있으며 정밀도 또한 디지털 컴퓨터에 비해 떨어진다는 단점을 가지고 있다.

(3) 하이브리드 컴퓨터 (Hybrid Computer)

아날로그 컴퓨터(Analog Computer)와 디지털 컴퓨터(Digital Computer)의 장점을 취한 하이브리드 컴퓨터는 어떤 유형의 데이터라도 모두 취급하여 처리할 수 있는 컴퓨터로, 인공위성의 복잡한 설계 및 자동화 산업용 컴퓨터에 쓰인다.

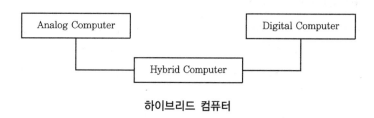

하이브리드 컴퓨터

3-2 처리 능력에 따른 분류

(1) 초대형 컴퓨터 (Super Computer)

슈퍼컴퓨터는 글자 그대로 대단히 크고, 처리 속도나 용량 면에서도 최고의 성능을 발휘하는 컴퓨터로, 일기예보나 복잡한 회로의 설계, 암호문 처리, 유전자 분석과 같이 많은 양의 연산이 요구되는 분야에서 사용되는 컴퓨터이다. 1970년대 다중 파이프라인(Pipelining) 기능과 벡터처리 기능을 갖춘 상업용 슈퍼컴퓨터가 등장한 이래 최근에는 다수의 고성능 마이크로프로세서를 수백 개에서 수십만 개 연결하여 다중처리함으로써 성능을 높인 MPP(Massively Parallel Processor) 형태의 슈퍼컴퓨터가 개발되고 있다.

슈퍼컴퓨터로는 크레이리서치의 CRAY-1을 시작으로 이를 발전시킨 CRAY 시리즈와 후지쓰의 VP 2400/40, NEC의 SX-3, nCube 3, iPSC/860, AP 1000, NCR 3700, Paragon XP/S, CM-5 등이 있다.

이러한 초대형 컴퓨터는 현재 정부의 연구 기관, 국방 기관 등에서의 석유 탐사 연구, 우주 항공 산업, 기상 예보 장비 등에 쓰이고 있다.

(2) 대형 컴퓨터 (Mainframe Computer)

대형 컴퓨터는 1950년대 상업적 분야의 다양한 목적으로 개발된 컴퓨터로 메인 프레임(Mainframe), 콘솔(Console), 단말기(Terminal) 등으로 구성되어 있으며, 메인 프레임은 다수의 프로세서로 구성되어 단일 사용자 중심이 아닌 다중 사용자 환경으로 설계된 컴퓨터이다. 보통 은행 및 보험 업무, 병원 및 대학의 행정 업무 등 규모가 큰 분야에서 사용되는데, 대형 컴퓨터를 중심으로 수천 개의 터미널이나 개인용 컴퓨터가 네트워크를 통해 연결되어 대형 컴퓨터의 제어하에 업무를 처리하는 경우 이용되고 있다.

(3) 미니컴퓨터 (Mini Computer)

대형 컴퓨터와 마이크로컴퓨터의 중간에 해당하는 컴퓨터로, 1965년 미국 DEC(Digital Equipment Corporation) 사가 종전의 대형 컴퓨터보다 크기가 작고 가격이 저렴한 컴퓨터를 발표하면서 미니컴퓨터라는 용어가 나타나기 시작했다. 미니컴퓨터는 대형 컴퓨터에 비해 관련 소프트웨어가 많지 않아 공학이나 과학기술 분야처럼 응용 소프트웨어가 중요하지 않은 분야에 주로 사용되어 왔다.

현재는 마이크로프로세서와 네트워크 기술의 발달로 서버/클라이언트(Server/Client) 시스템이 보편화되었고 이에 따라 서버 급에 해당하는 미니컴퓨터를 고성능의 마이크로컴퓨터로 대치하여 사용하고 있기 때문에 미니컴퓨터라는 용어는 거의 사용하지 않고 있는 실정이다.

(4) 마이크로컴퓨터 (Micro Computer)

마이크로컴퓨터는 연산 처리부를 1개 또는 수 개의 대규모 집적회로(LSI)로 구성한 마이크로프로세서에 기억장치 및 주변장치와의 인터페이스 회로 등을 붙인 보드에 탑재한 초소형 전자계산기로, 사용용도에 따라 워크스테이션(Workstation) 및 개인용 컴퓨터(PC ; Personal Computer), 각종 제어용 컴퓨터가 이에 해당된다. 마이크로컴퓨터는 급속도로 발전하는 IC 기술의 변화에 따라 성능 면에서 초기의 대형 컴퓨터를 앞서가고 있으며 사무자동화에서부터 공작기계, 공장의 공정 제어용 장치, 자동차나 가전제품의 제어용 기기는 물론 네트워크의 발달과 더불어 서버/클라이언트 컴퓨터에 이르기까지 활용의 폭이 매우 넓다. 현재는 마이크로컴퓨터가 고성능, 고기능화되면서 컴퓨터의 기능이나 성능에 따른 구분이 모호해지고 있는 실정이다.

3-3 사용 목적에 따른 분류

(1) 범용 컴퓨터 (General Purpose Computer)

과학 기술 계산, 통계 처리, 생산 관리, 사무 관리 등 다양한 분야의 업무를 처리할 수 있는 컴퓨터로, 여러 가지 형태의 자료 처리에 적합한 컴퓨터를 말한다.

(2) 특수 목적용 컴퓨터 (Special Purpose Computer)

특수 목적을 수행하기 위한 전용 컴퓨터로, 군사용, 특정 산업의 공정 제어, 통신 제어, 전자오락 등에 이용되는 컴퓨터이며 고정된 프로그램과 일정한 데이터만을 취급할 수 있도록 구성되어 있다.

4. 전자계산기의 구성

전자계산기는 하드웨어(Hardware)와 소프트웨어(Software) 두 가지로 구성되어 있는데, 하드웨어란 전자 부품들로 이루어진 각종 전자 회로와 기계적 장치들이 조합되어 만들어진 기계 장치 자체를 의미하며 간단한 원리에 의하여 자료를 처리한다. 이러한 하드웨어를 적절하게 구동시키기 위한 프로그램의 총칭을 소프트웨어라 부르며 소프트웨어가 없는 하드웨어는 고철 덩어리에 불과하다. 즉 하드웨어와 소프트웨어가 유기적으로 결합되어야만 전자계산기로서의 역할을 수행할 수 있다. 예를 들어 전자계산기를 인간에 비유한다면, 인간의 육체를 하드웨어라 할 수 있고 인간의 정신은 소프트웨어가 되는 셈이다.

소프트웨어와 하드웨어의 중간에 해당되는 것이 펌웨어(Firmware)인데 마이크로프로그램(Micro Program)의 집단으로서 프로그램이기 때문에 소프트웨어 특성도 가지고 있고 롬(ROM)에 저장되어 있기 때문에 하드웨어적 특성도 가지고 있다. 이러한 기능을 이용해 소프트웨어 혹은 하드웨어로 실행되는 기능의 일부를 펌웨어로 바꾸는 경우가 있는데, 소프트웨어의 기능을 펌웨어로 바꾸면 쉽게 프로그램을 변경시킬 수는 없지만 처리 속도가 빨라지기 때문에 고속 처리가 필요한 프로그램은 펌웨어로 대체되고 있다. 반대로 하드웨어의 기능을 펌웨어로 바꾸면 속도는 느려지지만 하드웨어보다는 쉽게 제어를 변경할 수 있어 주로 기기 제어용에 사용되고 있다. 펌웨어는 마이크로컴퓨터(Micro Computer)의 발달과 더불어 최근에 많이 개발되고 있는 분야로, 롬(ROM)에 들어 있는 소프트웨어까지 펌웨어라 부른다.

전자계산기의 구성

4-1   하드웨어의 기본 구성

전자계산기를 이루는 기본적인 하드웨어의 구성은 처리할 자료나 프로그램을 전자계산기 내부로 불러들이기 위한 입력장치(Input Unit)와 불러들인 자료를 보관하기 위한 주기억장치(Memory), 이를 처리하기 위한 중앙처리장치(CPU ; Central Processing Unit)와 처리된 결과를 출력하기 위한 출력장치(Output Unit), 입출력의 기능을 함께 수행하며 자료를 영구적으로 보관할 수 있고 주기억장치에 비해 용량이 큰 보조기억장치(Auxiliary Memory)로 구성된다.

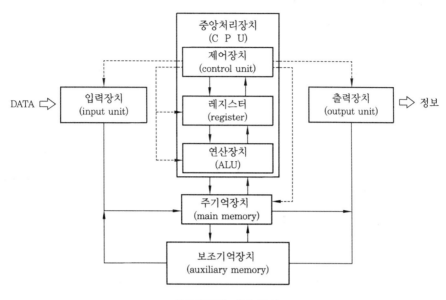

하드웨어의 기본 구성

(1) 입력장치 (Input Unit)

자료를 처리하기 위해 외부로부터 컴퓨터 내부로 읽어 들이기 위한 장치를 말하며, 키보드(key Board), 카드 판독기(Card Reader), 마우스(Mouse) 등이 대표적인 장치이다.

(2) 중앙처리장치 (Central Processing Unit)

중앙처리장치는 전자계산기의 가장 핵심적인 부분으로 연산장치(ALU ; Arithmetic

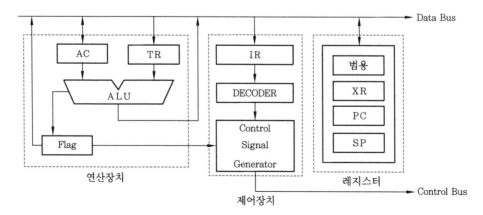

중앙처리장치의 구성

Logical Unit), 제어장치(CU ; Control Unit), 레지스터(Register)로 구성된다.

❶ 연산장치 (ALU ; Arithmetic Logical Unit)

제어장치로부터 발생되는 일련의 제어신호에 따라 주기억장치로부터 데이터를 받아 레지스터를 이용하여 2진법의 원리에 따라 산술연산과 논리연산을 수행하는 장치로, 가산기(Adder)와 시프터(Shifter) 등으로 구성되어 있으며 중앙처리장치의 성능을 나타내는 기준이 되는 장치이다.

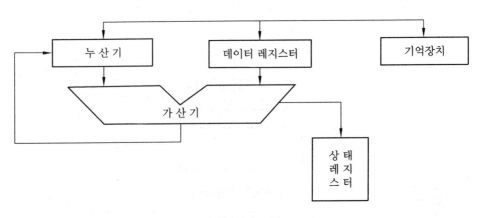

연산장치의 구성

㈎ 누산기 (Accumulator)

연산장치를 구성하는 중심 레지스터로 연산 결과를 일시적으로 기억하는 레지스터이다.

㈏ 데이터 레지스터 (Data Register)

연산을 위해 주기억장치로부터 읽어 들인 데이터를 일시적으로 기억하는 레지스터이다.

㈐ 가산기 (Adder)

누산기와 데이터 레지스터의 두수를 가산하는 기능을 수행한다.

㈑ 상태 레지스터 (Status Register)

연산 결과에 따른 각각의 상태, 즉 자리올림(Carry), 부호(Sign), 오버플로우(Over-flow), 제로(Zero) 여부 등을 기억하는 레지스터이다.

❷ 제어장치 (CU ; Control Unit)

컴퓨터의 각 장치의 동작을 제어, 감독, 통제하는 장치로 기억장치에 기억되어 있는 프

로그램의 명령들을 순서적으로 읽어 해독하고, 제어 신호(Control Signal)를 만들어 각 장
치들을 제어하는 장치이다.

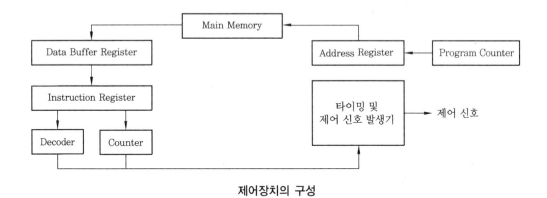

제어장치의 구성

㈎ 주소 레지스터 (Address Register)

　기억장치에 자료를 기록하거나 기억장치로부터 자료를 읽어 낼 때 위치를 일시적으
로 기억하는 레지스터이다.

㈏ 데이터 버퍼 레지스터 (Data Buffer Register)

　주기억장치로부터 읽어 들인 데이터 혹은 저장할 데이터를 일시적으로 기억하는 레
지스터이다.

㈐ 명령 레지스터 (Instruction Register)

　현재 실행 중인 명령의 동작 코드(Operation Code)를 일시적으로 기억하는 레지스
터이다.

㈑ 명령 해독기 (Instruction Decoder)

　명령 레지스터에 저장된 동작 코드를 해독한 후 해당 제어 신호를 연산장치로 전달
하는 장치이다.

❸ 레지스터 (Register)

　다수의 플립플롭(FF ; Flip Flop)의 모임으로 구성되어 일시적인 정보의 기억에 쓰이며
산술적, 논리적, 전송상의 조작을 쉽게 하기 위하여 하나 또는 그 이상의 워드(Word)를 임
시로 저장하는 곳이다. 사용 용도에 따라 특수 목적 레지스터(Special Purpose Register)와
범용 목적 레지스터(General Purpose Register)로 구분되며 전자계산기의 기종에 따라 명
칭과 크기, 수량 등에 차이가 있다.

(개) **특수 목적 레지스터** (Special Purpose Register)

- 누산기(AC ; Accumulator) : 계산 결과를 일시적으로 기억하는 레지스터로, 컴퓨터에 따라 범용 레지스터 중 하나를 누산기로 이용하는 경우도 있다.

- 프로그램 카운터(PC ; Program Counter) : 다음에 수행할 명령의 주소를 기억하는 레지스터로, 분기 명령의 경우 이 레지스터의 내용이 변경되는 것이다.

- 명령 레지스터(IR ; Instruction Register) : 명령에 포함되어 있는 연산자 부분에 해당하는 동작 코드(OP Code ; Operation Code)를 일시적으로 기억하는 레지스터이다.

- 인덱스 레지스터(IR ; Index Register) : 유효 주소를 계산하기 위한 레지스터로, 예를 들어 반복 계산에서 번지의 변경 및 반복 횟수를 자동적으로 계산하는 등의 역할을 수행한다.

- 스택 포인터(SP ; Stack Pointer) : 스택에 저장된 자료의 입출력 부분의 주소를 가리키는 레지스터이다.

- 프로그램 상태어(PSW ; Program Status Word) : 중앙처리장치의 순간순간 상태를 기록하는 레지스터로, 컴퓨터 시스템의 상태를 나타낸다.

(내) **범용 목적 레지스터** (General Purpose Register)

일반적으로 연산에 필요한 자료를 일시적으로 저장하기 위한 레지스터로, 컴퓨터 기종에 따라 B, C, D, E, H, L 등과 같이 정해진 이름이 상이하다.

(3) 주기억장치 (Main Memory Unit)

내부 기억장치(Internal Memory Unit)라고도 불리며 프로그램이나 데이터를 기억하는 장치로, RAM(Random Access Memory)과 ROM(Read Only Memory)이 대표적이다. 주기억장치는 보조기억장치에 비해 용량이 적고 가격이 비싼 반면 입출력 속도가 빠르다는 장점을 가지고 있다.

(4) 보조기억장치 (Auxiliary Storage Unit)

외부 기억장치(External Memory Unit)라고도 불리며 주기억장치보다 속도는 느리지만 많은 양의 자료를 보다 값싸게 저장할 수 있는 장치로, 마그네틱테이프(Magnetic Tape)나 마그네틱디스크(Magnetic Disk) 등이 대표적인 장치이다.

(5) 출력장치 (Output Unit)

컴퓨터 내부에서 처리된 정보 혹은 데이터를 외부로 표현하기 위한 장치로 화면 표시

장치(CRT ; Cathod Ray Tube 혹은 Monitor)와 라인 프린터(Line Printer), 플로터(Plotter) 등이 대표적이다.

4-2   소프트웨어의 구성

소프트웨어란 여러 종류의 프로그램 총칭으로, 넓은 의미로는 시스템에 관련된 프로그램, 처리 절차에 관한 기술이나 문서 등을 나타내지만 보통 컴파일러(Compiler), 어셈블러(Assembler), 라이브러리(Library), 운영 체제(OS ; Operating System) 등과 같은 시스템 소프트웨어(System Software)와 사용자 프로그램(User Program) 같은 응용 프로그램(Application Program)으로 나눌 수 있다.

(1) 시스템 소프트웨어 (System Software)

전자계산기를 보다 효율적으로 사용하기 위해 만들어진 프로그램으로, 사용자들이 특정한 문제를 해결하기 위해 작성한 프로그램과 구별되어 사용자의 편의를 도모하기 위한 프로그램들이다. 즉 사용자 언어로 만들어진 프로그램을 기계어로 번역하는 컴파일러(Compiler)

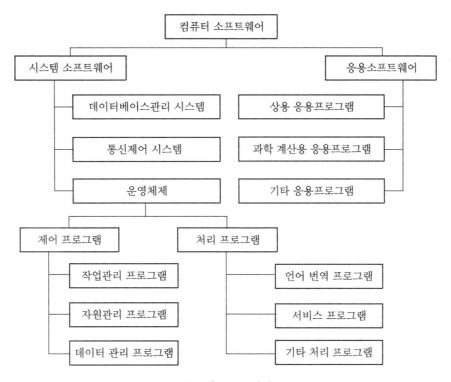

컴퓨터 소프트웨어

나 어셈블러(Assembler), 응용 프로그램들을 위한 표준 루틴(Routine)을 제공하는 라이브러리(Library), 전자계산기와 사용자 간 혹은 전자계산기 내부 기기 간의 통신을 원활히 해주는 전달 프로그램, 여러 가지 프로그램들을 기억장치로 읽어 들이게 하는 로더 프로그램(Loader Program), 전자계산기의 유지 관리를 도와주는 진단 프로그램(Diagnostic Program), 모든 프로그램을 관리하고 그 실행을 제어하는 운영 체제(OS ; Operating System) 등이 모두 시스템 소프트웨어에 해당된다.

(2) 응용 소프트웨어 (Application Software)

사용자가 원하는 일을 처리하기 위해 작성한 프로그램이나 소프트웨어 전문 업체에서 사용자의 편의를 위해 만들어 놓은 패키지 프로그램(Package Program)으로, 워드프로세서(Word-Processor), 데이터베이스(Data Base), 각종 유틸리티 프로그램(Utility Program) 등이 이에 속한다.

5. 전자계산기의 프로그래밍 언어

전자계산기를 이용하여 어떤 문제를 해결하고자 하는 경우에는 전자계산기가 이해할 수 있는 언어로 기술된 프로그램에 의해 처리하게 된다. 그러나 전자계산기는 특성상 0과 1만으로 구성된 기계어(Machine Language)만을 이해할 수 있으므로 인간이 이러한 기계어를 이해하고 사용하기에는 어려운 점이 많이 존재한다. 따라서 기억하기 쉽고 사용하기 쉬운 언어로 프로그램을 작성하고 이를 전자계산기가 이해할 수 있는 기계어로 변환시켜 줌으로써 인간이 보다 쉽게 프로그램을 작성하도록 할 수 있다.

전자계산기에서 사용하는 언어는 전자계산기가 이해할 수 있는 저급 언어(Low Level Language)인 기계어와 명령이나 수식 등을 연상하기 쉬운 심볼(Symbol)을 이용해 작성한 중급 언어(Middle Level Language)인 어셈블리 언어(Assembly Language), 인간의 언어에 가까운 고급 언어(High Level Language)인 컴파일러 언어(Compiler Language) 등으로 크게 구분할 수 있다.

5-1 저급 언어 (Low Level Language)

기계어(Machine Language)는 하드웨어 설계 시 만들어지는 언어로 전자계산기가 이용할 수 있는 0과 1만으로 명령을 표현하는 언어이다. 따라서 전자계산기의 내부 구성과 종류에 따라 각각 서로 다른 기계어가 존재하기 때문에 전자계산기의 내부 구조에 대한 지식 없이는 프로그램을 작성할 수 없으며 프로그램의 변경 또한 어렵다는 단점을 가지고

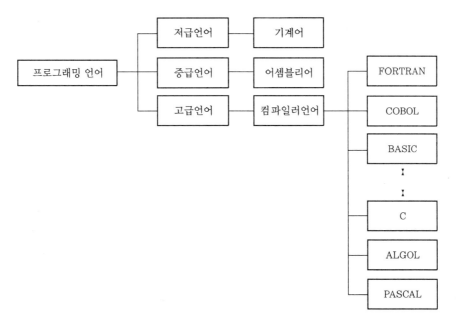

프로그램 언어의 분류

있다. 반면 이러한 기계어는 전자계산기 자체가 이해할 수 있는 언어로 작성되어 있으므로 별도의 번역 과정이 필요하지 않아 처리 시간은 짧다.

5-2   중급 언어(Middle Level Language)

중급 언어인 어셈블리 언어(Assembly Language)를 보통 저급 언어라고도 부르는데 이어셈블리 언어는 명령이나 수식 등을 연상하기 쉬운 심볼(Symbol)을 이용해 작성한 언어로 기계어와 일대일의 대응 관계를 갖는다. 따라서 기계어적인 측면과 고급 언어의 측면을 모두 가지고 있어 기계어에 비해 인간이 이해하기 쉽고 프로그램의 작성 및 변경이 용이한 언어이다. 그러나 보통 기계어와 같이 전자계산기의 기종에 따라 서로 다른 어셈블리 언어가 존재하기 때문에 사용자용 프로그램(User's Program) 언어로는 부적합하므로 시스템 프로그램(System Program)에 주로 사용된다.

5-3   고급 언어(High Level Language)

고급 언어는 인간이 사용하는 언어에 가깝게 만들어진 인간 중심의 언어(Human Oriented Language)로, 컴파일러 언어(Compiler Language)라 불리며 이식성과 호환성이 높은 언어이다. 전자계산기가 이해할 수 없는 처리 중심의 언어(Procedure Oriented Language)

로 작성되어 있기 때문에 별도의 번역 과정이 필요하며 이러한 번역 방법에 따라 작은 개념의 컴파일러 언어와 인터프리티브 언어(Interpretive Language)로 구분된다. 또한 고급 언어는 처리하려는 문제의 형태에 따라 과학 기술 계산용 언어, 사무 처리용 언어, 범용 언어 등으로 구분할 수 있는데 대표적인 언어로는 과학 기술 계산용 언어로 C, FORTRAN, ALGOL, PASCAL, BASIC 등이 있고, 사무 처리용 언어로 COBOL, RPG 등이 있으며, 범용 언어로는 PL/1이 있다.

(1) 컴파일러 언어 (Compiler Language)

컴파일러라 불리는 번역기에 의해 원시 프로그램(Source Program) 전체가 한 번에 기계어로 번역되는 프로그래밍 언어로, 목적 프로그램(Object Program)을 생성하며 생성된 목적 프로그램은 직접 실행이 불가능한 형태이기 때문에 연계 편집기(Linkage Editor)에 의해 로드 모듈(Load Module)로 변환되어야만 실행이 가능한 일괄 처리용 언어이다. 이러한 컴파일러 언어는 C, COBOL, FORTRAN, PL/1, PASCAL 등이 대표적인 언어이다.

(2) 인터프리티브 언어 (Interpretive Language)

컴파일러 언어와는 달리 원시 프로그램이 라인 단위로 번역되어 즉시 실행 가능한 형태의 대화형 프로그래밍 언어로, 목적 프로그램을 생성하지 않으며 BASIC, LISP, SNOBOL 등이 대표적인 인터프리티브 언어이다.

5-4 | 프로그램의 번역 과정

어셈블리 언어나 컴파일러 언어로 작성된 프로그래밍 언어는 전자계산기가 이해할 수 있는 기계어로 변환되고 적재되어야만 실행이 가능한데, 어셈블리 언어의 경우에는 어셈블러(Assembler)라 불리는 번역기에 의해 어셈블(Assemble)되어 목적 프로그램을 생성하게 되고, 컴파일러 언어의 경우에는 컴파일러라 불리는 번역기에 의해 컴파일(Compile)되어 목적 프로그램이 생성된다. 이렇게 생성된 목적 프로그램은 연계 편집기(Linkage Editor)

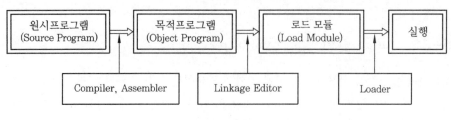

프로그램의 번역 과정

에 의해 실행 가능한 로드 모듈(Load Module) 상태가 되고 로더에 의해 기억장치에 적재되어 실행된다. 그러나 인터프리티브 언어의 경우에는 목적 프로그램이 생성되지 않고 원시 프로그램을 번역하여 직접 실행한다.

6. 전자계산기의 활용 분야

전자계산기는 현대 사회에서 없어서는 안 될 필수적인 도구로 변모해 가고 있으며 초기의 전자계산기가 수치 계산을 위한 도구였다면 현재의 전자계산기는 인간의 사고 과정과 같은 지적인 기능을 다하는 기구로 발전해 왔다. 여기서 현재의 전자계산기가 어떤 분야에서 어떻게 활용되고 있는지를 알아보자.

먼저 사무 처리 분야는 인사 관리, 회계 관리, 자재 관리, 은행 업무 처리, 생산 공정 관리 등의 사무 자동화는 물론 경영 정보 시스템(MIS ; Management Information System)에 이르고 있으며, 과학 기술 분야는 단순 계산, 수치 계산, 통계 계산 등의 기본적인 수치 처리의 개념을 넘어 산업 로봇, 의료 기기, 천문학 연구, 교통 제어, 시뮬레이션(Simulation) 등 다양하게 활용되고 있다. 이 외에도 네트워크를 이용한 화상 통신 시스템(VRS ; Video Response System), 군사용 장비, 인공위성, 자동 조정 장치, CAI(Computer Aided Instruction) 등에 널리 활용되고 있다.

연·습·문·제

1. 시스템의 성능 평가와 관계가 가장 적은 것은?

㉮ 처리능력(Throughput) ㉯ 신뢰도(Reliability)

㉰ 경과시간(Turn-around Time) ㉱ 프로그램 크기(Program Size)

2. 다음 중 전자계산기의 개발과정에서 혁신적인 정보 처리의 수단을 제공해 준 기법은?

㉮ Stored Program 기법 ㉯ Sort 기법

㉰ Merge 기법 ㉱ Update 기법

3. 다음 중 이산적 데이터를 취급하는 컴퓨터는?

㉮ Digital Computer ㉯ Analog Computer

㉰ Hybrid Computer ㉱ Mixed Computer

4. 마이크로컴퓨터(Micro Computer)의 발달과 더불어 최근에 특히 많이 개발되고 있는 분야는?

㉮ 펌웨어(Firmware) ㉯ 하드웨어(Hardware)

㉰ 소프트웨어(Software) ㉱ 프레임웨어(Frameware)

5. 다음 중 계산 결과를 일시적으로 기억하고 있는 레지스터는?

㉮ Program Counter ㉯ Index Register

㉰ Instruction Register ㉱ Accumulator

6. 프로그램 내장 방식(Stored Program)에서는 지시어와 자료가 모두 주기억장치에 기억되어 있다. 이 중에서 지시어가 읽혀져서 들어가게 되는 중앙처리장치(CPU) 내의 레지스터는?

㉮ Program Counter ㉯ Instruction Register

㉰ General Register ㉱ Status Register

7. 분기(Branch) 명령이나 점프(Jump) 명령은 다음에 나오는 어떤 레지스터를 수정하는 것인가?

㉮ Accumulator(AC) ㉯ Instruction Register(IR)

㉰ Program Counter(PC) ㉱ Memory Address Register(MAR)

8. 시스템 프로그램이 아닌 것은?

㉮ 컴파일러   ㉯ 로더

㉰ 통신 제어 프로그램   ㉱ 그래픽 프로그램

9. 기계어(Machine Language)란 무엇인가?

㉮ 기계어는 어셈블리어라고 하는 프로그램이다.

㉯ 기계어는 컴퓨터가 직접 이해할 수 있는 언어로 하드웨어에 의해 판독되어 주어진 기능을 행한다.

㉰ 기계어는 컴퓨터가 이해할 수 있는 코드로 바뀌어야 하며 그것을 위해 번역기가 필요하다.

㉱ 기계어는 어셈블리어보다 프로그램하기 쉬운 언어이다.

10. 프로그램(Program)이란 다음 설명 중 어느 것인가?

㉮ 컴퓨터 기계가 이해할 수 있도록 만들어진 숫자의 조합이다.

㉯ 컴퓨터에 의해 수행될 수 있는 문제 해결의 설계서(Specification)이다.

㉰ 설계자가 자신의 논리를 알기 쉽게 풀어놓은 것이다.

㉱ 프로그램은 하드웨어(Hardware)의 한 부분이다.

11. 다른 컴퓨터를 이용하여 어셈블리 언어의 프로그램을 기계어의 프로그램으로 변환하는 데 필요한 것은?

㉮ 어셈블러   ㉯ 크로스 어셈블러

㉰ 매크로   ㉱ 컴파일러

12. 다음 4개 사항이 수행 순으로 나열된 것 중 옳은 것은?

① 원시 프로그램(Source Program)

② 로더(Loader)

③ 목적 프로그램(Object Program)

④ 컴파일러(Compiler)

㉮ ② - ③ - ④ - ①   ㉯ ① - ② - ③ - ④

㉰ ① - ④ - ③ - ②   ㉱ ④ - ② - ① - ③

2 논리 회로

전자 회로는 취급하는 데이터의 성질에 따라 아날로그(Analog) 회로와 디지털(Digital) 회로로 구분하며 각각의 회로는 아날로그 신호와 디지털 신호로 동작된다. 아날로그 회로는 1장에서 설명한 바와 같이 시간의 흐름에 따라 연속적으로 변화하는 자료들에 대한 처리를 하는 회로지만 디지털 회로는 비연속적인 자료에 대한 처리로 신호의 변화가 각 숫자에 대응하는 값에 의해서 반응을 일으킨다.

보통 디지털 회로에서는 전압의 고저를 이용 두 가지 값만을 사용하는데, 이와 같이 서로 다른 두 가지 값을 다루는 회로를 2진(Binary) 디지털 회로라 하고 동작 특성이 불 대수로 표현될 수 있으므로 2진 논리 회로라고도 한다. 논리 회로는 0과 1의 두 가지 정보를 가지고 있는데 양논리의 경우 아래 그림과 같이 입력 전압의 허용 범위가 0~1 V(Volt)이면 0, 2~4 V(Volt)이면 1로 표현된다.

논리 회로(Logic circuit)는 그 동작 특성에 따라 조합 논리 회로(Combinational Logic Circuit)와 순서 논리 회로(Sequential Logical Circuit)로 분류할 수 있는데 조합 논리 회

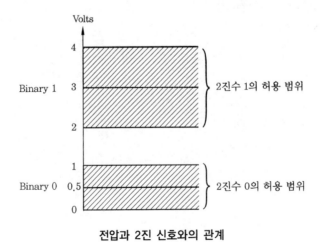

전압과 2진 신호와의 관계

로의 경우에는 입력 신호에 의해서만 출력이 결정되는 반면, 순서 논리 회로의 경우에는 입력 신호와 논리 회로의 현재 상태에 의해서 출력이 결정되는 회로로 플립플롭(Flip Flop)과 같은 기억소자와 논리 게이트로 구성되며 기억 능력을 가지고 있는 논리 회로이다.

1. 불 대수

영국의 수학자인 불(George Boole, 1815~1864)이 개발한 대수로 0과 1의 값만을 취하는 변수들에 대해 논리 동작을 수학적으로 전개한 논리 대수이다. 즉 불 대수는 어떤 명제를 주고 그것이 참(True) 혹은 거짓(False)인지 하나를 택하는 것으로, 두 개의 값 범위 내에서 이루어지는 대수학이다. 이러한 불 대수의 기본 연산으로는 논리합(OR), 논리곱(AND), 부정(NOT) 등이 있다.

1-1 불대수의 기본 관계식

(1) 논리합 (OR)

논리합은 명제 A와 B가 있을 때 A와 B 중 어느 하나만이라도 만족하면 그 결과가 만족한다고 정의하는 기본 논리연산으로, 두 명제를 A+B, A∨B, A∪B와 같이 표현하고 A 또는 B, A OR B 등으로 부른다. 여기서 만족의 경우를 "참" 혹은 "1"로 표현하고 만족하지 않는 경우 "거짓" 혹은 "0"으로 표현하는데 아래의 그림은 이러한 논리합의 진리표와 집합 표현 그리고 스위치 회로를 나타낸 것이다.

❶ 진리표

A	B	A∪B
0	0	0
0	1	1
1	0	1
1	1	1

❷ 스위치 회로

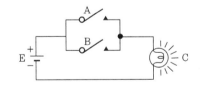

❸ 집합

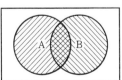

일반적으로 논리합은 변수가 n개인 경우에도 적용되는데 이것 역시 n개의 변수 중 어느 한 개 이상의 변수가 "참"인 경우 그 논리함수의 결과는 "참"이 된다.

(2) 논리곱 (AND)

논리곱은 명제 A와 B가 있을 때 명제 A와 B 모두가 만족하는 경우에만 그 결과가 만족한다고 정의하는 기본 논리연산으로, 두 명제를 $A \cdot B$, $A \wedge B$, $A \cap B$와 같이 표현하고 A 그리고 B, A AND B 등으로 부른다. 이는 두 명제 중 어느 하나만이라도 "거짓", 즉 만족하지 않는 경우 논리함수의 결과가 "거짓"이 되는 논리 연산이다.

다음 그림은 이러한 논리곱의 진리표와 집합 표현 그리고 스위치 회로를 나타낸 것이다.

❶ 진리표　　　　❷ 스위치 회로　　　　❸ 집합

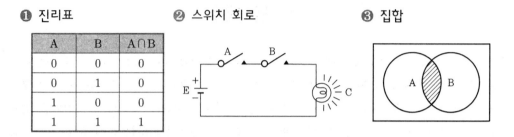

A	B	A∩B
0	0	0
0	1	0
1	0	0
1	1	1

일반적으로 논리곱은 변수가 n개인 경우에도 적용되는데 이것 역시 n개의 변수 모두가 "참"인 경우에만 그 논리함수의 결과가 "참"이 된다.

(3) 논리 부정(NOT)

논리 부정은 하나의 명제 A에 대해서 그 반대의 값을 가지는 기본 논리 연산으로, $\overline{A}$, A', A^c와 같이 표현하고 A의 반대, NOT A 등으로 부른다. 예를 들어 변수 A가 "참"인 경우 논리 부정 값은 "거짓"이 되고, 변수 A가 "거짓"인 경우 논리 부정 값은 "참"이 되는 상호 반대의 출력을 가진다.

❶ 진리표　　　　❷ 스위치 회로　　　　❸ 집합

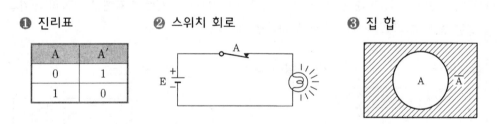

A	A′
0	1
1	0

(4) 불 대수의 기본 법칙

불 대수의 기본 법칙으로는 대표적으로 교환법칙, 결합법칙, 분배법칙, 드모르간의 법칙 등을 들 수 있다. 이 불 대수의 기본 법칙을 이용하여 각종 형태의 논리 회로를 설계할 수 있으며, 해당 논리식을 간략화하여 논리 회로를 간소화시킬 수 있다.

❶ 교환법칙

교환법칙은 입력되는 변수의 위치가 변하여도 출력되는 논리 함숫값에는 영향을 주지 않는 법칙을 말한다.

$$A + B = B + A$$

$$A \cdot B = B \cdot A$$

교환법칙의 증명

A B	A+B	B+A	A·B	B·A
0 0	0	0	0	0
0 1	1	1	0	0
1 0	1	1	0	0
1 1	1	1	1	1

같 다   같 다

❷ **결합법칙**

결합법칙은 변수들에 대한 연산 순위를 바꾸어도 출력되는 논리 함숫값에는 영향을 주지 않는 법칙을 말한다.

$$A + (B + C) = (A + B) + C$$

$$(A \cdot B) \cdot C = A \cdot (B \cdot C)$$

결합법칙의 증명

A B C	A+(B+C)	(A+B)+C	A·(B·C)	(A·B)·C
0 0 0	0	0	0	0
0 0 1	1	1	0	0
0 1 0	1	1	0	0
0 1 1	1	1	0	0
1 0 0	1	1	0	0
1 0 1	1	1	0	0
1 1 0	1	1	0	0
1 1 1	1	1	1	1

같 다   같 다

❸ 분배법칙

불 함수의 분배법칙에는 두 가지 형태가 있다. 하나는 수학에서 사용되는 분배법칙과 같이 OR 연산을 수행한 결괏값에 AND 연산을 수행하는 것은 OR 연산 이전에 각각의 변수에 AND 연산을 먼저 수행하고 그 결괏값에 OR 연산을 수행하는 것과 같은 논리 함숫값을 가지는 법칙이다. 다른 하나는 수학적으로는 성립하지 않는 법칙으로 AND 연산을 수행한 결괏값에 OR 연산을 수행하는 것은 AND 연산 이전에 각각의 변수에 OR 연산을 먼저 수행하고 그 결괏값에 AND 연산을 수행하는 것과 같은 논리 함숫값을 가지는 법칙으로 특수 법칙이라고도 한다.

$$A \cdot (B + C) = A \cdot B + A \cdot C$$

$$A + (B \cdot C) = (A + B) \cdot (A + C)$$

분배법칙의 증명

A B C	B+C	A·(B+C)	A·B	A·C	A·B+A·C	B·C	A+(B·C)	A+B	A+C	(A+B)·(A+C)
0 0 0	0	0	0	0	0	0	0	0	0	0
0 0 1	1	0	0	0	0	0	0	0	1	0
0 1 0	1	0	0	0	0	0	0	1	0	0
0 1 1	1	0	0	0	0	1	1	1	1	1
1 0 0	0	0	0	0	0	0	1	1	1	1
1 0 1	1	1	0	1	1	0	1	1	1	1
1 1 0	1	1	1	1	1	0	1	1	1	1
1 1 1	1	1	1	1	1	1	1	1	1	1

같 다   같 다

❹ 드모르간(De Morgan)의 법칙

드모르간의 법칙은 어떠한 논리 회로도 NAND와 NOR를 이용하여 간단히 나타낼 수 있는 법칙으로, 각각이 부정인 변수에 대한 연산이 OR 연산인 경우 각각의 변수에 부정을 없애고 AND 연산을 수행한 후 그 결과에 부정을 취하는 것과 같고, 각각이 부정인 변수에 대한 연산이 AND 연산인 경우 각각의 변수에 부정을 없애고 OR 연산을 수행한 후

그 결과에 부정을 취하는 것과 같음을 나타내는 법칙이다.

이러한 드모르간의 법칙은 변수를 확장하여 일반화하여도 등식은 성립한다. 즉,

$$\overline{A+B+C+\cdots\cdots+Z} = \overline{A} \cdot \overline{B} \cdot \overline{C} \cdot \cdots\cdots \cdot \overline{Z}$$

$$\overline{A \cdot B \cdot C \cdot \cdots\cdots \cdot Z} = \overline{A} + \overline{B} + \overline{C} + \cdots\cdots + \overline{Z}$$

가 된다.

$$\overline{(A + B)} = \overline{A} \cdot \overline{B}$$

$$\overline{(A \cdot B)} = \overline{A} + \overline{B}$$

드모르간 법칙의 증명

A B	$\overline{A}$	$\overline{B}$	$\overline{A} \cdot \overline{B}$	A+B	$\overline{A+B}$	A·B	$\overline{A} \cdot \overline{B}$	$\overline{A} + \overline{B}$
0 0	1	1	1	0	1	0	1	1
0 1	1	0	0	1	0	0	1	1
1 0	0	1	0	1	0	0	1	1
1 1	0	0	0	1	0	1	0	0

같 다   같 다

❺ 기본 법칙

㈎ $A \cdot 0 = 0$

㈏ $A \cdot 1 = A$

㈐ $A + 0 = A$

㈑ $A + 1 = 1$

$$= 1 \cdot (A + 1)$$

$$= (\overline{A} + A) \cdot (A + 1)$$

$$= A + (\overline{A} \cdot 1)$$

$$= A + \overline{A}$$

$$= 1$$

(마) $A + A = A$

$\qquad\quad = (A + A) \cdot 1$

$\qquad\quad = (A + A) \cdot (A + \overline{A})$

$\qquad\quad = A + (A \cdot \overline{A})$

$\qquad\quad = A$

(바) $A \cdot A = A$

$\qquad\quad = A \cdot A + 0$

$\qquad\quad = A \cdot A + A \cdot \overline{A}$

$\qquad\quad = A (\overline{A} + A)$

$\qquad\quad = A \cdot 1$

$\qquad\quad = A$

(사) $A + \overline{A} = 1$

(아) $A \cdot \overline{A} = 0$

❻ 기본 정리

(가) $A + A\overline{B} = A \cdot 1 + A \cdot \overline{B}$

$\qquad\qquad = A \cdot (1 + \overline{B})$

$\qquad\qquad = A \cdot 1$

$\qquad\qquad = A$

(나) $A + \overline{A} B = (A + \overline{A}) \cdot (A + B)$

$\qquad\qquad = 1 \cdot (A + B)$

$\qquad\qquad = A + B$

❼ 불 대수 법칙의 특징

(가) 불 대수의 연산 우선순위는 부정(NOT), 논리곱(AND), 논리합(OR) 순서로 처리
된다. 이때 괄호의 우선순위는 일반 대수 법칙과 같다.

(나) 불 대수는 부호를 바꾸어 이항할 수 없으며 통분할 수 없다.

(다) 변수 또는 함수의 기호가 가지는 값은 반드시 0 또는 1이다.

(5) 논리의 쌍대성

어떤 논리관계에서 0을 1로, 1을 0으로 혹은 OR을 AND로, AND를 OR로 치환할 수
있는 논리관계를 쌍대(Dual)라 하며 논리합과 논리곱의 관계나 부정논리 자체는 쌍대성
(Principle of Duality)이 존재한다.

1-2   가법 표준형과 승법 표준형

(1) 논리 함수의 최소항과 최대항

하나의 논리 변수를 A라 할 때 정상상태의 경우에는 (A)로 표현하고 부정 상태의 경우에는 ($\overline{\text{A}}$)로 표현한다. 또, 두 개의 논리 변수를 A와 B라 할 때 이 두 변수를 논리곱(AND) 연결하면 $\overline{\text{A}}\,\overline{\text{B}}$, $\overline{\text{A}}\,\text{B}$, $\text{A}\overline{\text{B}}$, AB의 4가지 상태로 표현할 수 있다.

마찬가지로 A, B, C 세 개의 논리 변수가 표현할 수 있는 상태는 2^3가지, 즉 $\overline{\text{A}}\,\overline{\text{B}}\,\overline{\text{C}}$, $\overline{\text{A}}\,\overline{\text{B}}\,\text{C}$, $\overline{\text{A}}\,\text{B}\,\overline{\text{C}}$, $\overline{\text{A}}\,\text{B}\text{C}$, $\text{A}\overline{\text{B}}\,\overline{\text{C}}$, $\text{A}\overline{\text{B}}\,\text{C}$, $\text{A}\text{B}\overline{\text{C}}$, ABC 등 8가지 상태로 표현한다. 이와 같이 주어진 변수들을 논리곱(AND)으로 결합시킨 각각의 항들을 최소항(Minterm)이라 한다. 이때 주어진 각각의 변수들을 논리합으로 결합시킨 경우 각각의 항들은 최대항(Maxterm)이라 한다.

진리표에 나타난 함숫값을 보고 논리 함수를 구하는 방법에는 가법 표준형(Standard Sum of Products)과 승법 표준형(Standard Products of Sum)이 있는데 가법 표준형의 경우 진리표 상에서 함숫값이 1인 경우만을 최소항으로 취급하여 논리합의 형식으로 전개한 것을 말하며, 승법 표준형의 경우 진리표 상에서 함수의 값이 0인 경우만을 최대항으로 취급하여 논리합의 형식으로 전개한 것을 말한다.

(2) 가법 표준형 (Standard Sum of Products)

가법 표준형은 논리곱들의 합 형태, 즉 최소항(Minterm)들의 논리합 형태로 표현된다. 여기서 최소항이란 위에서 설명한 것과 같이 논리곱으로 묶인 논리 변수들을 나타내는데 논리 변수의 개수를 n이라 할 때 2^n개의 최소항을 만들 수 있다. 예를 들어, 3개의 논리 변수를 가지면 8개의 최소항을 가질 수 있으며 아래의 예시는 가법 표준형에 의한 논리 함수 표현 예이다.

$$\overline{\text{A}}\,\overline{\text{B}}\,\overline{\text{C}} + \overline{\text{A}}\,\text{B}\,\overline{\text{C}} + \overline{\text{A}}\,\overline{\text{B}}\,\text{C} + \overline{\text{A}}\,\text{B}\text{C} + \text{A}\overline{\text{B}}\,\text{C}$$

(3) 승법 표준형 (Standard Products of Sum)

승법 표준형은 논리합들의 곱 형태, 즉 최대항(Maxterm)들의 논리곱 형태로 표현된다. 여기서 최대항이란 논리합으로 묶인 논리 변수들을 나타내는데 논리 변수의 개수를 n이라 할 때 2^n개의 최대항을 만들 수 있다. 예를 들어, 3개의 논리 변수를 가지면 8개의 최대항을 가질 수 있으며 아래의 예시는 승법 표준형에 의한 논리 함수 표현 예이다.

$$(\overline{\text{A}} + \overline{\text{B}} + \overline{\text{C}})(\overline{\text{A}} + \text{B} + \overline{\text{C}})(\text{A} + \overline{\text{B}} + \overline{\text{C}})(\text{A} + \text{B} + \overline{\text{C}})$$

논리 변수 ABC에 대한 최소항과 최대항

논리 변수 A B C	최 소 항 (Minterm)		최 대 항 (Maxterm)	
0 0 0	$\overline{A} \; \overline{B} \; \overline{C}$	m_0	$A + B + C$	M_0
0 0 1	$\overline{A} \; \overline{B} \; C$	m_1	$A + B + \overline{C}$	M_1
0 1 0	$\overline{A} \; B \; \overline{C}$	m_2	$A + \overline{B} + C$	M_2
0 1 1	$\overline{A} \; B \; C$	m_3	$A + \overline{B} + \overline{C}$	M_3
1 0 0	$A \; \overline{B} \; \overline{C}$	m_4	$\overline{A} + B + C$	M_4
1 0 1	$A \; \overline{B} \; C$	m_5	$\overline{A} + B + \overline{C}$	M_5
1 1 0	$A \; B \; \overline{C}$	m_6	$\overline{A} + \overline{B} + C$	M_6
1 1 1	$A \; B \; C$	m_7	$\overline{A} + \overline{B} + \overline{C}$	M_7

1-3   논리식의 간략화

논리식이 복잡한 경우 논리 회로의 구성은 한층 더 어렵게 되고 각종 회로 소자들 역시 많은 수를 필요로 하게 되므로 논리식을 간략화하는 작업이 필요하다. 이렇게 논리식을 간략화하는 방법에는 기본 정리를 이용하는 방법과 카노프 맵을 이용하는 방법 등이 있다.

(1) 기본 정리를 이용한 논리식의 간략화

논리식을 대수적으로 간략화하는 방법으로 논리식의 기본 정리를 이용하는 방법이 있다. 예를 들어 $f = ABC + AB\overline{C} + \overline{A}BC + \overline{A} \, \overline{B} \, \overline{C} + \overline{A} \, \overline{B} \, C$ 의 논리식이 주어진 경우, $A + A = A$ 라는 기본 정리를 이용하고 $\overline{A}BC$ 를 추가하여 다음의 논리식을 만들 수 있다.

$$f = ABC + AB\overline{C} + \overline{A}BC + \overline{A} \, \overline{B} \, \overline{C} + \overline{A} \, \overline{B} \, C + \overline{A}BC$$

     ⎤ 공통 인수 묶기

$$= AB(C + \overline{C}) + \overline{A}B(C + \overline{C}) + \overline{A}C(\overline{B} + B)$$

     ⎤ $A + \overline{A} = 1$ 정리 이용

$$= AB + \overline{A}B + \overline{A}C$$

     ⎤ 공통 인수 묶기

$$= B(A + \overline{A}) + \overline{A}C$$

     ⎤ $A + \overline{A} = 1$ 정리 이용

$$= B + \overline{A}C$$

(2) 카노프 맵(Karnaugh Map)에 의한 간략화

대수적 기본 법칙을 이용한 간략화 방법은 논리 함수가 복잡한 경우 매우 까다롭기 때문에 이를 보다 쉽게 간략화하기 위하여 진리값표를 이용해서 논리 함수를 최단순화하는

방법이 카노프 맵에 의한 간략화이다. 카노프 맵을 이용한 간략화는 인접한 논리식을 공통 인수가 포함되도록 2, 4, 8, 16개를 묶고 공통 인수를 제외한 인수들을 지우는 방법으로, 이때 많은 수의 논리식을 묶으면 그만큼 지워지는 인수가 많아지므로 가능한 한 많은 수의 논리식을 묶어야 하며 간소화된 항들은 가법 표준형의 형태, 즉 논리합의 형태로 연결한다.

❶ 1변수 카노프 맵

한 개의 논리 변수 A는 0 혹은 1의 값을 가지므로 아래의 그림과 같이 2개의 칸으로 표현된다. 여기서 $\overline{A}$는 0에 대응하는 논리 변수이고, A는 1에 대응하는 논리 변수이다.

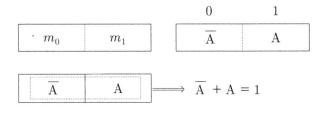

❷ 2변수 카노프 맵

변수가 두 개인 경우 최소항(Minterm)의 수는 2^2, 즉 4개이므로 다음 그림과 같이 표현된다.

A \ B	0	1
0	0 0 m_0	0 1 m_1
1	1 0 m_2	1 1 m_3

A \ B	0	1
0	$\overline{A}\ \overline{B}$	$\overline{A}\ B$
1	$A\ \overline{B}$	$A\ B$

여기서 4개의 변수가 모두 묶이면 간소화된 논리식의 값은 1이 되고, 2개의 변수가 묶이면 다음 그림과 같이 논리식이 간소화된다. 이때 대각선에 해당하는 변수들은 공통 인수가 없으므로 묶을 수 없다.

A \ B	0	1
0	$\overline{A}\ \overline{B}$	$\overline{A}\ B$
1	$A\ \overline{B}$	$A\ B$

$\Rightarrow \overline{A}\ \overline{B} + \overline{A}B + A\overline{B} + AB = 1$

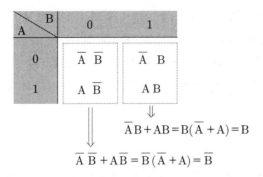

$$\overline{A}B + AB = B(\overline{A} + A) = B$$

$$\overline{A}\,\overline{B} + A\overline{B} = \overline{B}(\overline{A} + A) = \overline{B}$$

A\B	0	1	
0	$\overline{A}\,\overline{B}$	$\overline{A}\,B$	$\Rightarrow \quad \overline{A}\,\overline{B} + \overline{A}B = \overline{A}(\overline{B} + B) = \overline{A}$
1	$A\,\overline{B}$	$A\,B$	$\Rightarrow \quad A\overline{B} + AB = A(\overline{B} + B) = A$

예를 들어, 다음과 같은 2변수 논리 함수를 카노프 맵을 이용하여 간소화하여 보자.

예제 $F(A, B) = \sum(0, 1, 3) = \sum(m_0, m_1, m_3) \Rightarrow \overline{A}\,\overline{B} + \overline{A}B + AB$

A\B	0	1
0	1	1
1	0	1

$\Rightarrow \quad \overline{A}(B + \overline{B}) = \overline{A}$

$$\Downarrow$$

$$B(A + \overline{A}) = B$$

$$\therefore F(A, B) = \sum(0, 1, 3) = \overline{A}\,\overline{B} + \overline{A}B + AB$$

$$F = \overline{A} + B$$

③ 3변수 카노프 맵

변수가 세 개인 경우 최소항(Minterm)의 수는 2^3, 즉 8개이므로 다음 그림과 같이 표현된다.

C\AB	0 0	0 1	1 1	1 0
0	000 m_0	010 m_2	110 m_6	100 m_4
1	001 m_1	011 m_3	111 m_7	101 m_5

C\AB	00	01	11	10
0	$\overline{A}\,\overline{B}\,\overline{C}$	$\overline{A}\,B\,\overline{C}$	$A\,B\,\overline{C}$	$A\,\overline{B}\,\overline{C}$
1	$\overline{A}\,\overline{B}\,C$	$\overline{A}\,B\,C$	ABC	$A\,\overline{B}\,C$

예를 들어, 다음과 같은 3변수 논리 함수를 카노프 맵을 이용하여 간소화하여 보자.

예제 $F(A, B, C) = \sum (0, 2, 4, 5, 6) = \sum (m_0, m_2, m_4, m_5, m_6)$

$= \overline{A}\,\overline{B}\,\overline{C} + \overline{A}\,B\,\overline{C} + A\,\overline{B}\,\overline{C} + A\,\overline{B}\,C + A\,B\,\overline{C}$

C \ AB	0 0	0 1	1 1	1 0	
0	1	1	1	1	$\Rightarrow \overline{C}$
1	0	0	0	1	

$$\Downarrow$$

$$A\overline{B}$$

$\therefore\ F(A, B, C) = \sum (0, 2, 4, 5, 6)$

$= \overline{A}\,\overline{B}\,\overline{C} + \overline{A}\,B\,\overline{C} + A\,\overline{B}\,\overline{C} + A\,\overline{B}\,C + A\,B\,\overline{C}$

$= A\overline{B} + \overline{C}$

❹ **4변수 카노프 맵**

변수가 네 개인 경우 최소항(Minterm)의 수는 2^4, 즉 16개이므로 다음 그림과 같이 표현된다.

CD \ AB	00	01	11	10
0 0	0000 m_0	0100 m_4	1100 m_{12}	1000 m_8
0 1	0001 m_1	0101 m_5	1101 m_{13}	1001 m_9
1 1	0011 m_3	0111 m_7	1111 m_{15}	1011 m_{11}
1 0	0010 m_2	0110 m_6	1110 m_{14}	1010 m_{10}

CD \ AB	0 0	0 1	1 1	1 0
0 0	$\overline{A}\,\overline{B}\,\overline{C}\,\overline{D}$	$\overline{A}B\overline{C}\overline{D}$	$AB\overline{C}\overline{D}$	$A\overline{B}\,\overline{C}\,\overline{D}$
0 1	$\overline{A}\,\overline{B}\,\overline{C}D$	$\overline{A}B\overline{C}D$	$AB\overline{C}D$	$A\overline{B}\,\overline{C}D$
1 1	$\overline{A}\,\overline{B}CD$	$\overline{A}BCD$	$ABCD$	$A\overline{B}CD$
1 0	$\overline{A}\,\overline{B}C\overline{D}$	$\overline{A}BC\overline{D}$	$ABC\overline{D}$	$A\overline{B}C\overline{D}$

예를 들어, 다음과 같은 4변수 논리 함수를 카노프 맵을 이용하여 간소화하여 보자.

예제 1 $F(A, B, C, D) = \sum (0, 1, 2, 6, 8, 9, 10)$

$= \overline{A}\,\overline{B}\,\overline{C}\,\overline{D} + \overline{A}\,\overline{B}\,\overline{C}D + \overline{A}\,\overline{B}C\overline{D} + \overline{A}BC\overline{D} + A\overline{B}\,\overline{C}\,\overline{D} + A\overline{B}\,\overline{C}D + A\overline{B}C\overline{D}$

CD\AB	0 0	0 1	1 1	1 0	
0 0	1	0	0	1	$\Rightarrow \overline{B}\,\overline{C}$
0 1	1	0	0	1	
1 1	0	0	0	0	$\Rightarrow \overline{B}\,\overline{D}$
1 0	1	1	0	1	

$$\Downarrow$$
$$\overline{A}\,C\,\overline{D}$$

$$\therefore F(A, B, C, D) = \sum(0, 1, 2, 6, 8, 9, 10)$$
$$= \overline{A}\,\overline{B}\,\overline{C}\,\overline{D} + \overline{A}\,\overline{B}\,\overline{C}D + \overline{A}\,\overline{B}C\overline{D} + \overline{A}BC\overline{D} + A\overline{B}\,\overline{C}\,\overline{D} + A\overline{B}\,\overline{C}D + A\overline{B}C\overline{D}$$
$$= \overline{B}\,\overline{C} + \overline{B}\,\overline{D} + \overline{A}\,C\,\overline{D}$$

예제 2 $F(A, B, C, D) = \sum(0, 1, 4, 5, 7, 8, 9, 10, 11, 12, 13, 15)$
$$= \overline{A}\,\overline{B}\,\overline{C}\,\overline{D} + \overline{A}\,\overline{B}\,\overline{C}D + \overline{A}B\overline{C}\,\overline{D} + \overline{A}B\overline{C}D + \overline{A}BCD + A\overline{B}\,\overline{C}\,\overline{D} + A\overline{B}\,\overline{C}D$$
$$+ A\overline{B}C\overline{D} + A\overline{B}CD + AB\overline{C}\,\overline{D} + AB\overline{C}D + ABCD$$

CD\AB	00	01	11	10	
00	1	1	1	1	$\Rightarrow \overline{C}$
01	1	1	1	1	
11	0	1	1	1	
10	0	0	0	1	

$$\Downarrow \qquad \Downarrow$$
$$BD \qquad A\overline{B}$$

$$\therefore F(A, B, C, D) = \sum(0, 1, 4, 5, 7, 8, 9, 10, 11, 12, 13, 15)$$
$$= \overline{A}\,\overline{B}\,\overline{C}\,\overline{D} + \overline{A}\,\overline{B}\,\overline{C}D + \overline{A}B\overline{C}\,\overline{D} + \overline{A}B\overline{C}D + \overline{A}BCD + A\overline{B}\,\overline{C}\,\overline{D} + A\overline{B}\,\overline{C}D$$
$$+ A\overline{B}C\overline{D} + A\overline{B}CD + AB\overline{C}\,\overline{D} + AB\overline{C}D + ABCD$$
$$= \overline{C} + A\overline{B} + BD$$

❺ 무관 조건(Don't Care Condition)

무관 조건이란 출력에 영향을 미치지 않는 입력 변수들을 말한다. 예를 들어 10진수를 2진수로 표현하는 경우, 4비트가 필요하다. 그러나 4비트를 가지고 표현 가능한 가짓수는 16가지인데 10진수 표현을 위해서는 10개만 필요하다. 이때 16개의 결과 중 10을 제외한 나머지 6개는 그 결과가 0이든 1이든 우리가 표현하고자 하는 10진수와는 무관하게 되는데 이러한 조건을 무관 조건이라 한다. 이런 무관 조건을 사용하면 논리식을 보다 간소화시킬 수 있다.

무관 조건은 보통 함수 d로 나타내는데 카노프 맵에서는 0과 1을 구분하기 위해 X로 표시하며 간소화를 위해 필요한 경우에는 사용하고 필요하지 않은 경우에는 사용하지 않아도 된다. 다음의 예제는 무관 조건이 포함된 논리식의 간소화를 나타내고 있다.

예제 $F(A, B, C) = \sum(0, 2, 3) = \overline{A}\,\overline{B}\,\overline{C} + \overline{A}B\overline{C} + \overline{A}BC$

$d(A, B, C) = \sum(1, 5, 6) = \overline{A}\,\overline{B}C + A\overline{B}C + AB\overline{C}$

C \ AB	00	01	11	10
0	1	1	X	0
1	X	1	0	X

$$\Downarrow$$
$$\overline{A}$$

$$\therefore \quad F = \overline{A}$$

2. 게이트 (Gate)

게이트(Gate)는 논리 회로를 구성하는 기본 요소로, 전압의 높고 낮음만을 다루는, 즉 2진화 정보만을 다루는 회로이다. 게이트 내부구성에 따라 논리 기능이 다른 다양한 종류의 게이트가 존재하며 모든 디지털 컴퓨터(Digital Computer)의 가장 기초적인 하드웨어(Hardware) 소자이다.

2-1 게이트의 종류

(1) OR Gate

두 개의 입력 중 어느 하나만 1이어도 1이 출력되는 OR 기능을 가지며 이것을 불 함수로 표현하면 다음과 같다.

$$F = A + B$$

❶ 기 호

❷ 진리표

A	B	F
0	0	0
0	1	1
1	0	1
1	1	1

❸ 스위치 회로

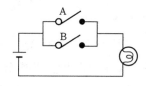

❹ 신호 파형

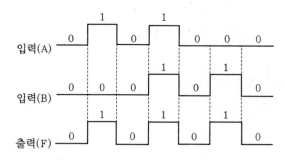

❺ 다이오드(Diode)에 의한 실현

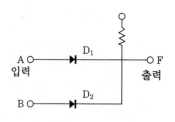

❻ 논리식 생성

진리표의 출력 F가 1인 부분의 입력값들을 가법 표준형으로 표현한 후 간소화하면 다음과 같은 논리식이 생성된다.

$$F = \overline{A}B + A\overline{B} + AB$$
$$F = A(\overline{B} + B) + B(\overline{A} + A)$$
$$F = A + B$$

(2) AND Gate

두 개의 입력 모두가 1이어야만 1이 출력되는 AND 기능을 가지며 이것을 불 함수로 표현하면 다음과 같다.

$$F = A \cdot B$$

❶ 기 호

❷ 진리표

A	B	F
0	0	0
0	1	0
1	0	0
1	1	1

❸ 스위치 회로

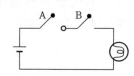

❹ 신호 파형

❺ 다이오드(Diode)에 의한 실현

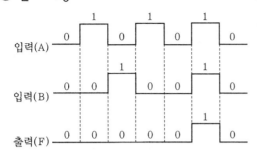

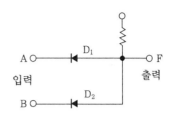

❻ 논리식 생성

진리표의 출력 F가 1인 부분의 입력값들을 가법 표준형으로 표현한 후 간소화하면 다음과 같은 논리식이 생성된다.

$$F = AB$$

(3) NOT Gate

입력된 신호를 반전시켜 출력하는 Complement 기능을 가지며 이것을 불 함수로 표현하면 다음과 같다.

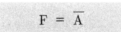

❶ 기 호

❷ 진리표

❸ 스위치 회로

A	$\overline{A}$
0	1
1	0

A ─▷○─ $\overline{A}$

❹ 신호 파형

❺ 트랜지스터(Transistor)에 의한 실현

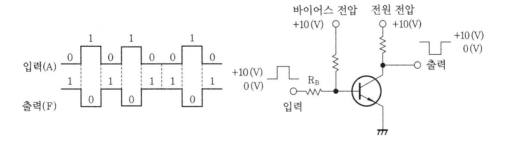

◎ 논리식 생성

진리표의 출력 F가 1인 부분의 입력값들을 가법 표준형으로 표현한 후 간소화하면 다음과 같은 논리식이 생성된다.

$$F = \overline{A}$$

(4) NOR Gate

두 개의 입력 모두가 0이어야만 1이 출력되는 기능을 가지며 OR 게이트와 NOT 게이트를 합친 기능을 수행한다. 이것을 불 함수로 표현하면 다음과 같다.

$$F = \overline{A + B}$$

❶ 기 호

❷ 진리표

A B	F
0 0	1
0 1	0
1 0	0
1 1	0

❸ 스위치 회로

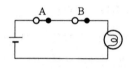

❹ 신호 파형

❺ 다이오드와 트랜지스터(Transistor)에 의한 실현

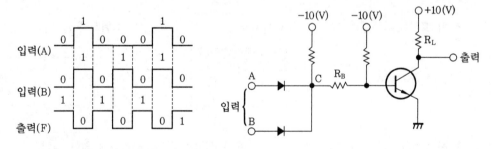

◎ 논리식 생성

진리표의 출력 F가 1인 부분의 입력값들을 가법 표준형으로 표현한 후 간소화하면 다음과 같은 논리식이 생성된다.

$$F = \overline{A}\,\overline{B}$$
$$F = \overline{(A + B)}$$

(5) NAND Gate

두 개의 입력 중 어느 하나만 0이어도 1이 출력되는 기능을 가지며 AND 게이트와

NOT 게이트를 합친 기능을 수행한다.

이것을 불 함수로 표현하면 다음과 같다.

$$F = \overline{A \cdot B}$$

❶ 기 호

❷ 진리표

A	B	F
0	0	1
0	1	1
1	0	1
1	1	0

❸ 스위치 회로

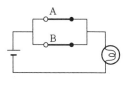

❹ 신호 파형

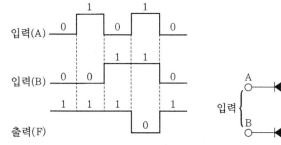

❺ 다이오드와 트랜지스터(Transistor)에 의한 실현

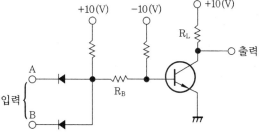

❻ 논리식 생성

진리표의 출력 F가 1인 부분의 입력값들을 가법 표준형으로 표현한 후 간소화하면 다음과 같은 논리식이 생성된다.

$$F = \overline{A}\,\overline{B} + \overline{A}B + A\overline{B}$$
$$F = \overline{A}(\overline{B} + B) + \overline{B}(\overline{A} + A)$$
$$F = \overline{A} + \overline{B}$$
$$F = (\overline{AB})$$

(6) XOR Gate

입력 신호 중 1의 개수가 홀수인 경우 1이 출력되는 기능을 가지는 게이트로 두 입력의 값이 같으면 0을, 틀리면 1을 출력한다. 이러한 XOR 게이트의 기능을 불 함수로 표현하면 다음과 같다.

$$F = \overline{A}B + A\overline{B} = A \oplus B$$

❶ 기 호   ❷ 진리표   ❸ 신호 파형

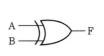

A	B	F
0	0	0
0	1	1
1	0	1
1	1	0

❹ 논리식 생성

진리표의 출력 F가 1인 부분의 입력값들을 가법 표준형으로 표현한 후 간소화하면 다음과 같은 논리식이 생성된다.

$$F = \overline{A}B + A\overline{B}$$

$$F = A \oplus B$$

(7) XNOR Gate

XOR 게이트에 NOT 게이트를 합친 형태로, 입력 신호 중 1의 개수가 짝수인 경우 1이 출력되는 기능을 가지며 두 입력값이 같으면 1을, 틀리면 0을 출력하는 일치회로 기능을 수행하는 게이트이다. 이러한 XNOR 게이트의 기능을 불 함수로 표현하면 다음과 같다.

$$F = \overline{A}\,\overline{B} + AB = \overline{A \oplus B} = A \odot B$$

❶ 기 호   ❷ 진리표   ❸ 신호 파형

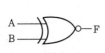 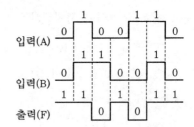

A	B	F
0	0	1
0	1	0
1	0	0
1	1	1

❹ 논리식 생성

진리표의 출력 F가 1인 부분의 입력값들을 가법 표준형으로 표현한 후 간소화하면 다음과 같은 논리식이 생성된다.

$$F = \overline{A}\,\overline{B} + AB$$

$$F = \overline{A \oplus B}$$

$$F = A \odot B$$

디지털 논리 게이트

이름	게이트 기호	불 함수	진리표
AND	A, B 입력 / F 출력	$F = A \cdot B$ or $F = AB$	A B F 0 0 0 0 1 0 1 0 0 1 1 1
OR	A, B 입력 / F 출력	$F = A + B$	A B F 0 0 0 0 1 1 1 0 1 1 1 1
Inverter	A 입력 / F 출력	$F = \overline{A}$	A F 0 1 1 0
Buffer	A 입력 / F 출력	$F = A$	A F 0 0 1 1
NAND	A, B 입력 / F 출력	$F = \overline{AB}$	A B F 0 0 1 0 1 1 1 0 1 1 1 0
NOR	A, B 입력 / F 출력	$F = \overline{A + B}$	A B F 0 0 1 0 1 0 1 0 0 1 1 0
Exclusive -OR (XOR)	A, B 입력 / F 출력	$F = A \oplus B$ or $F = \overline{A}B + A\overline{B}$	A B F 0 0 0 0 1 1 1 0 1 1 1 0
Exclusive -NOR or Equivalence	A, B 입력 / F 출력	$F = A \odot B$ or $F = \overline{A}\,\overline{B} + AB$	A B F 0 0 1 0 1 0 1 0 0 1 1 1

2-2 게이트의 조합

각각의 게이트들을 조합하여 구성하면 서로 다른 게이트의 역할을 수행하거나 별도의
기능을 수행하는 회로를 만들 수 있다.

(1) OR 게이트의 구성

OR 게이트는 아래의 논리식과 그림에서 표현한 것과 같이 두 개의 NAND 게이트와
하나의 NOT 게이트로 구성할 수 있다.

$$X = \overline{(A \cdot \overline{B}) \cdot \overline{B}} = \overline{(\overline{A} + B) \cdot \overline{B}} = \overline{\overline{A} \cdot \overline{B} + B \cdot \overline{B}} = \overline{\overline{A}} + \overline{\overline{B}} = A + B$$

(2) AND 게이트의 구성

AND 게이트는 아래의 논리식과 그림에서 표현한 것과 같이 세 개의 NOT 게이트와
하나의 OR 게이트로 구성할 수 있다.

$$X = \overline{\overline{A} + \overline{B}} = \overline{\overline{A}} \cdot \overline{\overline{B}} = A \cdot B$$

(3) NOT 게이트의 구성

NOT 게이트는 아래의 논리식과 그림에서 표현한 것과 같이 NOR 게이트나 NAND 게
이트의 입력을 공통으로 함으로써 구성할 수 있다.

$$\overline{A} = \overline{A + A} \qquad\qquad\qquad \overline{A} = \overline{A \cdot A}$$

(4) NOR 게이트의 구성

NOR 게이트는 다음 논리식과 그림에서 표현한 것과 같이 두 개의 NOT 게이트와 하
나의 AND 게이트로 구성할 수 있다.

$$X = \overline{A + B} = \overline{A} \cdot \overline{B}$$

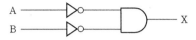

(5) NAND 게이트의 구성

NAND 게이트는 아래의 논리식과 그림에서 표현한 것과 같이 두 개의 NOT 게이트와 하나의 OR 게이트로 구성할 수 있다.

$$X = \overline{A \cdot B} = \overline{A} + \overline{B}$$

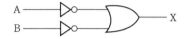

(6) XOR 게이트의 구성

XOR 게이트의 구성 방법은 여러 가지 형태를 가지고 있다.

❶ 두 개의 NOT 게이트와 AND 게이트, 한 개의 OR 게이트로 구성되어 있다.

$$X = \overline{A} \cdot B + A \cdot \overline{B}$$

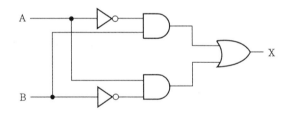

❷ 두 개의 AND 게이트와 한 개의 OR 게이트, NOT 게이트로 구성되어 있다.

$$X = \overline{A \cdot B} \cdot (A + B)$$

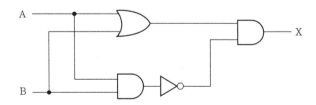

❸ 네 개의 NAND 게이트로 구성되어 있다.

$$X = \overline{\overline{\overline{AB} \cdot A} \cdot \overline{\overline{AB} \cdot B}} = \overline{AB} \cdot A + \overline{AB} \cdot B = (\overline{A} + \overline{B}) \cdot A + (\overline{A} + \overline{B}) \cdot B$$

$$= \overline{A}A + A\overline{B} + \overline{A}B + \overline{B}B = A\overline{B} + \overline{A}B = A \oplus B$$

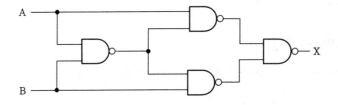

(7) XNOR 게이트의 구성

XNOR 게이트는 아래의 논리식과 그림에서 표현한 것과 같이 구성할 수 있다.

❶ 두 개의 NAND 게이트와 하나의 OR 게이트로 구성되어 있다.

$$X = \overline{(A + B) \cdot \overline{(A \cdot B)}} = \overline{A \oplus B}$$

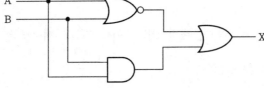

❷ 각각 한 개의 NOR, AND, OR 게이트로 구성되어 있다.

$$X = \overline{(A + B)} + (A \cdot B) = \overline{A \oplus B}$$

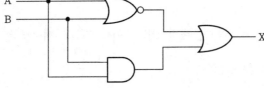

3. 조합 논리 회로

조합 논리 회로(Combinational Circuit)는 입력값에 의해서만 출력이 결정되는 회로로
입력과 출력을 가진 여러 가지의 논리 게이트들로 구성되며 기억 능력이 없다는 특징을
가지고 있다.

조합 회로의 블록도

3-1　반가산기 (HA ; Half Adder)

　전자계산기는 사칙연산을 수행하는 가산기를 핵심으로 구성되는데 이러한 가산은 두 개의 비트를 산술적으로 가산하는 반가산기로부터 시작된다. 반가산기는 두 개의 2진수 한 자리를 더하여 합(Sum)과 자리올림(Carry)을 발생하는 회로이며, 예를 들면 다음과 같다.

$$
\begin{array}{cccc}
0 & 0 & 1 & 1 \\
+\,0 & +\,1 & +\,0 & +\,1 \\
\hline
0\ 0 & 0\ 1 & 0\ 1 & 1\ 0
\end{array}
$$

합(Sum)

자리올림(Carry)

　반가산기는 입력 변수를 A와 B라 할 때 출력 변수 S(Sum)와 C(Carry)를 가지며 다음과 같은 진리표를 가진다. 이때 S는 합을 의미하고 C는 자리올림을 의미한다.

입력 변수		출력 변수	
A	B	S	C
0	0	0	0
0	1	1	0
1	0	1	0
1	1	0	1

　위의 반가산기 진리표에서 출력 변수인 합(S)과 자리올림(C)의 논리식을 구하면

$$S = A\overline{B} + \overline{A}B = A \oplus B$$
$$C = AB$$

를 얻을 수 있다. 이러한 논리식을 이용하여 반가산기의 회로도를 작성하면 아래의 그림 ❶과 같이 회로도가 작성되는데 보통 블록도를 이용하여 그림 ❷와 같이 표현하기도 한다.

❶ 회로도   ❷ 블록도

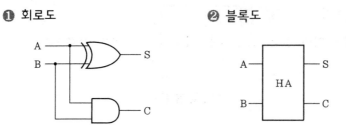

또한, 위의 논리식을 변형하여 아래의 그림과 같은 변형 회로도를 작성할 수 있다.

(1) 변형 회로도 1

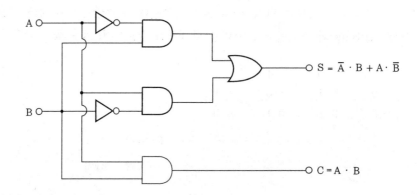

$S = \overline{A} \cdot B + A \cdot \overline{B}$

$C = A \cdot B$

(2) 변형 회로도 2

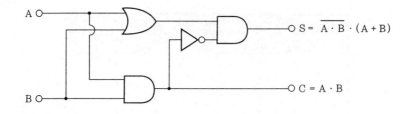

$S = \overline{A \cdot B} \cdot (A + B)$

$C = A \cdot B$

(3) 변형 회로도 3

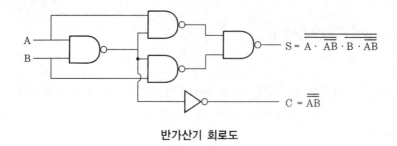

$S = \overline{\overline{A \cdot \overline{AB}} \cdot \overline{B \cdot \overline{AB}}}$

$C = \overline{\overline{AB}}$

반가산기 회로도

3-2   반감산기(HS ; Half Subtractor)

반감산기는 전자계산기에서 실질적으로 사용되는 회로가 아니지만 감산기를 제작하는 등의 특수한 경우 사용되며, 기본적인 동작원리는 매우 중요하다.

반감산기는 2진수(A, B) 한 자리 감산을 수행하는 회로로 A－B의 결과 D(Difference)와 빌림수 B_0(Borrow)를 발생하는 회로이다.

```
  0      0      1      1
 -0     -1     -0     -1
─────  ─────  ─────  ─────
  0     ①1      1      0
```

      └┈┈┈┈┈ 차(Difference)

     ┈┈┈┈┈┈ 빌림수(Borrow)

반감산기는 입력 변수 중 피감산 변수를 A, 감산 변수를 B라 할 때 다음과 같은 진리표를 가지며, 이때 출력 변수 D는 차, B_0은 빌림수를 나타낸다.

입력 변수		출력 변수	
A	B	D	B_0
0	0	0	0
0	1	1	1
1	0	1	0
1	1	0	0

위의 반감산기 진리표에서 출력 변수인 차(D)와 빌림수(B_0)의 논리식을 구하면

$$D = \overline{A}B + A\overline{B} = A \oplus B$$
$$B_0 = \overline{A}B$$

를 얻을 수 있다. 이러한 논리식을 이용하여 반감산기의 회로도를 작성하면 다음 그림 ❶와 같은 회로도가 작성되는데 보통 블록도를 이용하여 그림 ❷와 같이 표현하기도 한다.

❶ 회로도   ❷ 블록도

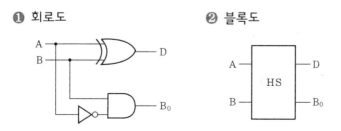

반감산기 회로도

3-3 전가산기(FA : Full Adder)

자릿수가 많은 2진수의 덧셈에서는 어떤 자리의 가산을 행할 때 그보다 낮은 자리에서 발생하는 자리올림값을 고려해야 한다.

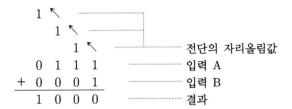

```
    1 ↖ ┄┄┄┄┄┄┄┄┄┐
     1 ↖ ┄┄┄┄┄┄┄┤
      1 ↖ ┄┄┄┄┄┄┤┄┄┄┄┄ 전단의 자리올림값
   0  1  1  1 ┄┄┄┄┄┄┄┄┄┄ 입력 A
 + 0  0  0  1 ┄┄┄┄┄┄┄┄┄┄ 입력 B
   1  0  0  0 ┄┄┄┄┄┄┄┄┄┄ 결과
```

전가산기는 두 개의 2진수(A, B) 한 자리와 전단의 자리에서 발생된 자리올림 수(C_i), 즉 3비트를 더하여 합(Sum)과 자리올림(Carry : C_0)을 발생시키는 가산기이다.

따라서 전가산기는 입력 변수 A와 B를 가산한 결괏값에 C_i값을 가산하여 출력을 구하면 되므로 2개의 반가산기와 하나의 OR 게이트로 구성할 수 있다.

이때 A와 B 가산에서 발생한 Carry나 A와 B의 가산결과와 C_i 가산에서 발생하는 Carry 중 어느 하나가 발생하면 C_0가 발생하므로 OR 게이트로 연결한다.

전가산기의 진리표는 그림 ❶과 같이 되고 회로는 그림 ❺와 같다.

진리표에 나타난 합과 자리올림값을 논리식으로 표현하면

$$S = \overline{A}\,\overline{B}C_i + \overline{A}B\overline{C_i} + A\overline{B}\,\overline{C_i} + ABC_i$$
$$= (\overline{A}B + A\overline{B})\overline{C_i} + (\overline{A}\,\overline{B} + AB)C_i$$
$$= (A \oplus B)\overline{C_i} + (\overline{A \oplus B})C_i$$
$$= A \oplus B \oplus C_i$$

$$C_0 = \overline{A}BC_i + A\overline{B}C_i + AB\overline{C_i} + ABC_i$$
$$= (\overline{A}B + A\overline{B})C_i + AB(\overline{C_i} + C_i)$$
$$= (A \oplus B)C_i + AB$$

로 표현되고 논리식을 변형하는 경우 그림 ❹, ❺, ❻과 같이 회로가 구성될 수 있다.

❶ 진리표

입 력			출 력	
A	B	C_i	S	C_0
0	0	0	0	0
0	0	1	1	0
0	1	0	1	0
0	1	1	0	1
1	0	0	1	0
1	0	1	0	1
1	1	0	0	1
1	1	1	1	1

❷ 블록도 1

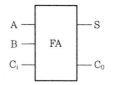

❸ 블록도 2

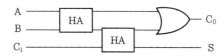

❹ 회로도 1

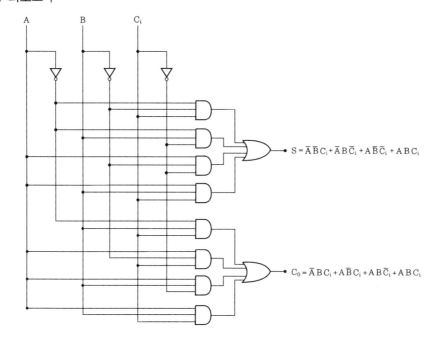

$S = \overline{A}\,\overline{B}\,C_i + \overline{A}\,B\,\overline{C_i} + A\,\overline{B}\,\overline{C_i} + A\,B\,C_i$

$C_0 = \overline{A}\,B\,C_i + A\,\overline{B}\,C_i + A\,B\,\overline{C_i} + A\,B\,C_i$

⑤ 회로도 2

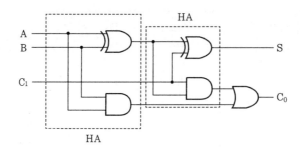

⑥ 회로도 3

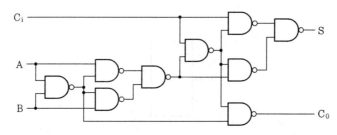

3-4 전감산기(FS ; Full Subtractor)

전감산기는 2진수(A, B)와 다음 자리로 빌려주는 수 C를 합쳐 3개의 입력 변수를 가지는데 이때도 반감산기와 동일하게 결괏값 D(Difference)와 빌림수 B(Borrow)를 발생하는 회로이다. 이러한 감산기는 보수의 가산으로 계산할 수 있기 때문에 대부분의 전자계산기에서는 사용되고 있지 않다.

다음은 진리표에 나타난 결괏값 D와 빌림수 B_0를 논리식으로 표현하였다.

$$D = \overline{A}\,\overline{B}C + \overline{A}B\overline{C} + A\overline{B}\,\overline{C} + ABC$$
$$= (\overline{A}B + A\overline{B})\overline{C} + (\overline{A}\,\overline{B} + AB)C$$
$$= (A \oplus B)\overline{C} + (\overline{A \oplus B})C$$
$$= A \oplus B \oplus C$$

$$B_0 = \overline{A}\,\overline{B}C + \overline{A}B\overline{C} + \overline{A}BC + ABC$$
$$= (\overline{A}\,\overline{B} + AB)C + (\overline{C} + C)\overline{A}B$$
$$= (\overline{A \oplus B})C + \overline{A}B$$

❶ 진리표

A	B	C	B_0	D
0	0	0	0	0
0	0	1	1	1
0	1	0	1	1
0	1	1	1	0
1	0	0	0	1
1	0	1	0	0
1	1	0	0	0
1	1	1	1	1

❷ 블록도 1

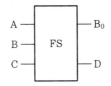

❸ 블록도 2

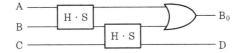

❹ 회로도

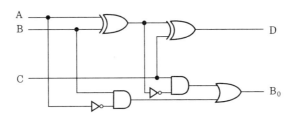

3-5 병렬 가산기(PA : Parallel Adder)

두 개의 2진수(A, B) 한 자리와 이전의 자리에서 발생된 자리올림 수(C_i)를 더하여 합(Sum)과 자리올림(Carry : C_0)을 발생시키는 전가산기 회로를 이용하여 n비트의 가산을 수행하는 회로로, 모든 비트가 동시에 가산되는 조합 회로이다. 즉, 여러 개의 전가산기를 그림과 같이 병렬로 연결시켜 구성한 회로이다.

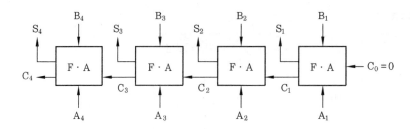

4비트 병렬 가산기

위 그림에서 4개의 전가산기 중 A_1과 B_1이 입력되는 최우측 전가산기는 입력되는 자리올림 값이 없으므로 반가산기로 대치하여도 무관하다. 단, 전가산기를 사용하는 경우 C_0 값은 반드시 0을 입력하여야 한다. 또한, 병렬 가산기는 하나의 클록펄스(Clock Pulse)로 동작되므로 게이트의 전파지연(Propagation Delay)을 해결하기 위한 올림수 예견회로 (Carry Look Ahead Circuit)가 부가적으로 필요하다.

다음 그림은 XOR 게이트를 이용한 4비트 병렬 가·감산기 회로이다.

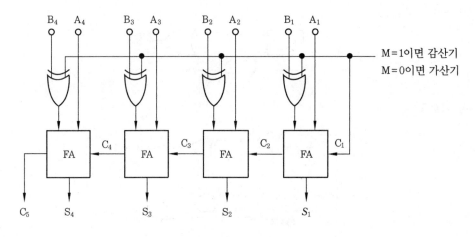

2진 가산기-감산기 회로(4 bit adder-subtracter)

위 회로에서 입력 M이 0이면 가산동작을 수행하고 1이면 감산동작을 수행한다. 동작원리를 살펴보면 가산의 경우 M의 값이 0이므로 XOR 게이트를 통해 B_n으로 입력된 값은 그대로 전가산기에 입력되어 A_n과 가산이 이루어지며 최하위단 전가산기의 캐리(C_1) 역시 0이 입력되는 결과를 갖는다. 반면 감산의 경우는 M의 값이 1이므로 XOR 게이트를 통해 B_n으로 입력된 값은 반전되어 전가산기에 입력되며 A_n과 가산이 이루어지는데 이때 최하위단 전가산기의 캐리(C_1)가 1이 입력되므로 $A + \overline{B} + 1$와 같이 2의 보수를 이용한 감산이 이루어진다.

3-6 8421 가산기 (BCD 가산기)

8421 가산기는 BCD 코드를 가산하는 기기로, BCD(Binary Coded Decimal) 코드란 2
진화된 10진수를 의미하며 8-4-2-1의 자릿값을 가지는 4비트 코드이다. 그러나 10진수
는 0~9까지의 수만을 표시하므로 4비트로 표현 가능한 10 이상의 수는 무의미하다.

따라서 8421 가산기에서 계산 결과가 10 이상의 수치가 나오는 경우 표현이 불가능하
므로 결괏값에 6을 더해야 BCD 코드를 얻을 수 있다.

이때 추가로 가산되는 6은 10, 11, 12, 13, 14, 15 등 6개의 사용하지 않는 코드를 자리
올림으로 바꾸어 주는 역할을 수행한다.

예를 들어, $A_4A_3A_2A_1$의 값이 0111(7)이고 $B_4B_3B_2B_1$의 값이 0101(5)라 할 때 이들의
합 $S_4S_3S_2S_1$의 값은 1100(12)이 되므로 BCD 코드로 표현할 수 없다.

따라서 $S_4S_3S_2S_1$의 값에 0110(6)을 더하여 1100 + 0110 = 10010($Y_5Y_4Y_3Y_2Y_1$) 값을 얻
은 후 Y_5는 다음 단으로의 자리올림으로 처리하고 $Y_4Y_3Y_2Y_1$의 값은 BCD 코드로 표현하
면 된다.

$$
\begin{array}{rcl}
7 & & 0\ 1\ 1\ 1 \\
+\ 5 & & +\ 0\ 1\ 0\ 1 \\
\hline
12 & & 1\ 1\ 0\ 0 \quad \leftarrow \text{BCD로 표현 불가능} \\
& & +\ 0\ 1\ 1\ 0 \\
\hline
& & 1\ \underline{0\ 0\ 1\ 0} \quad \leftarrow \text{BCD Code} \\
& & 1 \qquad\quad 2
\end{array}
$$

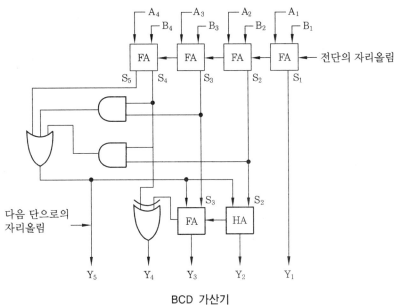

BCD 가산기

이 회로는 BCD 가산기 회로로, BCD에서 사용되지 않는 10, 11, 12, 13, 14, 15 등 6개의 코드를 자리올림으로 변환하기 위하여 2개의 AND 게이트를 이용하고 있다. 사용되지 않는 6개 코드의 특징을 보면 S_4와 S_3가 1이거나 S_4와 S_2가 1이다. 따라서 2입력 AND 게이트를 이용하여 두 입력이 모두 1인 경우 사용되지 않는 코드로 판단하고 결괏값에 6을 더하여 최종 결과를 얻는다. 또한, 계산결과에 자리올림이 발생하는 경우 역시 사용되지 않는 코드가 사용된 것이므로 이 또한 결괏값에 6을 더하여 최종 값을 얻어야 한다. 따라서 3입력 OR 게이트를 이용하여 자리올림 혹은 AND 게이트의 출력 중 어느 하나가 1이 되면 결괏값에 6을 더하도록 회로가 구성되어 있다.

XOR 게이트는 출력 S_4가 1이고 출력 Y_3 연산에서 캐리가 발생하는 경우 Y_4 출력 값을 0으로 만들어 주는 역할을 수행한다.

3-7 부호기(Encoder)와 해독기(Decoder)

부호기는 문자, 숫자, 기호 등 입력 자료의 종류에 따라 이에 상응하는 2진 부호를 만드는 회로로, 2^n개 이하의 입력이 있는 경우 n비트의 코드가 생성된다. 예를 들어 10진수 하나의 숫자를 입력하는 경우 10개의 입력이 필요한 것이므로 $8(2^3)$가지로는 표현이 불가능하여 $16(2^4)$가지로 표현한다. 따라서 10진수 한 자리를 표현하기 위해서는 4비트의 부호가 필요하게 된다. 아래의 예는 10진수 하나를 입력받아 4비트의 2진 부호가 생성되는 부호기(Encoder)의 진리표와 회로도를 나타내고 있다.

❶ 진리표

X	\multicolumn{10}{c}{10진 입력}	\multicolumn{4}{c}{2진 출력}
	X_0	X_1	X_2	X_3	X_4	X_5	X_6	X_7	X_8	X_9	A	B	C	D
0	1	0	0	0	0	0	0	0	0	0	0	0	0	0
1	0	1	0	0	0	0	0	0	0	0	0	0	0	1
2	0	0	1	0	0	0	0	0	0	0	0	0	1	0
3	0	0	0	1	0	0	0	0	0	0	0	0	1	1
4	0	0	0	0	1	0	0	0	0	0	0	1	0	0
5	0	0	0	0	0	1	0	0	0	0	0	1	0	1
6	0	0	0	0	0	0	1	0	0	0	0	1	1	0
7	0	0	0	0	0	0	0	1	0	0	0	1	1	1
8	0	0	0	0	0	0	0	0	1	0	1	0	0	0
9	0	0	0	0	0	0	0	0	0	1	1	0	0	1

❷ 블록도   ❸ 회로도

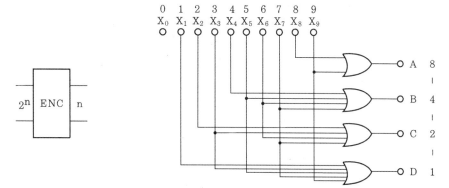

부호기 (Encoder)

여기서 각각의 출력값 A, B, C, D의 논리식을 구하면

$$A = X_8 + X_9$$
$$B = X_4 + X_5 + X_6 + X_7$$
$$C = X_2 + X_3 + X_6 + X_7$$
$$D = X_1 + X_3 + X_5 + X_7 + X_9$$

이 된다.

해독기는 2진 코드 형식의 정보를 다른 코드 형식으로 변환하는 회로로, 중앙처리장치 내에서는 명령의 해독, 번지의 해독 등에 사용되며 2진 코드를 변환하여 출력 시에도 사용된다.

이러한 해독기는 n개의 입력을 받아 2^n개의 출력을 가지므로 $n \times 2^n$ 디코더라 부르기도 하는데 다음 그림에서는 2×4 디코더와 3×8 디코더를 예시하였다.

❶ 진리표   ❷ 블록도

X	Y	D_0	D_1	D_2	D_3
0	0	1	0	0	0
0	1	0	1	0	0
1	0	0	0	1	0
1	1	0	0	0	1

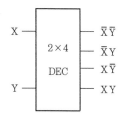

❸ 회로도

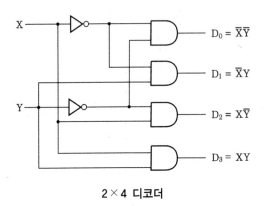

2×4 디코더

❶ 진리표

입 력			출 력							
X	Y	Z	D_0	D_1	D_2	D_3	D_4	D_5	D_6	D_7
0	0	0	1	0	0	0	0	0	0	0
0	0	1	0	1	0	0	0	0	0	0
0	1	0	0	0	1	0	0	0	0	0
0	1	1	0	0	0	1	0	0	0	0
1	0	0	0	0	0	0	1	0	0	0
1	0	1	0	0	0	0	0	1	0	0
1	1	0	0	0	0	0	0	0	1	0
1	1	1	0	0	0	0	0	0	0	1

❷ 블록도

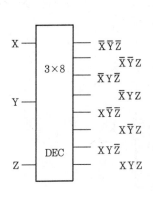

❸ 회로도

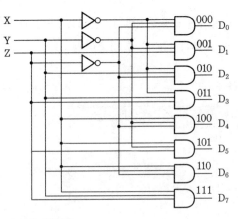

3×8 디코더

이러한 몇 개의 디코더 회로를 모아 커다란 디코더 회로를 구성할 수 있는데, 예를 들어

3×8 디코더 2개를 이용하여 4×16 디코더를 다음 그림과 같이 구성할 수 있다.

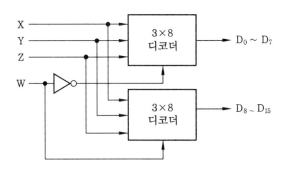

3×8 디코더 두 개를 이용한 4×16 디코더의 구성

3-8   디멀티플렉서(DEMUX)와 멀티플렉서(MUX)

디멀티플렉서는 한 개의 선으로 정보를 받아들여 n개의 선택선에 의해 2^n개의 출력 중 하나를 선택하여 출력하는 회로로, Enable 입력을 가진 디코더와 등가인 회로이다.

다음의 예는 1×4 디멀티플렉서로 인에이블 신호를 가진 2×4 디코더와 등가인 회로이 며 선택선 A와 B의 값에 따라 $\overline{E}$ 의 입력이 D_0, D_1, D_2, D_3 중 하나의 출력 단자로 출력된다.

❶ 진리표

$\overline{E}$	A	B	D_0	D_1	D_2	D_3
1	×	×	1	1	1	1
0	0	0	0	1	1	1
0	0	1	1	0	1	1
0	1	0	1	1	0	1
0	1	1	1	1	1	0

❷ 블록도

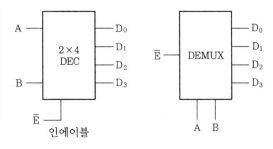

❸ 회로도

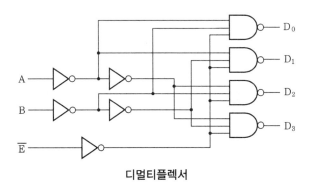

디멀티플렉서

또한 멀티플렉서는 2^n개의 입력 선들 중에서 하나를 선택하여 출력하는 조합회로로, n 개의 선택선에 의해 출력선이 결정되는 회로이다.

다음의 예는 4×1 멀티플렉서로 선택선 S_1과 S_0의 값에 따라 입력 I_0, I_1, I_2, I_3 중 하나 가 선택되어 출력 단자 Output으로 출력된다.

❶ 진리표

S_1	S_0	Output
0	0	I_0
0	1	I_1
1	0	I_2
1	1	I_3

❷ 블록도

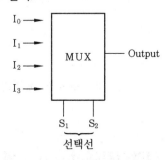

❸ 회로도

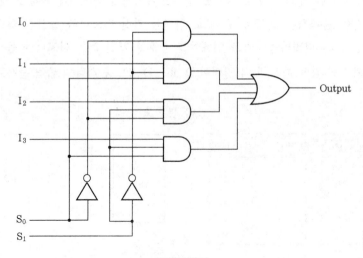

멀티플렉서

멀티플렉서와 디멀티플렉서는 데이터 통신에서 많이 활용되고 있는데 이는 병렬의 데이 터를 직렬 선로로 변환하여 전송하는 멀티플렉서의 기능과 직렬 선로로 입력된 데이터를 병렬 데이터로 변환하여 수신하는 디멀티플렉서의 기능이 합쳐져 활용되는 것이다. 따라 서 멀티플렉서를 병–직렬 변환기, 디멀티플렉서를 직–병렬 변환기라고도 부른다.

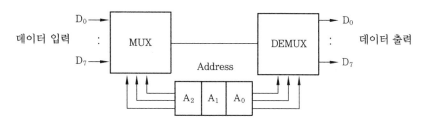

멀티플렉서와 디멀티플렉서 간의 데이터 전송

위의 블록도는 8비트 병렬 데이터를 1비트 직렬 데이터 선로로 전송하는 예를 보여주는 것으로 선택선에 해당되는 A_2, A_1, A_0의 값을 000부터 111까지 차례대로 증가시켜주면 멀티플렉서로 입력된 8비트의 병렬 데이터가 직렬 선로를 통해 디멀티플렉서의 출력으로 전송된다.

3-9   2진 승산기

2진 승산기는 2비트 승산기의 경우 아래와 같이 4개의 AND 게이트와 두 개의 반가산기로 구성할 수 있다.

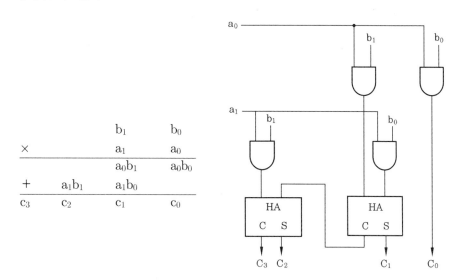

2비트 2진 배열 승산기

> ### 3-10 　비교기 (Comparator)

비교기란 두 개의 데이터를 비교하여 어느 쪽이 큰지 작은지 혹은 같은지를 판단하는 회로이다.

(1) 비트 비교기

2개의 비트를 비교하면 다음과 같은 진리표를 얻을 수 있다.

A	B	A > B	A = B	A < B
0	0	0	1	0
0	1	0	0	1
1	0	1	0	0
1	1	0	1	0

위의 진리표에서 각각의 논리식을 구하면

$$A > B = A\overline{B}$$
$$A = B = \overline{A}\,\overline{B} + AB = \overline{A \oplus B}$$
$$A < B = \overline{A}B$$

를 얻을 수 있고 이러한 논리식을 이용하면 다음과 같은 비교기 회로도를 구성할 수 있다.

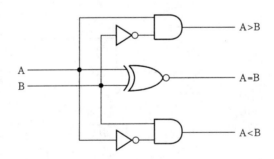

(2) 2비트 비교기

2비트 비교기의 경우는 입력 변수가 4개이므로 아래와 같은 진리표를 얻을 수 있다.

A		B		A > B	A = B	A < B
A_1	A_0	B_1	B_0			
0	0	0	0	0	1	0
0	0	0	1	0	0	1
0	0	1	0	0	0	1
0	0	1	1	0	0	1
0	1	0	0	1	0	0
0	1	0	1	0	1	0
0	1	1	0	0	0	1
0	1	1	1	0	0	1
1	0	0	0	1	0	0
1	0	0	1	1	0	0
1	0	1	0	0	1	0
1	0	1	1	0	0	1
1	1	0	0	1	0	0
1	1	0	1	1	0	0
1	1	1	0	1	0	0
1	1	1	1	0	1	0

위의 진리표에서 각각의 논리식을 구하면

$$A > B = \overline{A}_1 A_0 \overline{B}_1 \overline{B}_0 + A_1 \overline{A}_0 \overline{B}_1 \overline{B}_0 + A_1 \overline{A}_0 \overline{B}_1 B_0 + A_1 A_0 \overline{B}_1 \overline{B}_0 + A_1 A_0 \overline{B}_1 B_0 + A_1 A_0 B_1 \overline{B}_0$$

$$= A_0 \overline{B}_0 (\overline{A}_1 \overline{B}_1 + A_1 B_1) + A_1 \overline{B}_1 (\overline{A}_0 \overline{B}_0 + \overline{A}_0 B_0 + A_0 \overline{B}_0 + A_0 B_0)$$

$$= A_0 \overline{B}_0 (\overline{A_1 \oplus B_1}) + A_1 \overline{B}_1$$

$$A = B = \overline{A}_1 \overline{A}_0 \overline{B}_1 \overline{B}_0 + \overline{A}_1 A_0 \overline{B}_1 B_0 + A_1 \overline{A}_0 B_1 \overline{B}_0 + A_1 A_0 B_1 B_0$$

$$= \overline{A}_0 \overline{B}0 (\overline{A}_1 \overline{B}_1 + A_1 B_1) + A_0 B_0 (\overline{A}_1 \overline{B}_1 + A_1 B_1)$$

$$= \overline{A}_0 \overline{B}_0 (\overline{A_1 \oplus B_1}) + A_0 B_0 (\overline{A_1 \oplus B_1})$$

$$= (\overline{A_1 \oplus B_1})(\overline{A}_0 \overline{B}_0 + A_0 B_0)$$

$$= (\overline{A_1 \oplus B_1})(\overline{A_0 \oplus B_0})$$

$$A < B = \overline{A}_1 \overline{A}_0 \overline{B}_1 B_0 + \overline{A}_1 \overline{A}_0 B_1 \overline{B}_0 + \overline{A}_1 \overline{A}_0 B_1 B_0 + \overline{A}_1 A_0 B_1 \overline{B}_0 + \overline{A}_1 A_0 B_1 B_0 + A_1 \overline{A}_0 B_1 B_0$$

$$= \overline{A}_0 B_0 (\overline{A}_1 \overline{B}_1 + A_1 B_1) + \overline{A}_1 B_1 (\overline{A}_0 \overline{B}_0 + \overline{A}_0 B_0 + A_0 \overline{B}_0 + A_0 B_0)$$

$$= \overline{A}_0 B_0 (\overline{A_1 \oplus B_1}) + \overline{A}_1 B_1$$

을 얻을 수 있다. 위의 논리식을 이용하여 회로도를 작성하면 아래의 그림과 같다.

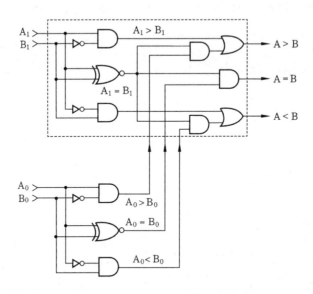

만약 논리식을 간소화하여 회로도를 작성하는 것이 어렵다면 다음의 조건을 참조하여
회로를 작성할 수 있다.

- A > B일 경우
  ① $A_1 > B_1$일 것(A_0와 B_0은 어느 쪽이 크더라도 상관없다.)
  ② $A_1 = B_1$이고 또한 $A_0 > B_0$일 것

- A < B일 경우
  ① $A_1 < B_1$일 것(A_0와 B_0은 어느 쪽이 크더라도 상관없다.)
  ② $A_1 = B_1$이고 또한 $A_0 < B_0$일 것

- A = B일 경우
  $A_1 = B_1$이고 또한 $A_0 = B_0$일 것

4. 순서 논리 회로

회로의 출력이 입력값과 회로의 내부 상태에 의해 결정되는 논리 회로로, 조합 논리 회
로와는 달리 기억능력을 가지고 있으며 논리 게이트와 함께 플립플롭과 같은 기억 논리
소자로 구성되어 있다.

여기서 플립플롭은 2진수 0이나 1 중 어느 한 비트만을 저장하는 2진 셀(Cell)로 쌍안

정 멀티바이브레이터(Multivibrator)라고도 불리는데 무기한으로 논리 1 또는 0의 상태를 유지할 수 있는 것이며 기억소자로 사용된다. 이러한 플립플롭들이 모여 레지스터(Register)를 이룬다.

순서 논리 회로의 기본 구성

4-1 RS 플립플롭

(1) 정 의

RS(Reset Set) 플립플롭(Flip Flop)은 플립플롭 중 가장 일반적인 플립플롭으로, 비동기식(Asynchronous)의 기본적인 플립플롭인 래치(Latch)에 클록 펄스(CP ; Clock Pulse)가 입력되어 동작할 수 있도록 만든 동기식(Synchronous) 플립플롭이다.

❶ 진리표

S	R	$Q_{(t+1)}$	의 미
0	0	$Q_{(t)}$	현 상태 유지
0	1	0	0 (CLEAR)
1	0	1	1 (SET)
1	1	?	부 정

❷ 기 호

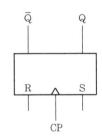

❸ 기본적 플립플롭   ❹ 클록 동기 RS 플립플롭

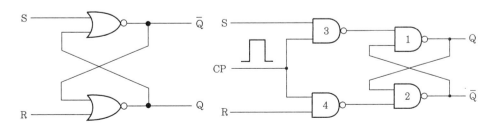

❺ 래치 타임차트

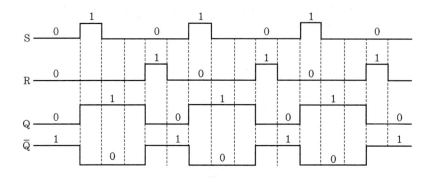

❻ 클록 동기 RS FF 타임차트

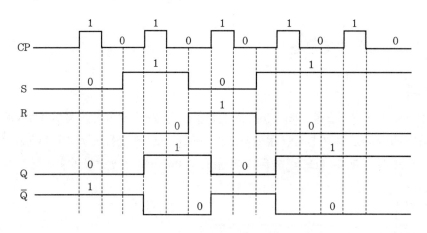

RS 플립플롭

(2) 동 작

클록 동기 RS 플립플롭은 래치와 두 개의 NAND 게이트로 구성되어 있는데 클록 펄스가 들어오지 않는 경우 CP가 0이므로 RS 입력값과 관계없이 게이트 3, 4의 출력은 변함이 없다.

그러나 CP가 1일 때는 S=1, R=0이면 Q=1, $\overline{Q}$=0 이 되고 S=0, R=1이면 Q=0, $\overline{Q}$=1, S=0, R=0이면 Q, $\overline{Q}$는 전 상태를 유지한다. R=S=1 입력은 Q와 $\overline{Q}$의 값이 같아 허용되지 않으며 의미도 없다.

(3) 특성식

❶ 진리표

R	S	Q(t)	Q(t+1)
0	0	0	0
0	0	1	1
0	1	0	1
0	1	1	1
1	0	0	0
1	0	1	0
1	1	0	×
1	1	1	×

❷ 논리식

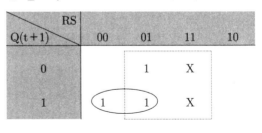

Q(t+1) \ RS	00	01	11	10
0		1	X	
1	1	1	X	

❸ 특성식 $\quad Q_{(t+1)} = S + \overline{R}Q_{(t)}$

4-2 D 플립플롭

(1) 정 의

D(Delay) 플립플롭(Flip Flop)은 RS 플립플롭을 변형한 플립플롭으로 R 입력단자에 NOT 게이트를 붙여 입력 자료를 당분간 기억시키는 데 많이 사용되는 플립플롭이다.

❶ 진리표

D	Q	$\overline{Q}$
0	0	1
1	1	0

❷ 기 호

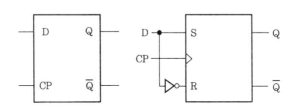

❸ 회로도

❹ 포지티브 상태의 타임차트

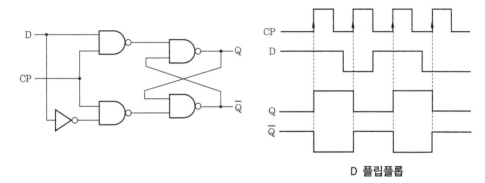

D 플립플롭

(2) 동 작

D 플립플롭은 RS 플립플롭의 R단자에 NOT 게이트를 붙여 RS의 두 입력이 항상 다른 값을 가지도록 한다. 따라서 입력 D의 값이 0인 경우 S의 입력은 0이 되고 R의 입력이 1이 되어 결과 Q는 항상 0의 값을 갖게 되고, 입력 D의 값이 1인 경우 S의 입력은 1이 되고 R의 입력이 0이 되어 결과 Q는 항상 1이 된다.

즉, 입력된 D의 값이 출력 Q의 값이 되는 플립플롭이다.

(3) 특성식

❶ 진리표

D	$Q_{(t)}$	$Q_{(t+1)}$
0	0	0
0	1	0
1	0	1
1	1	1

❷ 논리식

$Q_{(t)}$ \ D	0	1
0		1
1		1

❸ 특성식 $Q_{(t+1)} = D$

4-3 JK 플립플롭(Flip Flop)

(1) 정 의

JK 플립플롭(Flip Flop)은 RS 플립플롭에서 입력이 모두 1인 경우 부정의 상태를 단정 보완한 플립플롭으로, J와 K 입력이 모두 1인 경우 입력값을 반전시키는 플립플롭으로 가장 널리 사용된다.

❶ 진리표

J	K	$Q_{(t+1)}$	의 미
0	0	Q(t)	현 상 태 유지
0	1	0	0 (CLEAR)
1	0	1	1 (SET)
1	1	$\overline{Q}_{(t)}$	반전

❷ 기 호

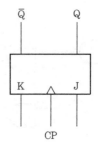

❸ 클록 동기 JK 플립플롭 회로도

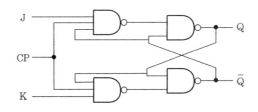

❹ 타임차트

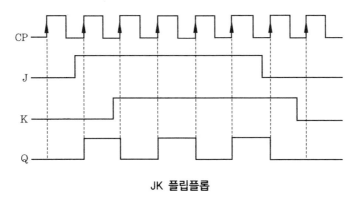

JK 플립플롭

(2) 동 작

JK 플립플롭은 R의 입력에 Q를, S의 입력에 $\overline{Q}$ 를 재귀환시켜 R과 S의 입력이 모두 1이 되는 경우 반전이 되도록 만든 플립플롭이다. 즉, RS 플립플롭의 입력이 모두 1인 경우 부정인 상태를 반전되도록 단점 보완된 동작을 수행한다.

(3) 특성식

❶ 진리표

J	K	$Q_{(t)}$	$Q_{(t+1)}$
0	0	0	0
0	0	1	1
0	1	0	0
0	1	1	0
1	0	0	1
1	0	1	1
1	1	0	1
1	1	1	0

❷ 논리식

JK $Q_{(t)}$	0 0	0 1	1 1	1 0
0			1	1
1	1			1

❸ 특성식 $Q_{(t+1)} = J\overline{Q}_{(t)} + \overline{K}Q_{(t)}$

4-4 ┃ T 플립플롭

(1) 정 의

T(Toggle) 플립플롭(Flip Flop)은 JK 플립플롭에서 J와 K 입력을 공통으로 묶은 플립플롭으로, 입력이 0인 경우 현 상태를 유지하고 입력이 1인 경우 반전되는 플립플롭이다.

❶ 회로도

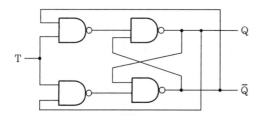

❷ 진리표

T	$Q_{(t+1)}$	의 미
0	$Q(t)$	현 상태 유지
1	$\overline{Q(t)}$	반 전

❸ 기 호

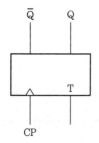

❹ 타임차트

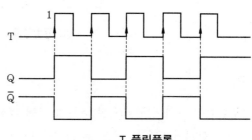

T 플립플롭

(2) 동 작

T 플립플롭은 JK 플립플롭의 입력단자를 공통으로 묶어 J, K 입력이 항상 동일하도록 구성되어 있다. 따라서 입력 T의 값이 0인 경우 J와 K 입력이 모두 0이 되므로 현 상태를 유지하고 입력 T의 값이 1인 경우 J와 K 입력이 모두 1이 되므로 반전된다.

즉, 입력이 0이면 현 상태를 유지하고 입력이 1이면 반전된다.

(3) 특성식

❶ 진리표

T	$Q_{(t)}$	$Q_{(t+1)}$
0	0	0
0	1	1
1	0	1
1	1	0

❷ 논리식

$Q_{(t)}$＼T	0	1
0		1
1	1	

❸ 특성식 $\quad Q_{(t+1)} = \overline{T}Q_{(t)} + T\overline{Q}_{(t)}$

4-5   **여기표**(Excitation Table)

현재의 상태를 $Q_{(t)}$라 하고, 다음 상태를 $Q_{(t+1)}$이라 할 때 4가지 종류의 플립플롭들에 대한 여기표는 다음과 같다.

4종류의 플립플롭들에 대한 여기표

$Q_{(t)}$	$Q_{(t+1)}$	S	R
0	0	0	X
0	1	1	0
1	0	0	1
1	1	X	0

(a) RS flip-flop

$Q_{(t)}$	$Q_{(t+1)}$	J	K
0	0	0	X
0	1	1	X
1	0	X	1
1	1	X	0

(b) JK flip-flop

$Q_{(t)}$	$Q_{(t+1)}$	D
0	0	0
0	1	1
1	0	0
1	1	1

(c) D flip-flop

$Q_{(t)}$	$Q_{(t+1)}$	T
0	0	0
0	1	1
1	0	1
1	1	0

(d) T flip-flop

예를 들어, RS 플립플롭을 살펴보자. 현재의 상태가 0이고, 다음의 상태도 역시 0인 경우 현 상태를 유지하였다고 가정하면 R과 S의 입력은 모두 0이 되어야 한다.

현재 상태와 관계없이 다음 상태가 무조건 0이 출력되었다고 가정하면 R의 입력은 1이어야 하고 S의 입력은 0이어야 한다.

따라서 S의 입력은 무조건 0이어야 하며 R 입력은 0이든 1이든 관계없음으로 무관 조건(Don't Care Condition)을 가진다.

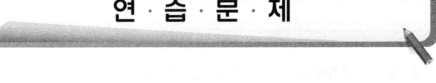

연 · 습 · 문 · 제

1. 다음 중 불 대수의 정의가 성립되지 않는 것은?

㉮ $1 + A = 1$　　　　　　　　　㉯ $A \cdot A = A$

㉰ $A + \overline{A} = 1$　　　　　　　　㉱ $0 \cdot A = 1$

2. 다음 논리식의 변환 중에서 드모르간(De Morgan)의 정리를 나타낸 것은?

㉮ $A \cdot A = A$　　　　　　　　㉯ $A + \overline{A}B = A + B$

㉰ $\overline{A+B} = \overline{A} \cdot \overline{B}$　　　　　　㉱ $A(\overline{A} + AB) = A \cdot B$

3. $F (A, B, C) = \Sigma (3, 4, 6, 7)$을 만족하는 불 대수를 구하면?

㉮ $F = A B + B$　　　　　　　㉯ $F = B C + A \overline{C}$

㉰ $F = A C + A B$　　　　　　㉱ $F = A B$

4. 다음 진리표에 해당하는 논리식은?

입　력		출　력
A	B	T
0	0	0
0	1	1
1	0	1
1	1	0

㉮ $T = A * \overline{B} + \overline{A} * B$　　　　㉯ $T = A * B + \overline{A} * \overline{B}$

㉰ $T = A * \overline{A} + B * \overline{B}$　　　　㉱ $T = A * \overline{A} + B * \overline{B}$

5. 다음 논리회로를 간단히 하여 특성이 같도록 재설계한 것은?

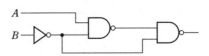

㉮ 　　　㉯ 　　　㉰ 　　　㉱

6. 조합 논리 회로(Combination Logic Circuit)와 순서 논리 회로(Sequential Logic Circuit)를 비교
한 설명 중 옳은 것은?

㉮ 전력 규격의 차이가 난다.

㉯ 조합 회로의 규모가 더 크다.

㉱ 게이트(Gate)의 개수가 순서 회로에 더 많다.

㉠ 순서 회로의 경우 출력이 회로의 역사(전 상태)에 의한다.

7. Half-Adder는 2bit (x, y)를 산술적으로 가산하는 조합회로이며, 이에 해당되는 진리표는 다음과
같다. 캐리(C)와 합(S)을 논리적으로 구한 것 중 올바른 것은 어느 것인가?

X Y	C S
0 0	0 0
0 1	0 1
1 0	0 1
1 1	1 0

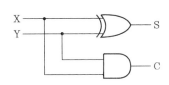

㉮ $S = x \oplus y$
   $C = xy$

㉯ $S = \overline{x}\,\overline{y} + xy$
   $C = xy$

㉱ $S = x \oplus y$
   $C = \overline{x}\,y$

㉠ $S = xy + y$
   $C = xy$

8. 다음 감산기 회로에서 D와 B_0의 출력이 모두 1이 되었을 때 입력은 다음 중 어느 경우인가?

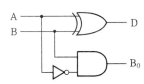

㉮ 입력이 모두 0인 때

㉯ A는 0, B는 1인 경우

㉱ A, B 모두 1인 경우

㉠ A는 1, B는 0인 경우

9. 다음 회로는 무슨 회로인가?

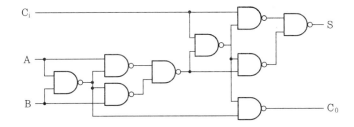

㉮ 우수 Parity 검사 회로

㉯ 기수 Parity 검사 회로

㉱ 전가산기

㉠ 반가산기

10. 다수 개의 입력 데이터 회선 중에서 한 개의 입력만 선택하여 출력 측의 단일 채널로 전송하는 기능을 지닌 회로는?

㉮ Decoder ㉯ Encoder
㉰ Multiplexer ㉱ Demultiplexer

11. 다음 회로를 무엇이라 하는가?

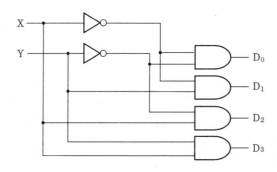

㉮ 디코더(Decoder) ㉯ 멀티플렉서(Multiplexer)
㉰ 인코더(Encoder) ㉱ 시프터(Shifter)

12. 다음 논리도의 기능은?

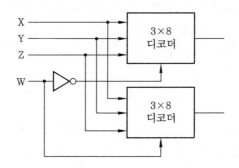

㉮ 4×8 디코더 ㉯ 4×16 디코더 ㉰ 3×8 디코더 ㉱ 3×16 디코더

13. 다음 회로가 갖고 있는 기능은?

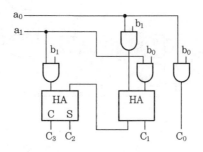

㉮ 2진 감산기 ㉯ 전가산기 ㉰ 2진 승산기 ㉱ 2진 제산기

14. 다음 진리표와 같은 Flip Flop 을 나타내는 것은? (단, X는 Don't care)

입 력	CP	Q_{n+1}	$\overline{Q'_{n+1}}$
0 0	X	불 변	
0 1	1	0	1
1 0	1	1	0
1 1	1	반전(Toggle)	

㉮ D Flip Flop   ㉯ RS Flip Flop
㉰ Clock RS Flip Flop   ㉱ JK Flip Flop

15. JK 플립플롭의 다음 표에 대한 여기표(Excitation Table)를 정확하게 표시한 것은? (단, x＝무관 조건, 아래의 표시는 ㄱ, ㄴ, ㄷ, ㄹ순이다.)

$Q_{(t)}$	$Q_{(t+1)}$	J	K
0	0	ㄱ	
0	1	ㄴ	
1	0	ㄷ	
1	1	ㄹ	

㉮ 0X, 10, 01, X0

㉯ X1, 1X, 0X, 01

㉰ 01, 10, 01, X0

㉱ 0X, 1X, X1, X0

16. JK 플립플롭을 아래 그림과 같이 연결하면 어떤 Flip-Flop과 같은 동작을 하는가?

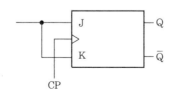

㉮ D   ㉯ RS   ㉰ T   ㉱ Master-Slave

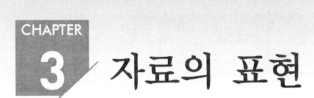

자료의 표현

    자료는 크게 두 가지로 구분할 수 있는데 넓은 의미로는 전자계산기가 취급하는 모든 데이터, 즉 프로그램과 수행에 필요한 자료를 포함하고 좁은 의미로는 프로그램 수행에 필요한 사실들(Facts)만을 말한다. 이 장에서는 좁은 의미의 데이터만을 생각하기로 한다.

    인간이 전자계산기와 통신하기 위해서, 즉 필요한 자료를 전자계산기에 입력시키고 수행이 끝난 정보(Information)를 출력하기 위해서는 인간과 전자계산기의 공통적인 자료의 표현이 요구된다. 이때 인간이 일상적으로 사용하는 언어, 글, 그림, 행동 등을 그대로 전자계산기에 입력시켜 처리하고 출력하기 위해서는 전자계산기가 이해할 수 있는 자료의 형태, 즉 외부적 자료의 표현으로 바꾸어야 하고, 전자계산기는 다시 그 자료들을 기억장치에 저장하고 처리하기 위한 내부적 자료 표현으로 바꾸어 통신하여야 한다.

1. 자료의 표현 단위

1-1　　자료 표현의 최소 단위

    전자계산기는 전압의 고저를 이용하여 0과 1의 두 가지 값만을 사용하기 때문에 자료를 표현하기 위해서는 2진수를 사용하는데, 이때 사용되는 0 또는 1을 나타내는 한 자리의 2진수를 Bit(Binary Digit)라 한다. 비트는 정보를 표현하기 위한 최소 단위이며 이러한 비트들의 조합, 즉 비트 스트링(Bit String)에 의해 서로 다른 여러 가지 정보들을 표현할 수 있다.

1-2　　자료의 표현 단위

    정보를 표현하는 단위들은 다음과 같이 여러 가지의 형태가 있는데 이들은 모두 각각의 특성을 가지고 있다.

❶ 니블(Nibble) : 4비트의 모임으로 16진수 한 자리에 해당되며 덤프(Dump)와 같이 전자계산기 내부의 상태를 출력하여 표현하는 경우와 많은 양의 자료를 비트단위로 표현해야 하는 경우 주로 이용된다.

❷ 바이트(Byte) : 두 개의 니블, 즉 8비트의 모임으로 256가지의 서로 다른 값을 표현 할 수 있어 특수문자와 숫자를 포함한 영문 한 글자를 표현하며 1바이트를 1캐릭터 (Character)라고 부른다. 이는 1바이트를 가지고 한 개의 문자, 즉 캐릭터를 표현할 수 있기 때문이다. 또한 바이트는 기억장치의 용량을 나타내는 단위로도 이용되고 있으며 정보를 표현하는 기본단위로 삼고 있다.

❸ 워드(Word) : 전자계산기에서 연산의 기본 단위가 되는 정보의 양으로 보통 일정한 수의 바이트로 이루어지며 컴퓨터의 모든 명령은 기본적으로 이 단어를 단위로 하여 수행된다. 보통 단어의 길이는 중앙처리장치(CPU) 내의 범용 레지스터의 길이와 같 으며 컴퓨터에 따라 각각 다르다. 워드는 Half Word, Full Word, Double Word 등 크게 3가지 종류로 나눌 수 있으며, Half Word는 2바이트로 구성되고 Full Word는 4바이트, Double Word는 8바이트로 구성되어 있다. 여기서 워드는 보통 Full Word를 뜻한다.

❹ 필드(Field) : 항목 혹은 아이템(Item)이라 불리는 필드는 어떠한 의미를 지니는 정 보의 한 조각으로 데이터베이스 시스템에서 처리의 최소 단위가 된다.

❺ 레코드(Record) : 정보의 기본 단위로 몇 개의 워드 혹은 필드의 조합으로 구성되어 있다. 사용자의 관점에서 본 논리 레코드(Logical Record)와 컴퓨터의 관점에서 본 물리 레코드(Physical Record)로 구분되며, 이때 물리 레코드를 블록(Block)이라고 도 부른다. 레코드는 자기테이프나 디스크상에서 입출력의 기본이 되는 단위이며, 과거에는 입출력의 기본단위인 천공 카드 한 장, 텍스트 파일의 한 줄, 자기테이프의 일정한 분량, 디스크의 한 섹터 등의 의미로 레코드를 사용하였으나 요즈음에는 논 리적인 데이터 단위를 뜻하고 입출력 단위의 뜻으로는 블록을 사용한다.

❻ 파일(File) : 정보 처리를 목적으로 하여 조직적으로 수집된 정보로, 기억장치 내에서 논리적인 한 단위로 취급되는 연관된 자료의 모임이며 레코드들의 모임으로 정의된 다. 일반적으로 파일이라고 하면 데이터의 모임으로서 테이프나 디스크 등의 보조기 억장치에 저장하기 위한 하나의 단위를 말한다.

❼ 데이터베이스(Data Base) : 논리적으로 연관된 레코드나 파일의 모임으로, 어느 특 정 조직의 응용 시스템들이 공동으로 사용하기 위해 전자계산기가 접근할 수 있는

매체에 통합적으로 조직되고 관리되는 운영 데이터의 집합이라고 할 수 있다.

```
Bit       : 0 혹은 1
 ↓
Nibble    : 4 Bit 모임
 ↓
Byte      : 8 Bit 모임, 영문 한 글자에 해당
 ↓
Word      : 연산의 기본단위 ┌ Half Word : 2 Byte로 구성
 ↓                          ├ Full Word : 4 Byte로 구성
                            └ Double Word : 8 Byte로 구성
Field     : 항목(Item)
 ↓
Record    : 정보의 기본단위 ┌ 논리 레코드(Logical Record)
 ↓                          └ 물리 레코드(Physical Record)
File      : 보조기억장치에 저장하기 위한 단위
 ↓
Database  : 통합적으로 조직, 관리되는 운영 데이터 집합
```

자료의 표현 단위

2. 진 법

인간이 일상생활에서 사용하고 있는 수는 0부터 9까지의 수 10개를 조합하여 표현하는 10진법(Decimal)을 사용하고 있으나 전자계산기 내부의 디지털(Digital) 회로에서는 0 혹은 1만을 표현하는 2진법(Binary)을 사용하여 데이터를 처리한다. 그러나 전자계산기 내부에서 사용하는 2진수를 그대로 입출력하여 사용하는 데는 불편함이 있어, 상호 변환이 쉽고 수의 자릿수도 짧은 8진수(Octal Number)와 16진수(Hexa Decimal Number)를 병행하여 사용한다.

2-1   진수의 표현

(1) 10진수 (Decimal Number)

10진수는 0, 1, 2, 3, 4, 5, 6, 7, 8, 9와 같이 10개의 기호들의 조합으로 표현되어 값의 크기를 나타내며 각각의 자리에는 10^n의 자릿값이 부여되어 있다. 예를 들어, $(2356.29)_{10}$ 이라는 값은 다음과 같은 자릿값을 가지고 있다.

정 수 부			소 수 부		
2	3	5	6 .	2	9
10^3	10^2	10^1	10^0	10^{-1}	10^{-2}

이 값은 아래의 식과 같이 2개의 1000의 자리, 3개의 100의 자리, 5개의 10의 자리, 6개의 1의 자리, 2개의 0.1의 자리, 9개의 0.01의 자리로 구성되며 이 값들을 모두 합한 값, 즉 10진수 2356.29를 의미한다.

$$(2356.29)_{10} = 2 \times 1000 + 3 \times 100 + 5 \times 10 + 6 \times 1 + 2 \times \frac{1}{10} + 9 \times \frac{1}{100}$$

(2) 2진수 (Binary Number)

2진수는 0과 1만의 조합으로 표현되어 값의 크기를 나타내며 이 값을 10진수로 변환하면 각각의 자리에 2^n의 자릿값이 부여된다. 예를 들어, $(1101.01)_2$이라는 값은 다음과 같은 자릿값을 가지고 있다.

정 수 부			소 수 부		
1	1	0	1 .	0	1
2^3	2^2	2^1	2^0	2^{-1}	2^{-2}

이 값은 아래의 식과 같이 8의 자리, 4의 자리, 1의 자리, 0.25의 자리가 각각 하나 존재함을 나타내며 이 값들을 모두 합한 값을 10진수로 표현하는 경우 $(13.25)_{10}$를 의미한다.

$$(1101.01)_2 = 1 \times 8 + 1 \times 4 + 0 \times 2 + 1 \times 1 + 0 \times \frac{1}{2} + 1 \times \frac{1}{4}$$

(3) 8진수 (Octal Number)

8진수는 0, 1, 2, 3, 4, 5, 6, 7과 같이 8개 기호들의 조합으로 표현되어 값의 크기를 나타내며 각각의 자리에는 8^n의 자릿값이 부여되어 있다. 예를 들어, $(2345.67)_8$이라는 값은 다음과 같은 자릿값을 가지고 있다.

정 수 부			소 수 부		
2	3	4	5 .	6	7
8^3	8^2	8^1	8^0	8^{-1}	8^{-2}

이 값은 아래의 식과 같이 2개의 512자리, 3개의 64자리, 4개의 8의 자리, 5개의 1의 자리, 6개의 0.125자리, 7개의 0.015625 자리로 구성되며 이 값들을 모두 합한 값을 10진수로 표현하는 경우 $(1253.859375)_{10}$를 의미한다.

$$(2345.67)_8 = 2 \times 512 + 3 \times 64 + 4 \times 8 + 5 \times 1 + 6 \times \frac{1}{8} + 7 \times \frac{1}{64}$$

(4) 16진수 (Hexa Decimal Number)

16진수는 0, 1, 2, 3, 4, 5, 6, 7, 8, 9, A, B, C, D, E, F와 같이 16개의 기호들의 조합으로 표현되어 값의 크기를 나타내며, 이 값을 10진수로 변환하면 각각의 자리에는 16^n의 자릿값이 부여되어 있다. 예를 들어, $(A7E.9)_{16}$이라는 값은 다음과 같은 자릿값을 가지고 있다.

정 수 부		소 수 부	
A	7	E .	9
16^2	16^1	16^0	16^{-1}

이 값은 아래의 식과 같이 10개의 256자리, 7개의 16자리, 14개의 1의 자리, 9개의 0.0625자리로 구성되며 이 값들을 모두 합한 값을 10진수로 표현하는 경우 $(2686.5625)_{10}$를 의미한다.

$$(A7E.9)_{16} = 10 \times 256 + 7 \times 16 + 14 \times 1 + 9 \times \frac{1}{16}$$

2, 8, 10, 16진법의 수 비교

10진법	2진법	8진법	16진법
0	0000	0	0
1	0001	1	1
2	0010	2	2
3	0011	3	3
4	0100	4	4
5	0101	5	5
6	0110	6	6
7	0111	7	7
8	1000	10	8
9	1001	11	9
10	1010	12	A
11	1011	13	B
12	1100	14	C
13	1101	15	D
14	1110	16	E
15	1111	17	F

2-2 진법 변환

(1) 10진법의 수를 N진법의 수로 변환

10진법의 수를 N진법의 수로 변환하려면 정수부와 소수부를 나누어 바꾸어야 한다. 정수부의 경우 표현된 수를 바꾸고자 하는 진수, 즉 N으로 나누고 나머지 값을 역으로 취하며, 소수부는 표현된 수에 바꾸고자 하는 진수, 즉 N을 곱하여 정수 부분만을 순서적으로 취하면 된다.

❶ 10진법의 수 → 2진법의 수

예를 들어, 10진법의 수 $(157.8125)_{10}$를 2진법의 수로 변환하여 보자.

$$(157)_{10} = (10011101)_2 \qquad (0.8125)_{10} = (0.1101)_2$$

$$\therefore (157.8125)_{10} = (10011101)_2 + (0.1101)_2$$
$$= (10011101.1101)_2$$

소수부 변환 시 결괏값 중 소수점 이하의 값이 0이 되지 않고 무한 반복되는 수가 존재할 수 있다. 이 경우 구하고자 하는 소수점 이하 자리 수만큼만 계산하여 값을 구하는데 이는 컴퓨터가 가지는 오차로, 이를 줄이기 위해서는 소수점 이하 자리 수를 최대한 크게 가져야 한다.

다음 예는 오차를 가지는 실숫값 $(0.635)_{10}$를 2진수로 변환한 예이다.

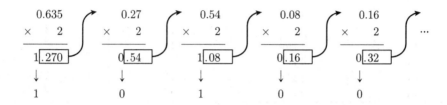

위 계산 결과는 무한 반복되는 경우로 소수점 이하 5자리까지만 계산한 것이다. 이 값을 검산해 보면 아래의 계산과 같이 결괏값이 $(0.625)_{10}$로 원래의 값인 $(0.635)_{10}$와 커다란 차이가 나는 것을 알 수 있다. 이 오차를 줄이기 위해서는 반복 계산을 통해 소수점 이하 자리 수를 더 늘리면 되는데 소수점 이하 자리 수가 늘면 늘수록 원래의 값인 $(0.635)_{10}$에 가까워짐을 알 수 있다.

$$(0.10010)_2 = 1 \times \frac{1}{2^{-1}} + 0 \times \frac{1}{2^{-2}} + 1 \times \frac{1}{2^{-3}} + 0 \times \frac{1}{2^{-4}} + 0 \times \frac{1}{2^{-5}}$$
$$= 1 \times 0.5 + 0 \times 0.25 + 1 \times 0.125 + 0 \times 0.0625 + 0 \times 0.03125$$
$$= 0.625$$

❷ 10진법의 수 → 8진법의 수

예를 들어, 10진법의 수 $(157.8125)_{10}$를 8진법의 수로 변환하여 보자.

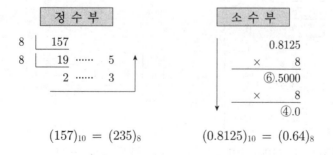

$$(157)_{10} = (235)_8 \qquad (0.8125)_{10} = (0.64)_8$$

$$\therefore \ (157.8125)_{10} = (235)_8 + (0.64)_8$$
$$= (235.64)_8$$

❸ 10진법의 수 → 16진법의 수

예를 들어, 10진법의 수 $(157.8125)_{10}$를 16진법의 수로 변환하여 보자.

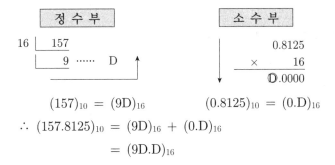

$$(157)_{10} = (9D)_{16} \qquad (0.8125)_{10} = (0.D)_{16}$$
$$\therefore \ (157.8125)_{10} = (9D)_{16} + (0.D)_{16}$$
$$= (9D.D)_{16}$$

(2) N진법의 수를 10진법의 수로 변환

N진법의 수를 10진법의 수로 변환하는 방법은 표현되어 있는 수에 해당하는 자릿값을 곱하고 그 값들을 모두 합하면 된다. 일반화된 N진법의 수 $(A_{n-1} \cdots A_1 A_0. \ A_{-1} \cdots A_{-m})N$ 은 다음과 같은 다항식으로 표현될 수 있고 A_i의 범위는 $(0 \le A_i < N)$이다.

$$= A_{n-1} \cdot N^{n-1} + \cdots\cdots + A_1 \cdot N^1 + A_0 \cdot N^0 + A_{-1} \cdot N^{-1} + \cdots\cdots + A_{-m} \cdot N^{-m}$$
$$= \sum_{i=-m}^{n-1} A_i \cdot N_i$$

예를 들어 2진법의 수, 8진법의 수, 16진법의 수를 10진법의 수로 변환하여 보자.

❶ 2진법의 수 → 10진법의 수

    2진법의 수 $(101101.01)_2$는

$$= 1 \times 2^5 + 0 \times 2^4 + 1 \times 2^3 + 1 \times 2^2 + 0 \times 2^1 + 1 \times 2^0 + 0 \times 2^{-1} + 1 \times 2^{-2}$$
$$= 32 + 0 + 8 + 4 + 0 + 1 + 0 + 0.25$$
$$= (45.25)_{10}$$

❷ 8진법의 수 → 10진법의 수

    8진법의 수 $(1273.56)_8$은

$$= 1 \times 8^3 + 2 \times 8^2 + 7 \times 8^1 + 3 \times 8^0 + 5 \times 8^{-1} + 6 \times 8^{-2}$$
$$= 512 + 128 + 56 + 3 + 0.625 + 0.09375$$
$$= (699.71875)_{10}$$

❸ 16진법의 수 → 10진법의 수

16진법의 수 $(A9F.D)_{16}$는

$= A \times 16^2 + 9 \times 16^1 + F \times 16^0 + D \times 16^{-1}$

$= 2560 + 144 + 15 + 0.8125$

$= (2719.8125)_{10}$

(3) 2진법의 수를 10진법의 수로 변환하는 또 다른 방법

2진법의 수를 10진법의 수로 변환하는 방법은 앞에서 설명한 방식 외에 또 다른 방법이 있다. 2진수의 각 자리를 하위 자리에서부터 4자리씩 구분하고 각 그룹마다 10진수로 변환한 후 해당 위치에 16^n의 자릿값을 곱하여 그 결과를 더하는 방법이다.

예를 들어, 2진수 $(11000110)_2$의 값을 10진수로 변환하여 보자.

$$\underline{1\ 1\ 0\ 0}\ \ \underline{0\ 1\ 1\ 0} \Rightarrow \text{2진값}$$

$$12 \qquad\quad 6 \qquad \Rightarrow \text{10진값}$$

$$16^1 \qquad 16^0 \qquad \Rightarrow \text{16진 자릿값}$$

$$
\begin{aligned}
(11000110)_2 &= 12 \times 16^1 + 6 \times 16^0 \\
&= 12 \times 16 + 6 \times 1 \\
&= 192 + 6 \\
&= 198
\end{aligned}
$$

(4) 2진법의 수, 8진법의 수, 16진법의 수 상호 변환

8진법의 수는 2^3진법의 수, 16진법의 수는 2^4진법의 수라고도 표현할 수 있다. 즉 2진법의 수 3자리는 8진법의 수 1자리와 동일하고, 2진법의 수 4자리는 16진법의 수 1자리와 동일하다.

이때 소수점을 기준으로 자릿수를 나누어야 하고 자릿수가 부족한 경우 0의 생략으로 취급하여야 함에 유의하여야 한다. 8진법의 수와 16진법의 수를 상호 변환하는 경우에는 2진수로의 변환을 선행한 후 변환하여야 한다.

다음의 예는 8진법의 수 $(2674.53)_8$을 16진법의 수로 변환한 예이다.

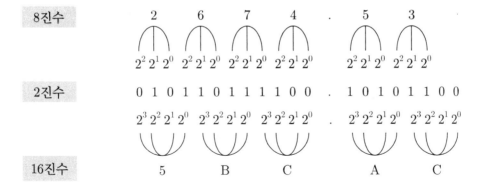

3. 보   수

전자계산기에서의 연산은 가산기를 중심으로 이루어진다.

예를 들어 A−B 연산의 경우에는 별도의 감산기를 필요로 하게 되는데, 이 경우 B의 값을 음수로 표현하여 가산하면, 즉 A + (−B)로 연산을 하는 경우 가산기만으로 연산이 가능해진다. 이렇게 음수를 표현하기 위해서는 진법을 R이라 할 때 부호와 절댓값, R−1의 보수, R의 보수 등 3가지 방법이 있다. 그러나 부호와 절댓값 방법의 경우에는 부호만이 변경되고 절댓값은 그대로 표현되어 있으므로 감산을 수행하는 경우 별도의 감산기가 필요하기 때문에 음수 표현의 의미가 없지만, 보수를 이용한 연산의 경우에는 가산기만으로도 연산이 가능해진다.

3-1   보수의 표현

(1) 10진법의 보수 표현

10진법의 수는 9의 보수와 10의 보수가 존재하는데 아래의 예와 같이 보수값을 구할 수 있다.

예를 들어 10진법의 수 $(5674)_{10}$에 대한 9의 보수와 10의 보수를 구하여 보자.

$$
\begin{array}{r}
5\ 6\ 7\ 4_{10} \\
+\quad ?\ ?\ ?\ ?_{10} \quad\rightarrow (5674)_{10}\text{에 대한 9의 보수값}\\
\hline
9\ 9\ 9\ 9_{10}
\end{array}
$$

$$
\begin{array}{r}
5\ 6\ 7\ 4_{10} \\
+\quad ?\ ?\ ?\ ?_{10} \quad\rightarrow (5674)_{10}\text{에 대한 10의 보수값}\\
\hline
1\ 0\ 0\ 0\ 0_{10}
\end{array}
$$

즉 9의 보수와 10의 보수는 아래와 같이 구할 수 있으며, 어떤 수의 9의 보수값에 1을 가산한 값이 10의 보수값이라는 것을 알 수 있다. 따라서 10의 보수값은 9의 보수값보다 1이 큰 값이 된다.

$$
\begin{array}{r}
9\ 9\ 9\ 9\ _{10} \\
-\ 5\ 6\ 7\ 4\ _{10} \\
\hline
4\ 3\ 2\ 5\ _{10}
\end{array}
\qquad
\begin{array}{r}
1\ 0\ 0\ 0\ 0\ _{10} \\
-\ 5\ 6\ 7\ 4\ _{10} \\
\hline
4\ 3\ 2\ 6\ _{10}
\end{array}
$$

5674의 9의 보수값   5674의 10의 보수값

(2) 8진법의 보수 표현

8진법의 수는 7의 보수와 8의 보수가 존재한다.

예를 들어 8진법의 수 $(5674)_8$에 대한 7의 보수와 8의 보수를 구해 보자.

$$
\begin{array}{r}
5\ 6\ 7\ 4\ _8 \\
+\ ?\ ?\ ?\ ?\ _8 \\
\hline
7\ 7\ 7\ 7\ _8
\end{array}
\ \rightarrow 5674_8\text{에 대한 7의 보수값}
$$

$$
\begin{array}{r}
5\ 6\ 7\ 4\ _8 \\
+\ ?\ ?\ ?\ ?\ _8 \\
\hline
1\ 0\ 0\ 0\ 0\ _8
\end{array}
\ \rightarrow 5674_8\text{에 대한 8의 보수값}
$$

위의 예에서 8의 보수값을 계산할 때 8진법의 수임에 주의해야 한다. 따라서 7의 보수와 8의 보수는 다음과 같이 구할 수 있다.

$$
\begin{array}{r}
7\ 7\ 7\ 7\ _8 \\
-\ 5\ 6\ 7\ 4\ _8 \\
\hline
2\ 1\ 0\ 3\ _8
\end{array}
\qquad
\begin{array}{r}
1\ 0\ 0\ 0\ 0\ _8 \\
-\ 5\ 6\ 7\ 4\ _8 \\
\hline
2\ 1\ 0\ 4\ _8
\end{array}
$$

$(5674)_8$에 대한 7의 보수값 $(5674)_8$에 대한 8의 보수값

(3) 2진법의 보수 표현

2진법의 수는 1의 보수와 2의 보수가 존재한다.

예를 들어 2진법의 수 $(01101001)_2$에 대한 1의 보수와 2의 보수를 구하여 보자.

$$
\begin{array}{r}
0\ 1\ 1\ 0\ 1\ 0\ 0\ 1\ _2 \\
+\ ?\ ?\ ?\ ?\ ?\ ?\ ?\ ?\ _2 \\
\hline
1\ 1\ 1\ 1\ 1\ 1\ 1\ 1\ _2
\end{array}
\ \rightarrow 01101001_2\text{에 대한 1의 보수값}
$$

$$
\begin{array}{r}
0\,1\,1\,0\,1\,0\,0\,1_2 \\
+\quad ?\,?\,?\,?\,?\,?\,?\,?_2 \\
\hline
1\,0\,0\,0\,0\,0\,0\,0\,0_2
\end{array}
$$
$\rightarrow 01101001_2$에 대한 2의 보수값

즉, 위의 예에서 1의 보수와 2의 보수값은 아래와 같이 구할 수 있다.

$$
\begin{array}{r}
1\,1\,1\,1\,1\,1\,1\,1_2 \\
-\ 0\,1\,1\,0\,1\,0\,0\,1_2 \\
\hline
1\,0\,0\,1\,0\,1\,1\,0_2
\end{array}
\qquad
\begin{array}{r}
1\,0\,0\,0\,0\,0\,0\,0\,0_2 \\
-\quad 0\,1\,1\,0\,1\,0\,0\,1_2 \\
\hline
1\,0\,0\,1\,0\,1\,1\,1_2
\end{array}
$$

$(01101001)_2$에 대한 1의 보수값 　　　$(01101001)_2$에 대한 2의 보수값

2진법 수의 1의 보수를 구하는 또 다른 간단한 방법은 표현된 값을 0은 1로, 1은 0으로 바꾸어주면 된다. 이는 0에 1을 더해야 1이 되고, 1에는 0을 더해야 1이 되기 때문이다. 2의 보수는 1의 보수값에 1을 더하거나 표현된 값을 1의 보수로 변경할 때와 같이 0은 1로, 1은 0으로 바꾸어 주는데 최후에 나타나는 1 이후의 값은 그대로 표현하면 된다.

다음의 예는 위의 설명과 같이 쉽게 1의 보수와 2의 보수로 변경하는 방법을 보여주고 있다.

❶ 1의 보수값과 2의 보수값 구하기

$$0\ 1\ 0\ 1\ 0\ 1\ 0\ 0_2$$
$$\downarrow \downarrow \downarrow \downarrow \downarrow \downarrow \downarrow \downarrow$$
$$1\ 0\ 1\ 0\ 1\ 0\ 1\ 1_2 \quad + \quad 0\ 0\ 0\ 0\ 0\ 0\ 0\ 1_2 \quad = \quad 1\ 0\ 1\ 0\ 1\ 1\ 0\ 0_2$$
　　　1의 보수값 　　　　　　　　　　　　　　　2의 보수값

❷ 2의 보수값 구하기

$$0\ 1\ 0\ 1\ 0\ \mathbf{1\ 0\ 0}_2$$
$$\downarrow \downarrow \downarrow \downarrow \downarrow \downarrow \downarrow \downarrow$$
$$1\ 0\ 1\ 0\ 1\ \underline{\mathbf{1\ 0\ 0}}_2 \quad \leftarrow 2의 보수값$$

3-2　R의 보수와 R-1의 보수 관계

10진법의 수에서 10의 보수값은 9의 보수값에 1을 더한 값이 되고, 8진법의 수에서 8의 보수값은 7의 보수값에 1을 더한 값이 되며 2진법의 수에서 2의 보수값은 1의 보수값에 1을 더한 값이 됨을 확인하였다.

전자계산기는 앞서 설명한 것과 같이 2진법을 사용하는데 음수 표현을 위해 1의 보수가

아닌 2의 보수를 사용한다. 그 이유는 유일한 0을 표현하고, 이로 인해 음수 값을 하나 더 표현할 수 있으며 연산을 보다 쉽게 처리할 수 있기 때문이다.

4. 수치적 자료의 표현

전자계산기에서 가감승제 등 연산의 대상이 되는 데이터를 수치적 자료라 하는데 수치적 자료의 표현은 작은 기억 공간을 가지게 하고 자료의 처리 및 이동을 쉽게 하는 장점을 가지고 있다. 이러한 수치적 자료는 부호(Sign), 크기, 소수점 등으로 표현되며 소수점의 위치를 정하는 방법에 따라 고정 소수점 수(Fixed Point Number)인 정수와 부동 소수점 수(Floating Point Number)인 실수로 나눌 수 있다.

전자계산기에서 사용되는 고정 소수점 수는 전자계산기의 기종에 따라 다소 상이하지만 10진수 표현 방식은 팩 형식 10진수(Packed Decimal) 방식과 언팩 형식 10진수(Unpacked Decimal) 방식으로 구분하고, 2진수 표현 방식은 부호와 절대치(Signed Magnitude) 방식, 1의 보수(1's Complement)방식과 2의 보수(2's Complement) 방식으로 구분한다. 또한 부동 소수점의 수는 실수를 표현하는 방식으로 이 역시 전자계산기 기종에 따라 표현 방법이 상이하지만 풀워드(Full Word) 표현방식과 더블워드(Double Word) 표현방식으로 구분한다.

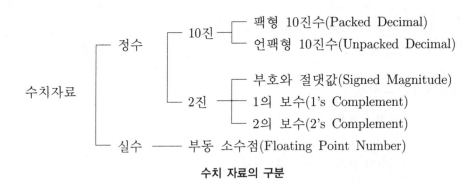

수치 자료의 구분

4-1 고정 소수점(Fixed Point Number)

고정 소수점이란 소수점의 위치를 고정시켜 정수와 실수를 나타내는데 전자계산기 내부에 실제로 소수점이 존재하는 것이 아니고 소수점의 위치를 가정하는 것이다. 소수점 위치를 기준으로 좌측 부분을 정수부, 우측 부분을 소수부라 부르는데 실제 숫자가 기억될 때에는 소수점을 가진 수가 기억되는 곳의 좌측 혹은 우측밖에 있다고 가정하기 때문에 보통 정수(Integer)로 취급된다.

10진수의 경우는 2진수로 변환하여 처리하는데 이를 2진 고정 소수점 수(Binary Fixed Point Number)라 부르며, 양수의 경우 부호 비트(Sign Bit)는 0으로 표현되고 음수의 경우 1로 표현된다.

이렇게 2진 고정 소수점 수는 양수와 음수가 존재하며, 음수는 부호와 절댓값(Singed Magnitude) 방식, 1의 보수(1's Complement) 방식, 2의 보수(2's Complement) 방식으로 표현할 수 있으며, 양수의 경우에는 부호와 절댓값 방식, 1의 보수 방식, 2의 보수 방식 값들 모두가 같다는 점에 유의하여야 한다. 고정 소수점 수는 극히 큰 수 혹은 극히 작은 수의 표현을 한정된 비트로 표현하므로 범람(Overflow)이 발생하여 정밀도가 낮아진다.

고정 소수점의 형식

(1) 부호와 절댓값(Singed Magnitude) 표현의 수

어떤 수 A가 $A_n A_{n-1} \cdots A_1 A_0. A_{-1} \cdots A_{-m}$로 표현될 때 A_n은 그 수의 부호가 되고 $A_{n-1} \cdots A_{-m}$은 그 수의 크기, 즉 절댓값이 된다. 따라서 양수, 음수 모두 절댓값은 같으나 양수의 경우 A_n은 0으로 표현되고 음수의 경우 A_n은 1로 표현된다.

이와 같이 부호와 절댓값 방식에 의해 음수를 표현하는 경우에는 부호만을 바꾸어 주면 되므로 매우 편리하다. n비트로 표현된 부호와 절댓값의 최댓값은 $(2^n - 2^{-m})$이고, 최솟값은 $-(2^n - 2^{-m})$로 0과 -0이 모두 존재한다. 따라서 n비트로 표현된 부호와 절댓값의 표현 범위는 $-(2^{n-1} - 1) \leq N \leq 2^{n-1} - 1$이다.

$$\text{최댓값} \quad : \quad 0 \ \ 1\ 1 \cdots 1\ 1.1 \cdots 1 \quad : \quad (2^n - 2^{-m})$$
$$\text{최솟값} \quad : \quad 1 \ \ 1\ 1 \cdots 1\ 1.1 \cdots 1 \quad : \quad -(2^n - 2^{-m})$$

$$+0\text{의 표현} : \quad 0 \ 0\ 0\ 0\ 0\ 0\ 0$$
$$-0\text{의 표현} : \quad 1 \ 0\ 0\ 0\ 0\ 0\ 0$$
$$\text{부호(Sign)}$$

예를 들어, 16비트로 표현 가능한 부호와 절댓값 방식에서의 수의 범위를 알아보자. 위의 공식에 의거

$$-(2^{16-1} - 1) \leq N \leq 2^{16-1} - 1$$
$$-32767 \leq N \leq 32767$$

와 같은 범위를 가진다.

16비트로 표현 가능한 자료의 가짓수는 2^{16}=65536가지이지만 양수와 음수를 모두 표현해야 하기 때문에 반은 양수 표현을 위해 사용하고, 반은 음수 표현을 위해 사용한다. 따라서 실질적으로 양수 표현을 위한 가짓수는 32768가지가 되고 음수를 표현하기 위한 가짓수 역시 32768가지가 된다.

32768가지의 수를 나타낸다고 하는 것은 양수의 경우 0부터 32768가지의 수를 나타내야 하므로 결국 32768보다 하나 적은 수치인 32767까지 나타낼 수 있음을 의미한다.

또한, 음수 역시 −0부터 32768가지의 수를 나타내야 하므로 −32767까지의 수만을 나타낼 수 있는 것이다. 이는 부호와 절댓값 방식에 의한 수의 표현 시 0과 −0이 모두 존재하기 때문에 나타나는 현상이다.

$$-32767, \ -32766, \ -32765, \ \cdots\cdots, \ -1, \ -0, \quad 0, \ 1, \ 2, \ 3, \ \cdots\cdots, \ 32765, \ 32766, \ 32767$$

음수 32768가지   양수 32768가지

$2^{16} \ = \ 65536$가지

다음의 예는 8비트로 구성된 수 82와 −82를 표현한 것이다.

82   0 1 0 1 0 0 1 0

−82   1 1 0 1 0 0 1 0

부호(Sign)

(2) 1의 보수(1's Complement) 표현의 수

어떤 수 A가 $A_n A_{n-1} \cdots\cdots A_1 A_0. \ A_{-1} \cdots\cdots A_{-m}$로 표현될 때 A_n은 그 수의 부호가 되고, $A_{n-1} \cdots\cdots A_{-m}$은 그 수의 크기, 즉 절댓값이 된다. 1의 보수 표현의 수는 양수의 경우 부호와 절댓값 방식과 동일하지만 음수의 경우는 $A_{n-1} \cdots\cdots A_{-m}$를 1의 보수값으로 표현된다.

n비트로 표현된 1의 보수 표현의 수 최댓값은 $(2^n - 2^{-m})$이고 최솟값은 $-(2^n - 2^{-m})$로 0과 −0이 모두 존재한다. 따라서 n비트로 표현된 1의 보수의 표현 범위는 $-(2^{n-1}-1) \leq N \leq 2^{n-1}-1$이다.

최댓값 :   0 1 1 $\cdots\cdots$ 1 1.1 $\cdots$ 1   : $(2^n - 2^{-m})$

최솟값 :   1 0 0 $\cdots\cdots$ 0 0.0 $\cdots$ 0   : $-(2^n - 2^{-m})$

+0   :   0 0 0 0 0 0 0 0

−0   :   1 1 1 1 1 1 1 1

부호(Sign)

예를 들어, 16비트로 표현 가능한 1의 보수에 의한 방식에서의 수의 범위를 알아보자. 위의 공식에 의거

$$-(2^{16-1}-1) \leq N \leq 2^{16-1}-1$$
$$-32767 \leq N \leq 32767$$

와 같은 범위를 가진다. 이는 부호와 절댓값 방식에서 표현한 수의 범위와 같으며 0과 −0 이 모두 존재함을 의미한다.

$$-32767, \ -32766, \ -32765, \ \cdots\cdots, \ -1, \ -0, \ \ 0, \ 1, \ 2, \ 3, \ \cdots\cdots, \ 32765, \ 32766, \ 32767$$

음수 32768가지   양수 32768가지

$$2^{16} \ = \ 65536가지$$

다음의 예는 8비트로 구성된 수 82와 −82를 표현한 것이다.

$$82 \qquad \boxed{0} \ 1 \ 0 \ 1 \ 0 \ 0 \ 1 \ 0$$
$$-82 \qquad \boxed{1} \ 0 \ 1 \ 0 \ 1 \ 1 \ 0 \ 1$$

부호(Sign)

(3) 2의 보수(2's Complement) 표현의 수

어떤 수 A가 $A_n A_{n-1} \cdots\cdots A_1 A_0. \ A_{-1} \cdots\cdots A_{-m}$로 표현될 때 A_n은 그 수의 부호가 되고 $A_{n-1} \cdots\cdots A_{-m}$ 은 그 수의 크기, 즉 절댓값이 된다. 2의 보수 표현의 수는 양수의 경우 부호와 절댓값 방식과 동일하지만, 음수의 경우는 $A_{n-1} \cdots\cdots A_{-m}$를 2의 보수값으로 표현된다.

n비트로 표현된 2의 보수 표현수의 최댓값은 $(2^n - 2^{-m})$이고, 최솟값은 -2^n로 −0을 표현할 수 없기 때문에 +0만 존재한다. 따라서 n비트로 표현된 2의 보수의 표현 범위는 $-2^{n-1} \leq N \leq 2^{n-1}-1$ 이다.

최댓값 : $\boxed{0}$ $1 \ 1 \ \cdots\cdots \ 1 \ 1.1 \cdots 1$: $(2^n - 2^{-m})$

최솟값 : $\boxed{1}$ $0 \ 0 \ \cdots\cdots \ 0 \ 0.0 \cdots 0$: -2^n

+0   : $\boxed{0}$ $0 \ 0 \ 0 \ 0 \ 0 \ 0 \ 0$

−0   :   표현 불가능

부호(Sign)

예를 들어, 16비트로 표현 가능한 2의 보수에 의한 방식에서의 수의 범위를 알아보자. 위의 공식에 의거

$$-(2^{16-1}) \le N \le 2^{16-1}-1$$
$$-32768 \le N \le 32767$$

와 같은 범위를 가진다. 이는 부호와 절댓값, 1의 보수에 의한 방식에서와 같이 16비트로 표현 가능한 자료의 가짓수를 양수와 음수를 위해 반씩 사용하는 것은 같지만 2의 보수 방식에서는 −0이 존재하지 않고 오직 양수 0만 존재하므로 음수의 경우 표현되는 수의 범위가 −32768까지 표현되는 것이다.

−32768, −32767, −32766, ……, −2, −1, 0, 1, 2, 3, ……, 32765, 32766, 32767

음수 32768가지　　　　　　양수 32768가지

$$2^{16} = 65536가지$$

다음의 예는 8비트로 구성된 수 82와 −82를 표현한 것이다.

82　　0 1 0 1 0 0 1 0
−82　　1 0 1 0 1 1 1 0
부호(Sign)

(4) 3비트 수의 표현 표와 음수 표현 방법 비교표

❶ 3비트 수의 표현

3비트 코드	부호와 절댓값	1의 보수	2의 보수
0　0　0	+0	+0	+0
0　0　1	+1	+1	+1
0　1　0	+2	+2	+2
0　1　1	+3	+3	+3
1　0　0	−0	−3	−4
1　0　1	−1	−2	−3
1　1　0	−2	−1	−2
1　1　1	−3	−0	−1

❷ 음수 표현방법 비교표

부호와 절댓값, 1의 보수, 2의 보수 비교표

구 분	n Bit 수의 표현 범위	0의 표현 여부
부호와 절댓값 방식	$-(2^{n-1}-1) \leq N \leq 2^{n-1}-1$	+0, −0 모두 표현 가능
1의 보수 방식	$-(2^{n-1}-1) \leq N \leq 2^{n-1}-1$	+0, −0 모두 표현 가능
2의 보수 방식	$-2^{n-1} \leq N \leq 2^{n-1}-1$	+0만 표현 가능

4-2 부동 소수점(Floating Point Number)

부동 소수점에 의한 수의 표현은 소수점의 위치를 이동시킬 수 있으므로 한정된 비트수로 넓은 범위의 수 표현이 가능한 실수(Real)형 수의 표현이다. 예를 들어, 고정 소수점의 수 7654000000000000은 10진수 16자리가 필요하지만 0.7654×10^{16}으로 표현하면 수를 표시하기 위한 자릿수를 많이 줄일 수 있으며 수 표현의 정밀도를 높일 수 있어 과학, 공학, 수학적 응용에 주로 사용된다.

부동 소수점의 표현은 풀워드(Full word : 4 Byte) 혹은 더블워드(Double word : 8 Byte) 크기의 형태가 있으며, 부호부(Sign), 지수부(Exponent), 가수부(Mantissa)로 구성된다.

(1) 부동 소수점 표현 형식

❶ 부동 소수점의 풀워드(Full Word) 표현

| 0 | 1 | 7 | 8 | 31 |

부호	지수부	가 수 부

❷ 부동 소수점의 더블워드(Double Word) 표현

| 0 | 1 | 7 | 8 | 63 |

부호	지수부	가 수 부

부동 소수점 표현 형식

부동 소수점 표현에 의해 수를 표시할 때에는 먼저 수를 정규화(Normalization) 해야 하는데 정규화란 유효 자릿수를 최대로 하기 위해 가수 부분의 값을 0.1과 1 사이의 수로 만드는 것을 말한다.

예를 들어, 0.000000000256의 경우 0.256×10^{-9}로 표현하는 것을 정규화라 한다. 부호부는 1비트로 표현되는 수가 양수이면 0, 음수이면 1로 표현된다. 지수부는 보통 7비트로 구성되어 있으며 지수의 음수 표현을 위해 바이어스(Bias)를 더한다. 여기서 바이어스는 $(64)_{10} = (40)_{16}$으로 표현되며 지수가 0인 경우 1000000으로 표현된다.

바이어스는 보통 지수를 표현할 때 양수인 지수와 음수인 지수를 표현함에 있어 기준이 되는 값으로 64바이어스를 사용한다는 것은 64를 기준으로 큰 수는 양수 지수로, 작은 수는 음수 지수로 사용함을 의미한다.

즉, 지수가 0인 경우 $64 = (1000000)_2$가 표현되고 $+1$인 경우 $65 = (1000001)_2$가 표현되며 -1인 경우 $63 = (0111111)_2$이 표현됨을 의미한다.

다음의 표는 64 바이어스를 사용하는 경우 지수 값 표현 예이다.

64 바이어스 표현

지 수	표 현 예
−64	0 0 0 0 0 0 0
−63	0 0 0 0 0 0 1
−62	0 0 0 0 0 1 0
⋮	⋮
−2	0 1 1 1 1 1 0
−1	0 1 1 1 1 1 1
0	1 0 0 0 0 0 0
+1	1 0 0 0 0 0 1
+2	1 0 0 0 0 1 0
⋮	⋮
+61	1 1 1 1 1 0 1
+62	1 1 1 1 1 1 0
+63	1 1 1 1 1 1 1

기수(Base)란 표현을 위한 진법을 나타내며 기수가 16인 경우 가수부를 표현하기 위한 진법이 16진수임을 나타낸다.

예를 들어, 실수 $(-167.5)_{10}$를 기수가 16이고, 바이어스가 64인 풀워드 형태의 정규형 부동 소수점 수로 표현하여 보자. 먼저 기수가 16이므로 10진수로 표현된 −167.5를 16진법으로 변환하고 정규화한다.

16진수로 변환 $(-167.5)_{10} \rightarrow (-A7.8)_{16}$

정규화 $(-A7.8)_{16} \rightarrow (-0.A78 \times 16^2)_{16}$

부호가 음수이므로 부호부는 1로 채워지고 지수부는 16^2이므로 $2+64(\text{Bias})=66$이 2진수 형태로 채워진다. 가수부는 A78이 2진수 형태로 가수부의 좌측부터 채워지고 빈 공간은 0으로 채워진다.

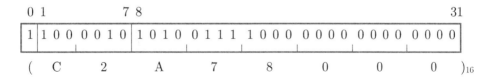

(2) IEEE 754 표준 32비트 부동 소수점 표현

부동 소수점 수의 표현 방법 중 IEEE 754 방식은 데이터 통신 및 많은 프로그래밍 언어에서 실수형을 표현할 때 따르는 표준방식으로 32비트 단정도(Single-precision) 형식과 64비트 배정도(Double-precision) 형식이 널리 사용되고 있다.

부동 소수점을 표현하기 위한 구조는 앞서 설명된 구조와 동일한 형태를 가지지만 단정도 형식의 경우 127바이어스를 사용함에 따라 8비트의 지수부를 가지고 23비트의 가수부와 1비트의 부호부를 가진다. 또한 기수(Base)의 경우 2, 즉 2진법의 수를 사용하며 표준화를 위해 정수 1이 표현되도록 표준화를 수행한다.

예를 들어, 실수 $(75.256)_{10}$을 IEEE 754 형식으로 표현하여 보자.

- 2진수로 변환

$$(75.256)_{10} \quad \rightarrow \quad (1001011.0100000110001001 0011\ldots\ldots)_2$$

- 표준화

$$1.001011010000011000100100 11011 \times 2^6$$

부호가 양수이므로 부호 비트는 0으로 채워지고, 지수는 2^6이므로 바이어스인 127에 6을 더한 133을 2진수로 표현하여 채워진다. 가수부는 단정도의 경우 23비트만 표현되므로 정수부 값인 1.을 제외한 23비트를 가수부에 채우면 된다.

```
  0 1            8 9                              31
┌─┬─────────────┬──────────────────────────────────┐
│0│1 0 0 0 0 1 0 1│0 0 1 0 1 1 0 1 0 0 0 0 0 1 1 0 0 0 1 0 0 1 0│
└─┴─────────────┴──────────────────────────────────┘
  (   4     2     9    6    8    3    1    2    )
```

4-3   10진 데이터(Decimal Data)의 표현

전자계산기에서 10진 데이터를 표현하는 방법은 팩 10진 형식(Packed Decimal Format)과 언팩 10진 형식(Unpacked Decimal Format) 등 크게 두 가지로 나눌 수 있다.

10진수 한 자리를 나타내기 위하여 4비트로 구성된 BCD(Binary Coded Decimal)를 사용한다. 팩 10진 형식의 경우 1바이트(Byte)에 10진수 두 자리가 BCD 형태로 표현되며 최우측 니블(Nibble) 부분에는 부호가 표현되는데 이 부호는 양수인 경우에는 C(1100)로 표현되고 음수의 경우에는 D(1101)로 표현된다.

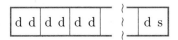

Packed Decimal 형식

예를 들어, +1994, -1234를 팩 10진 형식으로 표현해 보자.

+1994	0000 0000	0000 0001	1001 1001	0100 1100
	0 0	0 1	9 9	4 C

-1234	0000 0000	0000 0001	0010 0011	0100 1101
	0 0	0 1	2 3	4 D

언팩 10진 형식은 존 10진 형식(Zoned Decimal Format)이라고도 불리며 1바이트(Byte)에 4비트의 존(Zone)과 4비트의 디짓(Digit)으로 구성되어 있다.

그러므로 10진수 수치는 1바이트에 한 자리가 BCD 형태로 표현되며 최우측 바이트의 존 부분에 부호가 표현된다.

이 부호는 양수인 경우에는 C(1100)로 표현되고, 음수의 경우에는 D(1101)로 표현되며, 부호가 표현되지 않은 경우 F(1111)로 표현된다.

F d	F d	F d	S d

Unpacked Decimal 형식

예를 들어, +1994, -1234, 5678를 언팩 10진 형식으로 표현해 보자.

+1994	1111 0001	1111 1001	1111 1001	1100 0100
	F 1	F 9	F 9	C 4

−1234	1111 0001	1111 0010	1111 0011	1101 0100
	F 1	F 2	F 3	D 4

5678	1111 0101	1111 0110	1111 0111	1111 1000
	F 5	F 6	F 7	F 8

4-4   수치 코드 (Code)

　인간이 일상적으로 사용하는 10진법의 수를 전자계산기에서 처리하기 위해서는 보통 2진법의 수로 바꾸어 처리하고 다시 10진법의 수로 변환하여 인간이 알기 쉽게 출력을 하는데 이런 경우 전자계산기가 이해할 수 있는 10진 표현 형식, 즉 수치 코드를 사용하면 시간의 절약과 함께 수의 표현을 다양화할 수 있다.

　수치 코드는 웨이티드 코드(Weighted Code)와 넌웨이티드 코드(Non-Weighted Code)로 크게 구분할 수 있으며, 웨이티드 코드는 자릿값이 있는 코드를 말하고, 넌웨이티드 코드는 자릿값이 없는 코드를 말한다.

(1) 웨이티드 코드 (Weighted Code)

　웨이티드 코드는 각각의 자리마다 별도의 크기 값을 갖고 있는 코드로 8421 코드, 2421 코드, 51111 코드, 2-5진 코드(Biquinary Code), 링 카운터 코드(Ring Counter Code) 등이 대표적이다.

❶ 8421 코드

　8421 코드는 10진법의 수를 2진법의 수 4자리로 표현하며, 각각의 자릿값이 8 4 2 1로 구성되어 있고 수치형 BCD(Binary Coded Decimal)라고도 불린다. 이러한 8421 코드는 4비트 코드이므로 16가지의 서로 다른 종류를 나타낼 수 있지만 10진수는 10개의 코드만이 필요하므로 1010, 1011, 1100, 1101, 1110, 1111 등 6개의 10 이상의 코드는 무의미하다.

　예를 들어, 10진법의 수 5793을 8421 코드로 나타내면

$$5 \qquad 7 \qquad 9 \qquad 3 \qquad \Rightarrow 10진수$$
$$0\,1\,0\,1 \quad 0\,1\,1\,1 \quad 1\,0\,0\,1 \quad 0\,0\,1\,1 \quad \Rightarrow BCD\ 코드$$

로 표현된다.

8421 코드

10진수	8	4	2	1
0	0	0	0	0
1	0	0	0	1
2	0	0	1	0
3	0	0	1	1
4	0	1	0	0
5	0	1	0	1
6	0	1	1	0
7	0	1	1	1
8	1	0	0	0
9	1	0	0	1

❷ 2421 코드

2421 코드는 대표적인 자보수 코드(자기 보수화 코드 ; Self Complement Code)로 카운터에 응용되기도 하며 각각의 자릿값이 2 4 2 1로 구성되어 있다. 여기서 자기 보수화 코드란 10진수 표현 코드의 경우 두 수를 더한 값이 9가 되는, 즉 9의 보수에 해당하는 값은 서로 반대가 되는 코드를 가지는 것을 말한다.

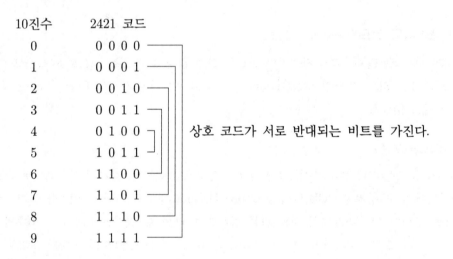

❸ 그 외의 웨이티드 코드

자보수 코드이면서 시프트 카운터 코드와 유사한 51111 코드, 카운터에 쓰이는 오류 검출용 코드로 7비트 중 항상 1이 2개 존재하는 2-5진 코드(Biquinary Code), 10비트 중 1이 한 비트만 존재하는 코드로 오류 검출용 코드인 링 카운터 코드(Ring Counter Code) 등이 있으며, 자릿값이 특수한 코드로는 7 4 $\bar{2}$ $\bar{1}$ 코드가 있는데 자릿값이 7 4 -2 -1을 갖는 코드로 가중치 중 음수를 가지는 특수한 코드이다.

기타 Weighted Code 비교표

10진수	5 1 1 1 1	Biquinary Code 5 0 4 3 2 1 0	Ring Counter code 9 8 7 6 5 4 3 2 1 0	7 4 2 1	7 4 $\bar{2}$ $\bar{1}$
0	0 0 0 0 0	0 1 0 0 0 0 1	0 0 0 0 0 0 0 0 0 1	0 0 0 0	0 0 0 0
1	0 0 0 0 1	0 1 0 0 0 1 0	0 0 0 0 0 0 0 0 1 0	0 0 0 1	0 1 1 1
2	0 0 0 1 1	0 1 0 0 1 0 0	0 0 0 0 0 0 0 1 0 0	0 0 1 0	0 1 1 0
3	0 0 1 1 1	0 1 0 1 0 0 0	0 0 0 0 0 0 1 0 0 0	0 0 1 1	0 1 0 1
4	0 1 1 1 1	0 1 1 0 0 0 0	0 0 0 0 0 1 0 0 0 0	0 1 0 0	0 1 0 0
5	1 0 0 0 0	1 0 0 0 0 0 1	0 0 0 0 1 0 0 0 0 0	0 1 0 1	1 0 1 0
6	1 1 0 0 0	1 0 0 0 0 1 0	0 0 0 1 0 0 0 0 0 0	0 1 1 0	1 0 0 1
7	1 1 1 0 0	1 0 0 0 1 0 0	0 0 1 0 0 0 0 0 0 0	1 0 0 0	1 0 0 0
8	1 1 1 1 0	1 0 0 1 0 0 0	0 1 0 0 0 0 0 0 0 0	1 0 0 1	1 1 1 1
9	1 1 1 1 1	1 0 1 0 0 0 0	1 0 0 0 0 0 0 0 0 0	1 0 1 0	1 1 1 0

(2) 넌웨이티드 코드 (Non-Weighted Code)

넌웨이티드 코드는 각각의 자리마다 별도의 크기 값을 갖고 있지 않은 코드로 3초과 코드(Excess-3 Code), 그레이 코드(Gray Code), 이동 계수기 코드(Shift Counter Code), 5 중 2코드(2-out-of 5 Code) 등이 대표적이다.

❶ 3초과 코드 (Excess-3 Code)

3초과 코드는 8421 코드에 10진수 3(2진수 0011)을 더한 코드로 코드 내에 반드시 1이 포함되어 0과 무신호를 구분하기 위한 코드이며, 대표적인 자기 보수 코드(Self Complement Code)이다.

❷ 그레이 코드 (Gray Code)

인접한 숫자들의 비트가 한 비트만 변화되어 만들어진 코드로 산술 연산에는 부적당하지만, 이 코드를 입력 코드로 사용하면 에러(Error)가 적어진다는 이점을 가지고 있어 입출력장치의 코드, A/D 변환기에 응용되어 사용된다. 그레이 코드의 연산은 자체 연산이 불가능하므로 2진수로 변환시킨 후 연산을 수행하고 이 결과를 다시 그레이 코드로 변환하여야 한다.

다음은 2진수와 그레이 코드의 변환방법을 설명한 것이다.

(가) 2진 → Gray Code 변환

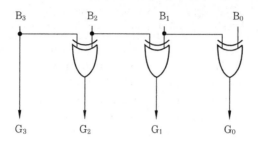

2진수의 최상위 비트(B_3)는 그대로 출력(G_3)되고, 최상위 비트(B_3)와 최상위 비트 1 번째 비트(B_2)가 XOR 연산되어 다음 위치(G_2)로 출력된다. 즉, 이웃하는 비트 간에 XOR 연산으로 출력이 결정된다.

예를 들어, 2진수 $(1011)_2$를 그레이 코드로 변환하여 보자.

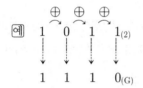

(나) Gray Code → 2진 변환

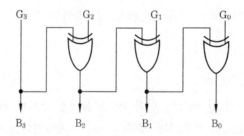

2진수의 최상위 비트(G_3)는 그대로 출력(B_3)되고, 출력된 결과(G_3)와 최상위 비트 + 1번째 입력 비트(G_2)가 XOR 연산되어 다음 위치(B_2)로 출력된다. 즉, 입력되는 비트와 전단의 결괏값을 XOR 연산하여 출력이 결정된다. 예를 들어, 그레이 코드 $(1110)_G$를 2진수로 변환하여 보자.

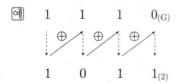

다음은 그레이 코드 연산 예를 보여주고 있다.

$$(\ 0 \ 1 \ 1 \ 0 \ )_g \ + \ (\ 0 \ 1 \ 1 \ 1 \ )_g$$
$$= \ (\ 0 \ 1 \ 0 \ 0 \ )_2 \ + \ (\ 0 \ 1 \ 0 \ 1 \ )_2$$
$$= \ (\ 1 \ 0 \ 0 \ 1 \ )_2$$
$$= \ (\ 1 \ 1 \ 0 \ 1 \ )_g$$

❸ 이동 계수기 코드(Shift Counter Code)

존슨 코드(Johnson Code)라고도 불리는 이동 계수기 코드는 1의 배열이 규칙적인 코드이다. 5비트로 구성되어 10진수 1부터 5까지는 1의 개수가 하나씩 증가하면서 좌측으로 이동(Left Shift)하고 6부터 9까지는 0의 개수가 하나씩 증가하면서 좌측으로 이동(Left Shift)하는 코드로 전자 회로에 많이 응용된다.

❹ 5중 2코드(2-Out-Of-5 Code)

5비트로 구성되어 1이 항상 2개 존재하는 코드로 1의 개수를 검사하여 에러(Error)를 찾아내는 에러 검출용 코드이며 통신 장치에 쓰이는 코드이다.

Non-Weighted Code 비교표

10진수	Excess-3 Code	Gray Code	Shift Count Code	2-out-of-5 Code
0	0 0 1 1	0 0 0 0	0 0 0 0 0	0 0 0 1 1
1	0 1 0 0	0 0 0 1	0 0 0 0 1	0 0 1 0 1
2	0 1 0 1	0 0 1 1	0 0 0 1 1	0 0 1 1 0
3	0 1 1 0	0 0 1 0	0 0 1 1 1	0 1 0 0 1
4	0 1 1 1	0 1 1 0	0 1 1 1 1	0 1 0 1 0
5	1 0 0 0	0 1 1 1	1 1 1 1 1	0 1 1 0 0
6	1 0 0 1	0 1 0 1	1 1 1 1 0	1 0 0 0 1
7	1 0 1 0	0 1 0 0	1 1 1 0 0	1 0 0 1 0
8	1 0 1 1	1 1 0 0	1 1 0 0 0	1 0 1 0 0
9	1 1 0 0	1 1 0 1	1 0 0 0 0	1 1 0 0 0

4-5 착오 검출용 코드(Error Detecting Code)

착오 검출용 코드는 7비트 중 항상 1이 2개 존재하는 2-5진 코드(Biquinary Code), 10비트 중 1이 한 비트만 존재하는 링 카운터 코드(Ring Counter Code), 5비트 중 항상 1이 2개 존재하는 5중 2코드(2 Out of 5 Code) 등이 있으며 모두 1의 개수를 이용해 착오를 검출한다.

(1) 패리티 체크(Parity Check)

코드 자체에서 착오를 검출하는 방법 이외에도 부가 비트를 사용하여 착오를 찾아내는 방법이 있는데 패리티 체크(Parity Check)가 대표적이다. 패리티 체크는 착오를 검출하기 위해 코드의 앞 혹은 뒤에 패리티 비트(Parity Bit)라 부르는 한 개의 비트를 추가하여 코드 내의 1의 개수를 짝수(Even ; 우수) 혹은 홀수(Odd ; 기수)개가 되도록 만들어 착오를 검출한다. 이때 코드 내 1의 개수가 짝수개가 되도록 부가 비트를 추가하는 방법을 짝수 패리티 체크 방법(Even Parity Check Method)이라 하고 홀수개가 되도록 부가 비트를 추가하는 방법을 홀수 패리티 체크 방법(Odd Parity Check Method)이라 한다. 패리티 체크 방법은 위에서 설명한 바와 같이 코드 내에 포함된 1의 개수가 짝수개인지 홀수개인지만을 체크하기 때문에 한 비트의 착오는 검출이 가능하지만 2비트 이상의 착오는 검출할 수 없다.

보통 패리티 비트를 사용하는 경우 착오의 검출만 가능하지만 코드를 하나의 묶음 단위로 하는 블록(Block) 단위의 워드 패리티를 이용한다면 착오 발생 시 착오의 검출은 물론 정정까지도 가능하다. 예를 들어, 다음과 같은 7비트 데이터 코드에 홀수 패리티 비트와 홀수 패리티 워드를 사용한다면 수평과 수직 방향의 착오 유무를 검사하여 착오를 검출하고 이를 반전시킴으로써 정정까지 할 수 있다.

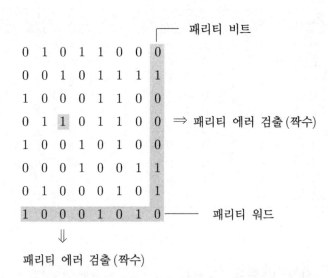

위의 예에서 4행 3열이 착오가 발생하였으므로 해당 비트인 1을 0으로 반전시키면 된다. 다음의 그림은 홀수 패리티 비트(Odd Parity Bit)를 추가하여 착오를 검출하는 회로를 나타내며 패리티 발생기(Parity Generator), 패리티 점검기(Parity Checker)로 나뉘고 출력단은 착오 감지 부분이다.

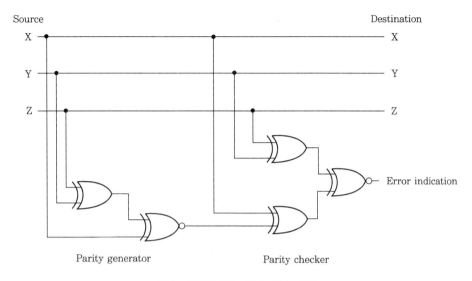

홀수 패리티 비트 착오 검출 회로

(2) 해밍 코드 (Hamming Code)

미국의 벨(Bell) 연구소의 해밍(Hamming)에 의해 고안된 코드로 한 비트의 착오를 검출하고 자동으로 교정까지 해주는 코드이다.

해밍 코드

비트의 의미	C1	C2	8	C3	4	2	1
10진수 ＼ 행 번호	1	2	3	4	5	6	7
0	0	0	0	0	0	0	0
1	1	1	0	1	0	0	1
2	0	1	0	1	0	1	0
3	1	0	0	0	0	1	1
4	1	0	0	1	1	0	0
5	0	1	0	0	1	0	1
6	1	1	0	0	1	1	0
7	0	0	0	1	1	1	1
8	1	1	1	0	0	0	0
9	0	0	1	1	0	0	1

이 코드는 7비트 혹은 8비트의 코드로 수치 코드의 경우 3개의 여분 비트를 가지고 있으며 문자 코드의 경우 4개의 여분 비트를 가지고 있다. 3개의 여분 비트는 1, 2, 4번째 비트에 위치하며 3, 5, 6, 7번째 비트는 각각 8, 4, 2, 1의 웨이트(Weight)를 갖는다.

여기서 첫 번째 비트는 1, 3, 5, 7번 비트를, 두 번째 비트는 2, 3, 6, 7번 비트를, 네 번째 비트는 4, 5, 6, 7번 비트를 검사하여 1의 개수가 홀수인지 혹은 짝수인지 검사하는 비트로 쓰인다.

해밍 코드의 코드 체계

비트의 의미	C_1	C_2	8	C_3	4	2	1
비트 번호	1	2	3	4	5	6	7

C_1 : 1, 3, 5, 7번 비트의 패리티

C_2 : 2, 3, 6, 7번 비트의 패리티

C_3 : 4, 5, 6, 7번 비트의 패리티

예를 들어, 10진수 5에 대한 코드에서 짝수 패리티를 부가한 경우 착오가 발생한 위치를 찾아 교정하는 과정을 살펴보자.

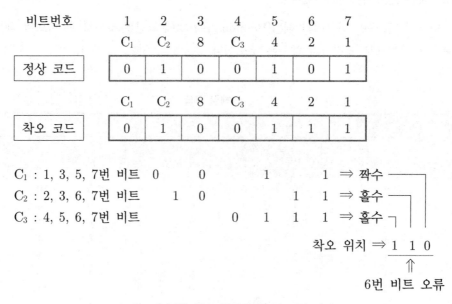

Hamming 코드에 의한 착오 위치 검색 및 교정 과정

5. 비수치적 자료의 표현

　비수치적 자료는 문장의 편집, 정보의 검색 등 문자 처리에 이용되는 문자 자료로, 전자계산기에서 영문자(26자), 숫자(10자), 그리고 특수 기호 등을 표현하기 위해 최소한 36가지 이상의 요소를 나타내는 약속 코드가 있어야 한다.

　이러한 코드로는 이진화 십진 코드인 BCD(Binary Coded Decimal), 확장 이진화 십진 코드인 EBCDIC(Extended Binary Coded Decimal Interchange Code), ASCII(American Standard Code for Information Interchange) 등이 대표적이다.

5-1　문자형 BCD(Binary Coded Decimal) 코드

　문자형 BCD 코드는 수치형 BCD 코드에 문자와 특수 문자의 표현을 위해 2개의 존 비트(Zone Bit)를 추가하여 6비트로 문자를 표현하는 코드로 아래와 같이 구성되어 있다.

　BCD 코드는 6개의 데이터 비트에 1개의 패리티 비트를 추가하여 7비트로 구성하여 사용하는데 이를 7트랙 코드(Seven Track Code)라고도 부른다.

존 비트의 표현

A	B	대응 문자
0	0	숫　　자
0	1	S ～ Z
1	0	J ～ R
1	1	A ～ I

A	B	8	4	2	1
Zone Bit		Digit Bit			

BCD 코드의 구성

표준 BCD 코드의 문자 코드표

문자	A B 8 4 2 1	문자	A B 8 4 2 1	문자	A B 8 4 2 1	문자	A B 8 4 2 1
A	1 1 0 0 0 1	J	1 0 0 0 0 1			1	0 0 0 0 0 1
B	1 1 0 0 1 0	K	1 0 0 0 1 0	S	0 1 0 0 1 0	2	0 0 0 0 1 0
C	1 1 0 0 1 1	L	1 0 0 0 1 1	T	0 1 0 0 1 1	3	0 0 0 0 1 1
D	1 1 0 1 0 0	M	1 0 0 1 0 0	U	0 1 0 1 0 0	4	0 0 0 1 0 0
E	1 1 0 1 0 1	N	1 0 0 1 0 1	V	0 1 0 1 0 1	5	0 0 0 1 0 1
F	1 1 0 1 1 0	O	1 0 0 1 1 0	W	0 1 0 1 1 0	6	0 0 0 1 1 0
G	1 1 0 1 1 1	P	1 0 0 1 1 1	X	0 1 0 1 1 1	7	0 0 0 1 1 1
H	1 1 1 0 0 0	Q	1 0 1 0 0 0	Y	0 1 1 0 0 0	8	0 0 1 0 0 0
I	1 1 1 0 0 1	R	1 0 1 0 0 1	Z	0 1 1 0 0 1	9	0 0 1 0 0 1
						0	0 0 0 0 0 0

5-2 | EBCDIC 코드

확장 이진화 십진 코드인 EBCDIC(Extended Binary Coded Decimal Interchange Code)는 이름 그대로 6비트의 BCD 코드를 확장하여 4비트의 존 비트(Zone Bit)와 4비트의 디짓 비트(Digit Bit)로 구성되어 있다. EBCDIC는 8비트로 문자를 나타내기 때문에 256문자를 나타낼 수 있는 코드인데 주로 대형 기종에서 많이 채택하고 있는 코드이며 8개의 데이터 비트에 1개의 패리티 비트를 추가하여 9트랙 코드(Nine Track Code)라고도 부른다.

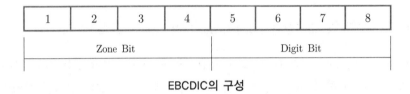

1	2	3	4	5	6	7	8
Zone Bit				Digit Bit			

EBCDIC의 구성

존 비트의 표현

1	2	대응 문자
0	0	여 분
0	1	특 수 문 자
1	0	소 문 자
1	1	대문자 및 숫자

3	4	대응 문자
0	0	A ~ I
0	1	J ~ R
1	0	S ~ Z
1	1	숫 자

예를 들어, "SHIN⎵57a"이라는 메시지를 표시하면

문 자	S	H	I	N
코 드	1 1 1 0 0 0 1 0	1 1 0 0 1 0 0 0	1 1 0 0 1 0 0 1	1 1 0 1 0 1 0 1
Hex값	E2	C8	C9	D5
문 자	Space	5	7	a
코 드	0 1 0 0 0 0 0 0	1 1 1 1 0 1 0 1	1 1 1 1 0 1 1 1	1 0 0 0 0 0 0 1
Hex값	40	F5	F7	81

로 표시된다.

EBCDIC의 **문자 코드표**

비트 ＼ 01	00				01				10				11			
23 ＼ 4567	00	01	10	11	00	01	10	11	00	01	10	11	00	01	10	11
0000	NUL	DLE	DS		SP	&	-						[	]	\	0
0001	SOH	DC1	SOS				/		a	j	~		A	J		1
0010	STX	DC2	FS	SYN					b	k	s		B	K	S	2
0011	ETX	TM							c	l	t		C	L	T	3
0100	PF	RES	BYP	PN					d	m	u		D	M	U	4
0101	HT	NL	LF	RS					e	n	v		E	N	V	5
0110	LC	BS	ETB	UC					f	o	w		F	O	W	6
0111	DEL	IL	ESC	EOT					g	p	x		G	P	X	7
1000	GE	CAN							h	q	y		H	Q	Y	8
1001	RLF	EM							i	r	z		I	R	Z	9
1010	SMM	CC	SM		C	!		:							LVM	
1011	VT	CU1	CU2	CU3	.	$	,	#								
1100	FF	IFS		DC4	<	*	%	@								
1101	CR	IGS	ENQ	NAK	(	)	-	'								
1110	SO	IRS	ACK		+	;	>	=								
1111	SI	IUS	BEL	SUB	∣	¬	?	"								

5-3 ASCII 코드

ASCII(American Standard Code for Information Interchange)는 미국정보교환표준코드로 미국의 국립표준연구소(ANSI ; American National Standard Institute)에서 제정한 데이터 처리 및 통신 시스템 상호간의 정보 교환용 표준 코드인데 3개의 존 비트와 4개의 디짓 비트로 구성되어 128가지의 기호를 정해 놓은 코드이다. 패리티 비트(Parity Bit)를 포함하여 8비트로도 사용되는 ASCII 코드는 EBCDIC와 달리 오른쪽에서 왼쪽으로 비트 번호를 부여한다. 이 코드는 특히 마이크로컴퓨터용으로 널리 사용되고 있으며, 데이터 전송 시 발생하는 착오의 검출을 위해 패리티 비트라 불리는 착오 검출용 검사 비트를 가지고 있다.

7	6	5	4	3	2	1
Zone Bit			Digit Bit			

ASCII

8	7	6	5	4	3	2	1
Parity	Zone Bit			Digit Bit			

ASCII-8

ASCII 코드의 구성

존 비트의 표현

7	6	5	대응 문자
0	1	1	숫 자
1	0	0	A ~ O
1	0	1	P ~ Z
1	1	0	a ~ o
1	1	1	p ~ z

ASCII 코드의 문자 코드표

비 트	b7	0	0	0	0	1	1	1	1
	b6	0	0	1	1	0	0	1	1
	b5	0	1	0	1	0	1	0	1
b4 b3 b2 b1									
0 0 0 0		NUL	DLE	SP	0	@	P	'	p
0 0 0 1		SOH	DC1	!	1	A	Q	a	q
0 0 1 0		STY	DC2	"	2	B	R	b	r
0 0 1 1		ETX	DC3	#	3	C	S	c	s
0 1 0 0		EOT	DC4	$	4	D	T	d	t
0 1 0 1		ENQ	NAK	%	5	E	U	e	u
0 1 1 0		ACK	SYN	&	6	F	V	f	v
0 1 1 1		BEL	ETB	'	7	G	W	g	w
1 0 0 0		BS	CAN	(	8	H	X	h	x
1 0 0 1		HT	EM	)	9	I	Y	i	y
1 0 1 0		LF	SUB	*	:	J	Z	j	z
1 0 1 1		VT	ESC	+	;	K	[	k	{
1 1 0 0		FF	FS	,	<	L	\	l		
1 1 0 1		CR	GS	-	=	M	]	m	}
1 1 1 0		SO	RS	.	>	N	∧	n	ㄱ
1 1 1 1		SI	US	/	?	O	-	o	DEL

6. 논리형 자료와 포인터 자료

6-1   논리형 자료

논리 자료는 참(True)과 거짓(False)의 두 가지 값만을 가지는 자료로, 이 두 개의 값 중 어느 하나만을 표현한다. 따라서 1비트만으로 자료의 상태를 표현할 수 있기 때문에 상 반되는 자료의 표현에 주로 이용되며 보통 참의 경우 1로, 거짓의 경우 0으로 표현된다.

이러한 논리 자료는 자료의 저장을 위해 1비트만의 기억장소가 필요하지만 비트 단위의 처리가 불가능한 경우 바이트 혹은 워드 단위로 표현되기도 한다. 논리 자료의 연산은 NOT, AND, OR 등의 연산이 대표적이다.

6-2   포인터 자료

포인터(Pointer) 자료란 액세스하고자 하는 자료나 프로그램 등의 정보가 기억되어 있 는 주소의 위치를 지정하는 자료로, 특별한 구성요소나 구조를 나타내기 위해 사용되며 자료의 상호 관련성을 나타내는 자료 구성요소이다.

이러한 포인터 자료는 고정된 크기의 양의 정수로 표현되어 있으며 포인터를 사용함으 로써 기존의 자료 구조에 자료를 삽입하거나 제거하는 작업을 빠르게 수행할 수 있다.

또한, 포인터 자료를 이용하여 주프로그램(Main Program)과 부프로그램(Sub Program) 사이의 인수 전달방법을 달리 처리할 수 있는데 이러한 방법에는 Call By Value, Call By Reference, Call By Name 등이 있다.

이때 주프로그램에서 부프로그램으로 전달되는 인수를 실 매개변수(Actual Parameter) 라 하고, 부프로그램에서의 인수를 형식 매개변수(Formal Parameter)라 한다.

(1) Call By Value

주프로그램의 인수 값이 부 프로그램으로 전달될 때 실제 값을 전달하는 방식으로 실 매개변수의 내용을 참조하기 위해 일일이 번지를 찾을 필요 없이 직접 형식 매개변수에 전달된 값으로 실행하는 방식이다. 따라서 주프로그램에 영향을 주지 않으며 포인터를 사 용하지 않는다. 이러한 Call By Value 방법은 Copy In 혹은 Copy Restore라고도 불리며 Pascal이나 C 언어 등에서 사용된다.

(2) Call By Reference

Call By Reference 혹은 Call By Location이라고 불리는 Call By Reference 방법은 주

프로그램의 실 매개변수 값이 기억되어 있는 주소를 부프로그램의 형식 매개변수로 보내어 처리하는 방식으로, 부프로그램의 처리에 따라 주프로그램의 변수 값이 달라진다. 이러한 매개변수 전달방식을 사용하는 언어로는 PL/1, FORTRAN, COBOL 등이 있다.

(3) Call By Name

부프로그램을 호출하는 실 매개변수 값을 구하지 않고 부프로그램에서 인수가 필요할 때마다 새로 그 값을 구하는 방법, 즉 형식 매개변수를 이에 대응하여 쓰인 실 매개변수의 문자열로 바꿔 놓은 후 실행하는 방법으로 ALGOL에서 처음 사용되었다.

따라서 주프로그램의 변수와 부프로그램의 변수는 같은 변수로 취급되어 주프로그램의 주소가 계속적으로 바뀐다는 특징을 가지고 있다.

연·습·문·제

1. 4비트로 구성된 정보의 단위는?

㉮ Bit
㉯ Byte
㉰ Nibble
㉱ Word

2. $(36115274)_8$의 8진수 값을 16진수로 변환하면?

㉮ $(789ABC)_{16}$
㉯ $(89ABC7)_{16}$
㉰ $(9ABC78)_{16}$
㉱ $(ABC789)_{16}$

3. 8비트로 2의 보수에 의한 10과 −10을 표현한 결과 중 맞는 것은?

㉮ 00001010, 10001010
㉯ 00001010, 11110101
㉰ 00001010, 11110110
㉱ 11110110, 00001010

4. 다음 중 음수를 표현하는 방법 중 거리가 먼 것은?

㉮ 부호와 절댓값
㉯ 부호와 1의 보수
㉰ 부호와 2의 보수
㉱ 팩형식의 십진법

5. 다음의 2진 고정 소수점 표현(Binary Fixed-Point Representation) 방식 중 0의 표현이 유일한 것은?

㉮ Signed - Magnitude 방식
㉯ Signed - 1's Complement 방식
㉰ Signed - 2's Complement 방식
㉱ 모두 유일하지 않다.

6. n비트로 구성된 수가 2의 보수로 표현할 수 있는 최대, 최소 수의 범위 N은?

㉮ $-2^{n-1}-1 \leq N \leq 2^{n-1}-1$
㉯ $-2^{n-1} \leq N \leq 2^{n-1}-1$
㉰ $-2^{n-1}+1 \leq N \leq 2^{n-1}-1$
㉱ $-2^{n-1} \leq N \leq 2^{n-1}$

7. 컴퓨터에 기억된 값이 2진수 11010110일 때 이 값이 1의 보수, 2의 보수, 부호와 절댓값 방식으로 계산되었다면 다음 중 그에 해당되지 않는 값은? (단, 표현된 값은 10진수로 환산된 값이다.)

㉮ −42
㉯ −41
㉰ −40
㉱ −86

8. 다음 중 자보수 코드(Self Complement Code)가 아닌 것은?

  ㉮ Excess－3 Code ㉯ 2 4 2 1 Code

  ㉰ 5 1 1 1 1 Code ㉱ Gray Code

9. Excess 3 Code의 설명으로 부적당한 것은?

  ㉮ BCD 코드에 3을 더한 코드이다.

  ㉯ 어느 경우에도 모든 비트가 0이 되지 않는다.

  ㉰ 대표적인 Non-weighted Code이다.

  ㉱ Gray Code와 같다.

10. 다음 중 인접한 숫자들의 비트가 한 비트씩만 변화되는 코드로 입출력장치, D/A 변환기, 기타 주변 장치에 사용되는 코드는?

  ㉮ Excess－3 Code ㉯ Biquinary Code

  ㉰ 5 1 1 1 1 Code ㉱ Gray Code

11. 다음 회로는 무엇인가 ?

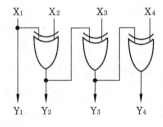

  ㉮ 2진수를 3초과 코드로 변환하는 회로

  ㉯ 3초과 코드를 2진수로 변환하는 회로

  ㉰ 2진수를 그레이 코드로 변환하는 회로

  ㉱ 그레이 코드를 2진수로 변환하는 회로

12. 어떤 컴퓨터 시스템에서 그레이 코드를 사용하고 있을 때 다음 연산의 결과는?

$$(0\ 0\ 1\ 0)_G \ + \ (0\ 1\ 1\ 1)_G$$

  ㉮ (1 0 0 1)G ㉯ (0 1 1 0)G ㉰ (1 1 1 0)G ㉱ (1 1 0 0)G

13. 해밍 코드(Hamming Code)에 대한 설명으로 옳지 않은 것은?

  ㉮ 3개의 패리티 비트와 8421 코드의 집합으로 구성되어 있다.

  ㉯ 7개 비트의 배열은 C_1, C_2, C_3, 8, 4, 2, 1이다.

  ㉰ 1행의 C1 비트는 1, 3, 5, 7 행에 대하여 우수 패리티 점검을 한다.

  ㉱ 오류 검출은 물론 이를 근거로 하여 교정도 할 수 있다.

14. 다음 회로는 기수 패리티 비트(Odd Parity Bit)를 가진 에러 검출(Error Detection) 회로이다. "B" 부분의 명칭은?

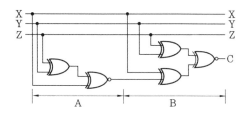

- ㉮ Parity Generator
- ㉯ Parity Checker
- ㉰ Error Indication
- ㉱ Full Adder

15. EBCDIC 코드로 숫자를 표현할 때 Zone 부 분의 형태는?

- ㉮ 0000
- ㉯ 1000
- ㉰ 0001
- ㉱ 1111

16. 다음 중 착오의 검출은 물론 교정까지 가능한 코드는?

- ㉮ BCD Code
- ㉯ EBCDIC Code
- ㉰ ASCII Code
- ㉱ Hamming Code

4 / 연 산

연산이란 전자계산기의 외부로부터 입력되는 자료, 중앙처리장치 내의 레지스터(Register)에 보관된 자료, 기억장치 내에 보관된 자료 등을 산술 논리 연산 장치(ALU ; Arithmetic Logical Unit)를 이용하여 처리하는 것을 말한다. 입력 자료의 수에 따라 단항(Unary) 연산과 이항(Binary) 연산으로 구분하며 자료의 성질에 따라 수치적 연산과 비수치적 연산으로 나눌 수 있다.

단항 연산이란 입력 자료가 하나인 연산으로 MOVE, COMPLEMENT, SHIFT, ROTATE 등이 있으며, 이항 연산은 입력 자료가 두 개인 연산으로 사칙 연산, AND, OR, XOR 등의 연산이 대표적이다.

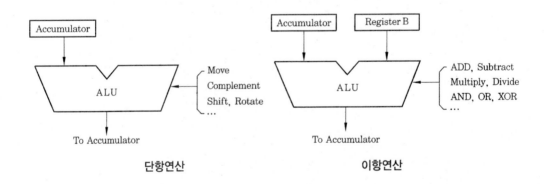

단항연산   이항연산

1. 수치적 연산

수치적 연산은 전자계산기에서 사용되는 2진으로 표현된 데이터를 처리하는 가장 기본이 되는 산술연산을 통칭하며, 정수에 대한 연산인 고정 소수점 수(Fixed Point Number)의 연산과 실수에 대한 연산인 부동 소수점 수(Floating Point Number)의 연산으로 크게 구분할 수 있다.

이러한 모든 연산들은 사칙연산을 기초로 하는데 사칙연산은 가산과 시프트 동작에 의해 이루어지며 이때 감산의 경우에는 보수의 가산으로 연산을 수행하고, 승산의 경우에는 가산의 반복이나 시프트 연산(Shift Operation)을 이용하며, 제산의 경우에는 감산의 반복이나 시프트 연산에 의해 처리한다.

1-1   사칙연산

수치적 연산에서 고정 소수점의 수에 대한 사칙연산은 앞의 설명과 같이 가산과 시프트(Shift)를 기본으로 하여 이를 응용한 연산으로 이루어진다. 가산(ADD)의 경우에는 가산기만으로 연산이 가능하기 때문에 이전 단에서 발생한 자리올림수(Carry)와 계산 결과에서 발생한 자리올림수를 다음 단으로 연결해 주는 점과 함께 계산된 결과가 표현의 범위를 넘는 범람(Overflow) 현상에 대한 처리를 고려해야 한다.

하지만 감산(SUBTRACT)의 경우에는 별도의 감산기를 필요로 하기 때문에 앞에서 설명한 바와 같이 감수를 보수 처리하여 피감수와 가산 처리하는 방법을 사용하는데 이때 보수를 취하는 방법에 따라 1의 보수를 이용하는 방법과 2의 보수를 이용하는 방법으로 나눌 수 있다. 그러나 이러한 두 방법 중 대부분의 현대 컴퓨터는 후자인 2의 보수를 이용한 가산 작업으로 감산을 대신함으로써 1의 보수방식에 비해 연산을 빠르게 처리하고 있다.

승산(MULTIPLY)과 제산(DIVIDE)의 경우에는 가산의 반복이나 감산의 반복으로 처리하거나 시프트 연산을 이용하여 승산과 제산을 수행한다. 이때 시프트 연산에 의한 승산의 경우에는 SAL(Shift Arithmetic Left) 연산을 이용하고, 제산의 경우에는 SAR(Shift Arithmetic Right) 연산을 이용한다.

1-2   보수에 의한 감산

A-B 연산을 수행하고자 하는 경우 별도의 감산기를 사용하지 않는 방법으로 A+(-B) 형태를 취하는 방법이 있다. 즉 감수를 음수로 표현함으로써 가산기만으로 감산이 이루어지도록 하는 것이다. 이렇게 감수를 음수로 표현하는 방법에는 3장에서 배운 바와 같이 부호와 절댓값 방식, 1의 보수방식, 2의 보수방식 등이 있는데 이 중 부호와 절댓값 방식의 경우에는 같은 부호를 가진 수에 대한 연산은 가능하지만 부호가 서로 다른 경우에는 불가능하며, 부호가 같은 경우에도 부호 비트 전단에서 발생하는 자리올림수가 있는 경우에는 오버플로(Overflow) 가 발생하여 계산 결과에 오류가 생긴다. 예를 들어, 8비트로 표현된 다음의 세 가지 예제를 이용하여 부호와 절댓값 방식에 의한 감산을 수행하여 보자.

① 38 - 23 = 38 + (-23) = 15

```
      0 0 1 0 0 1 1 0          38
  +   1 0 0 1 0 1 1 1         -23
      1 0 1 1 1 1 0 1         -61
```

위 연산에서 결괏값은 15인데 부호와 절댓값 방식을 이용한 연산의 결과는 -61로, 계산 결과가 오류임을 알 수 있다.

② -38 - 23 = (-38) + (-23) = -61

```
      1 0 1 0 0 1 1 0          -38
  +   1 0 0 1 0 1 1 1          -23
      1 0 1 1 1 1 0 1          -61
```

위 연산의 결과는 같으므로 정상이다. 그러나 이때 부호 비트에 대한 연산은 수행하지 않음에 유의하여야 한다.

③ -78 - 59 = (-78) + (-59) = -137

```
      1 1 0 0 1 1 1 0          -78
  +   1 0 1 1 1 0 1 1          -59
      1 0 0 0 1 0 0 1           -9
```

위 연산에서는 동일 부호에 대한 연산이 이루어졌지만 부호 비트 이전에서 자리올림이 발생하여 오버플로로 인해 계산 결과에 오류가 발생되었음을 알 수 있다.

(1) 1의 보수에 의한 감산

1의 보수에 의한 감산은 컴퓨터에서 실질적으로 적용되는 방법은 아니지만 감산동작을 이해하는 중요한 감산방법이다. 먼저 감수에 1의 보수를 취한 후 피감수와 더하여 결과를 얻고 이때 엔드 어라운드 캐리(End Around Carry)가 발생하면 발생된 캐리 값을 계산 결과에 가산하여 주는 방식이다.

예를 들어, 10진법의 수 13-6과 6-13의 연산을 1의 보수 표현에 의한 가산, 즉 13+(-6)과 6+(-13)으로 계산하여 보자.

첫 번째 13-6 의 경우에는 아래와 같이 엔드 어라운드 캐리가 발생하므로, 발생된 캐리 값을 계산 결과에 가산하여 7이라는 결과가 얻어지고, 두 번째 6-13의 경우에는 엔드 어 라운드 캐리가 발생하지 않으므로 가산 결과가 최종 결과가 됨을 알 수 있다.

❶ Carry가 발생하는 경우

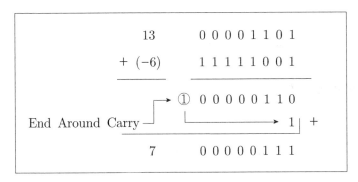

❷ Carry가 발생하지 않는 경우

```
        6      0 0 0 0 0 1 1 0
+   (-13)      1 1 1 1 0 0 1 0
   ───────    ─────────────────
       -7      1 1 1 1 1 0 0 0
```

(2) 2의 보수에 의한 감산

2의 보수에 의한 감산은 컴퓨터에서 실질적으로 적용되는 방법으로, 컴퓨터 내에서 음 수의 표현방법이 2의 보수로 표현되기 때문에 별도의 자료 변환 없이 바로 연산을 할 수 있다.

연산방법은 감수에 2의 보수를 취한 후 피감수와 더하여 최종 결과를 얻게 되는데 이때 엔드 어라운드 캐리의 발생은 무시하면 된다. 이는 감수에 2의 보수가 취해져 있으므로 다 시 엔드 어라운드 캐리 값을 결괏값에 가산할 필요가 없기 때문이다.

예를 들어, 10진법의 수 13-6과 6-13의 연산을 2의 보수 표현에 의한 가산, 즉 13+ (-6)과 6+(-13)으로 계산하여 보자.

첫 번째 13-6의 경우에는 다음과 같이 엔드 어라운드 캐리가 발생하므로, 이를 무시하 여 7이라는 결과가 얻어지고, 두 번째 6-13의 경우에는 엔드 어라운드 캐리가 발생하지 않으므로 가산 결과가 최종 결과가 됨을 알 수 있다.

❶ Carry가 발생하는 경우

```
         13          0 0 0 0 1 1 0 1
      + (−6)         1 1 1 1 1 0 0 1
      ─────         ───────────────

                  ① 0 0 0 0 0 1 1 0
                    ↳ End Around Carry 무시
```

❷ Carry가 발생하지 않는 경우

```
          6          0 0 0 0 0 1 1 0
      + (−13)        1 1 1 1 0 0 1 1
      ──────        ───────────────
         −7          1 1 1 1 1 0 0 1
```

1-3   승산과 제산 알고리즘 (Algorithm)

(1) 승 산

승산은 가산의 반복으로 처리할 수 있는데 식 4×3의 경우는 4를 연속해서 3번 더하는 것과 같다. 즉, $4 \times 3 = 4 + 4 + 4 = 12$의 결과를 가진다. 따라서 식 $S = A \times B$의 경우 다음과 같은 알고리즘으로 구현할 수 있다.

```
❶ S ← 0
❷ IF  B = 0  THEN  END.
      ELSE  S ← S + A
             B ← B − 1
❸ GOTO ❷
```

위 알고리즘에서 누적합 S에 초깃값 0을 부여하는데 이는 초기 B의 값이 0인 경우 연산은 수행을 종료하며 결괏값은 그대로 0을 나타내기 때문이다. 알고리즘의 수행은 B가 0이 아닌 경우에 진행되는데 S에 A를 더해 누적하고 B의 값을 하나 줄인 후 다시 ❷번의 판단문으로 분기하여 B의 값이 0이 될 때까지 반복 수행한다. 다음은 A와 B의 값을 입력받아 곱셈 연산을 수행한 후 결과를 인쇄하는 순서도를 나타내고 있다.

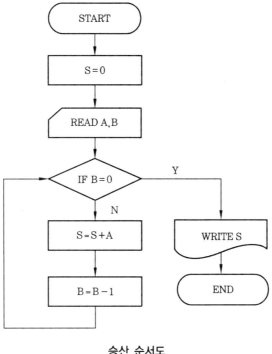

승산 순서도

(2) 제 산

제산은 감산의 반복으로 처리할 수 있는데 식 11÷3의 경우 11에서 3을 연속해서 **뺀** 횟수 3이 몫이 되고, 더 이상 감산이 이루어지지 않는 경우, 즉 피제수가 제수보다 작아지는 경우 피제수의 값이 나머지가 된다. 따라서 11-3-3-3=2에서 2는 나머지 값이 된다. 다음은 식 A÷B＝Q…R 의 경우를 알고리즘으로 구현한 것이다.

```
❶ Q ← 0
❷ IF  A < B  THEN  R ← A
                   END.
          ELSE  A ← A - B
                Q ← Q + 1
❸ GOTO ❷
```

위 알고리즘에서 몫을 나타내는 변수 Q에 초깃값 0을 부여하는데 이는 초기에 A가 B보다 작은 경우 연산이 종료되며 몫이 0이 되고 A의 값은 나머지가 되기 때문이다. 알고리즘의 수행은 A의 값이 B보다 크거나 같은 경우에 진행되며 A의 값에서 B를 **빼고** 몫을 하나 증가시킨 후 ❷번의 판단문으로 분기하여 A의 값이 B보다 작아질 때까지 반복 수행한다. 다음은 A와 B의 값을 입력받아 나눗셈 연산을 수행한 후 결과를 인쇄하는 순서도를 나타내고 있다.

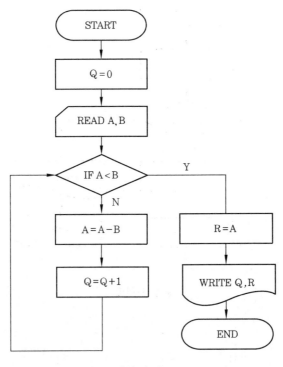

제산 순서도

1-4 산술 시프트(Arithmetic Shift)

산술 시프트는 승산과 제산의 보조 역할을 수행하는데 레지스터에 기억되어 있는 자료를 좌측으로 n비트 시프트하는 경우 곱하기 2^n의 효과를 가지며, 우측으로 n비트 시프트하는 경우 나누기 2^n의 효과를 가진다.

이는 레지스터에 기억되어 있는 자료가 2진수이기 때문에 2^n을 곱하거나 나누어주는 것이다. 만약 레지스터에 기억할 수 없는 자료이지만, 예를 들어 10진수의 수나 8진수의 수가 기억되어 있다면 10^n, 8^n을 곱하거나 나누어줘야 한다.

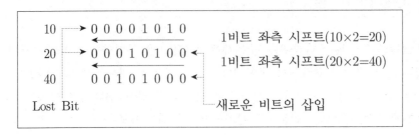

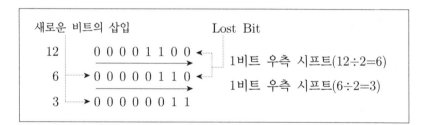

(1) SAL (Shift Arithmetic Left)

좌측으로 n비트 산술 시프트를 하는 경우 2^n을 곱하는 효과를 가지며, 이때 새로 입력되는 비트는 1의 보수의 경우 부호 비트가 입력되고, 2의 보수의 경우에는 무조건 0이 입력된다. 이는 어떤 수에 2를 곱한 경우 그 값은 항상 짝수이기 때문이다. 만약 좌측 시프트에 의해 부호가 변경되는 경우 에러(Error)가 발생되는데 이를 오버플로(Overflow)라 정의한다.

여기서 부호를 가진 8비트로 표현된 수를 이용하여 SAL을 수행하여 보자.

8비트로 표현 가능한 수의 범위는 부호와 1의 보수로 표현된 수의 경우 −127~+127이고, 부호와 2의 보수로 표현된 수의 경우 −128~+127이므로 시프트의 결과가 이 범위를 넘어서면 에러가 발생한다.

❶ 1의 보수

㈎ 정상

```
(양수)
              부호 비트
  +  6    0 0 0 0 0 1 1 0
          ←───────────────  3비트 좌측 시프트
  + 48    0 0 1 1 0 0 0 0
                            새로 입력되는 비트는 부호 비트
```

양수 6을 좌측으로 3비트 이동하였으므로 $6 \times 2^3 = 6 \times 8 = 48$이 되고

```
(음수)
              부호 비트
  −  6    1 1 1 1 1 0 0 1
          ←───────────────  3비트 좌측 시프트
  − 48    1 1 0 0 1 1 1 1
                            새로 입력되는 비트는 부호 비트
```

음수 6을 좌측으로 3비트 이동하였으므로 $-6 \times 2^3 = -6 \times 8 = -48$이 된다.

(나) 오버플로 발생

```
(양수)
                  부호 비트
     + 100    0  1 1 0 0 1 0 0
                                  ← 1비트 좌측 시프트
     -  55    1  1 0 0 1 0 0 0
```

부호 비트 변경으로 Overflow 발생

```
(음수)
                  부호 비트
     + 100    1  0 0 1 1 0 1 1
                                  ← 1비트 좌측 시프트
     -  55    0  0 1 1 0 1 1 1
```

부호 비트 변경으로 Overflow 발생

❷ 2의 보수

(가) 정상

```
(양수)
                  부호 비트
     +   6    0  0 0 0 0 1 1 0
                                  ← 3비트 좌측 시프트
     +  48    0  0 1 1 0 0 0 0
                                  새로 입력되는 비트는 무조건 0
```

양수 6을 좌측으로 3비트 이동하였으므로 $6 \times 2^3 = 6 \times 8 = 48$이 되고

```
(음수)
                  부호 비트
     -   6    1  1 1 1 1 0 1 0
                                  ← 3비트 좌측 시프트
     -  48    1  1 0 1 0 0 0 0
                                  새로 입력되는 비트는 무조건 0
```

음수 6을 좌측으로 3비트 이동하였으므로 $-6 \times 2^3 = -6 \times 8 = -48$이 된다.

㈏ 오버플로 발생

```
(양수)
                ┌┈┈ 부호 비트
  + 100     │ 0 │ 1  1  0  0  1  0  0
            └┈┈┘           ◄──────── 1비트 좌측 시프트
  -  56     │ 1 │ 1  0  0  1  0  0  0
            └┈┈┘
```

부호 비트 변경으로 Overflow 발생

```
(음수)
                ┌┈┈ 부호 비트
  - 100     │ 1 │ 0  0  1  1  1  0  0
            └┈┈┘           ◄──────── 1비트 좌측 시프트
  +  56     │ 0 │ 0  1  1  1  0  0  0
            └┈┈┘
```

부호 비트 변경으로 Overflow 발생

(2) SAR (Shift Arithmetic Right)

우측으로 n비트 산술 시프트를 하는 경우 2^n으로 나누는 효과를 가지며 새로 입력되는 비트는 부호 비트이므로 항상 같은 부호를 가져야 한다. 이러한 우측 시프트 연산의 경우에는 정수의 경우 홀수를 우측으로 산술 시프트하므로 계산 결과가 실수가 되고, 이로 인한 잘림(Truncation) 현상이 발생한다. 따라서 이러한 경우 잘림이 발생한 수에 대한 보정이 필요하며, 이를 위해 피연산수에 대한 홀수, 짝수 여부를 판단하여야 한다.

홀수와 짝수의 구분은 1의 보수의 경우 부호 비트와 우측 시프트에 의해 잃어버리는 비트, 즉 최하위 비트(LSB ; Least Significant Bit)가 서로 다른 경우 그 수는 홀수가 되고, 서로 같은 경우 짝수가 되며, 2의 보수의 경우 우측 시프트에 의해 잃어버리는 비트가 1이면 홀수, 0이면 짝수가 된다.

홀수와 짝수의 구분

	1의 보수	2의 보수
홀 수	Sign Bit ≠ LSB	LSB = 1
짝 수	Sign Bit = LSB	LSB = 0

LSB(Least Significant Bit) : 최하위 비트

여기서 짝수의 수와 홀수의 수를 우측으로 1비트 산술 시프트하여 에러 여부를 판단해
보자.

❶ 1의 보수

㈎ 짝수

```
(양수)
                      ┌┄┄┄┄┄ 부호 비트
     + 10    │0│0 0 0 0 1 0 1 0
             └┄┘                      ─────────────▶ 1비트 우측 시프트
     + 5     │0│0 0 0 0 0 1 0 1
             └┄┘
```

```
(음수)
                      ┌┄┄┄┄┄ 부호 비트
     - 10    │1│1 1 1 0 1 0 1
             └┄┘                      ─────────────▶ 1비트 우측 시프트
     - 5     │1│1 1 1 1 0 1 0
             └┄┘
```

위의 그림에서 짝수 +10과 -10을 우측으로 1비트 산술 시프트한 결과는 +5와
-5로 정상임을 알 수 있다.

㈏ 홀수

```
(양수)
                      ┌┄┄┄┄┄ 부호 비트
     + 11    │0│0 0 0 0 1 0 1 1
             └┄┘                      ─────────────▶ 1비트 우측 시프트
     + 5     │0│0 0 0 0 0 1 0 1
             └┄┘
```

```
(음수)
                      ┌┄┄┄┄┄ 부호 비트
     - 11    │1│1 1 1 0 1 0 0
             └┄┘                      ─────────────▶ 1비트 우측 시프트
     - 5     │1│1 1 1 1 0 1 0
             └┄┘
```

위의 그림에서 홀수 +11과 -11을 우측으로 1비트 산술 시프트한 결과는 +5와
-5로 양수의 경우는 0.5가 작고, 음수의 경우는 0.5가 큼을 알 수 있다.

결론적으로 1의 보수에 의해 표현된 수를 우측으로 1비트 산술 시프트하면 짝수의 경우에는 양수, 음수 모두 정상적인 결과를 가지지만 홀수의 경우에는 계산 결과가, 양수의 경우 0.5가 작고, 음수의 경우 0.5가 큰 잘림(Truncation) 현상이 발생함을 알 수 있다.

❷ 2의 보수

㈎ 짝수

```
(양수)
                 ┌┄┄┄ 부호 비트
  +   10  │0│ 0  0  0  1  0  1  0
          └┄┄→ 1비트 우측 시프트
  +   5   │0│ 0  0  0  0  1  0  1
```

```
(음수)
                 ┌┄┄┄ 부호 비트
  -   10  │1│ 1  1  1  0  1  1  0
          └┄┄→ 1비트 우측 시프트
  -   5   │1│ 1  1  1  1  0  1  1
```

위의 그림에서 짝수 +10과 -10을 우측으로 1비트 산술 시프트한 결과는 +5와 -5로 정상임을 알 수 있다.

㈏ 홀수

```
(양수)
                 ┌┄┄┄ 부호 비트
  +   11  │0│ 0  0  0  1  0  1  1
          └┄┄→ 1비트 우측 시프트
  +   5   │0│ 0  0  0  0  1  0  1
```

```
(음수)
                 ┌┄┄┄ 부호 비트
  -   11  │1│ 1  1  1  0  1  0  1
          └┄┄→ 1비트 우측 시프트
  -   6   │1│ 1  1  1  1  0  1  0
```

앞의 그림에서 홀수 +11과 −11을 우측으로 1비트 산술 시프트한 결과는 +5와 −6으로 양수와 음수 모두 0.5가 작음을 알 수 있다.

2의 보수에 의해 표현된 수 역시 우측으로 1비트 시프트하면 짝수의 경우에는 양수, 음수 모두 정상적인 결과를 가지지만, 홀수의 경우에는 계산 결과가 양수와 음수 모두 0.5가 작아지는 잘림(Truncation) 현상이 발생함을 알 수 있다.

1-5 오버플로(Overflow) 발생조건

수의 연산 결과가 표현할 수 있는 수의 범위를 넘어서는 경우 오버플로(Overflow)가 발생하는데 이렇게 발생하는 오버플로는 검출이 가능하며 이를 보정할 수도 있다.

(1) 오버플로 발생

오버플로 발생은 아래와 같이 가산의 경우 두 수가 모두 양수이거나 음수인 경우에 발생이 가능하며, 감산의 경우 피감수가 음수이고 감수가 양수인 경우나 피감수가 양수이고 감수가 음수인 경우 오버플로 발생이 가능하다고 할 수 있다.

```
( 양수 ) + ( 양수 )
( 음수 ) + ( 음수 )
( 음수 ) − ( 양수 )
( 양수 ) − ( 음수 )
```

두 수의 가감산에서의 오버플로 발생이 가능한 경우

승산의 경우에는 레지스터의 내용을 좌측으로 산술 시프트하여 승산을 보조하는데, 이때 최상위 비트(MSB ; Most Significant Bit)인 부호 비트가 변경된다면 이 또한 수의 범위를 넘어서는 것이므로 오버플로가 발생하게 된다.

(2) 오버플로 검출 및 보정

연산결과에서 발생된 오버플로는 검출 가능하며 검출된 내용을 근거로 결괏값을 표현 가능한 근삿값으로 보정할 수도 있다.

가감산에서 오버플로를 검출하기 위해서는 부호 비트 전단에서 발생한 캐리(Carry)와 부호 비트로부터 발생한 캐리(End Around Carry)를 비교하여 두 캐리가 서로 같지 않은 경우 오버플로가 발생하였다고 정의하는데, 이를 검출하기 위해서는 발생된 두 개의 캐리를 Exclusive-OR 게이트(Gate)에 입력시킨다. 이때 출력값이 1인 경우 오버플로가 발생한 것이므로 부호 비트를 판단하여 양수인 경우 표현할 수 있는 가장 큰 값, 음수인 경우 표현할 수 있는 가장 작은 값으로 내용을 변경하여 연산 결괏값의 가장 근삿값으로 보정할 수 있다.

다음은 2의 보수 표현으로 오버플로 발생의 예를 설명하였다.

❶ 정 상

```
          0  0                              1  1
         ⤹  ⤹                            ⤹  ⤹
   17   │0│0  0  1  0  0  0  1      -17  │1│1  1  0  1  1  1  1
  +23   │0│0  0  1  0  1  1  1    + -23  │1│1  1  0  1  0  0  1
  ────  ─────────────────────     ────  ─────────────────────
   40   │0│0  1  0  1  0  0  0      -40 ①│1│1  0  1  1  0  0  0
                                          ⌞─ End Around Carry
```

❷ Overflow

```
          0  1                              1  0
         ⤹  ⤹                            ⤹  ⤹
  100   │0│1  1  0  0  1  0  0     -100  │1│0  0  1  1  1  0  0
 + 50   │0│0  1  1  0  0  1  0    + - 50 │1│1  0  0  1  1  1  0
 ────   ─────────────────────     ────  ─────────────────────
  150   │1│0  0  1  0  1  1  0 (-114)   -150 ①│0│1  1  0  1  0  1  0 (+114)
                                               ⌞─ End Around Carry
```

1-6　부동 소수점 연산

부동 소수점의 수는 이미 3장에서 언급한 바와 같이 부호(Sign), 지수(Exponent), 가수 (Mantissa)로 표현되는데 지수부에 표현된 수는 정규화를 위해 바이어스를 더한 수이고, 가수부에 표현된 수는 0과 1 사이의 실수로 정규화 형식으로 표현된 수의 소수부에 해당되는 수이다. 따라서 부동 소수점으로 표현된 실수를 연산하기 위해서는 정수 연산에 비해 조금 더 복잡한 과정을 거쳐야 한다.

(1) 가산 및 감산

부동 소수점 수의 연산에서 가감산의 경우에는 지수부를 통일하여 가수부 가감산이 가능하도록 하여야 한다. 먼저 두 수의 지수부 통일을 위해 어느 한 수의 소수점 위치를 이동하여 다른 수의 지수와 같도록 가수부를 조정해야 한다. 이때 지수부의 통일은 지수부

가 큰 쪽을 기준으로 조정하여야 하며, 이는 차후 발생될 정규화 과정을 최소화하기 위함
이다. 이러한 과정을 거쳐 지수부가 통일되면 가수부에 대한 가감산을 수행하고 그 계산
결과가 부동 소수점 수로 표현이 불가능한 경우 그 결괏값에 대해 정규화를 수행하여 최
종 결괏값을 얻는다.

❶ 정규화가 필요 없는 경우

$$A = 0.12345 \times 10^{-2} \text{이고 } B = 0.6789 \times 10^{-7} \text{일 때}$$

[가산]

$$
\begin{aligned}
A + B &= 0.12345 \times 10^{-2} + 0.6789 \times 10^{-7} \\
&= 0.12345 \times 10^{-2} + 0.000006789 \times 10^{-2} \\
&= (0.12345 + 0.000006789) \times 10^{-2} \\
&= (0.123456789) \times 10^{-2}
\end{aligned}
$$

[감산]

$$
\begin{aligned}
A - B &= 0.12345 \times 10^{-2} - 0.6789 \times 10^{-7} \\
&= 0.12345 \times 10^{-2} - 0.000006789 \times 10^{-2} \\
&= (0.12345 - 0.000006789) \times 10^{-2} \\
&= (0.123443) \times 10^{-2}
\end{aligned}
$$

❷ 정규화가 필요한 경우

$$A = 0.9876 \times 10^{3} \text{이고 } B = 0.6789 \times 10^{2} \text{일 때}$$

[가산]

$$
\begin{aligned}
A + B &= 0.9876 \times 10^{3} + 0.6789 \times 10^{2} \\
&= 0.9876 \times 10^{3} + 0.06789 \times 10^{3} \\
&= (0.9876 + 0.06789) \times 10^{3} \\
&= (1.05549) \times 10^{3} \\
&= (0.105549) \times 10^{4}
\end{aligned}
$$

$$A = 0.12345 \times 10^{-2} \text{이고 } B = 0.6789 \times 10^{-3} \text{일 때}$$

[감산]

$$
\begin{aligned}
A - B &= 0.12345 \times 10^{-2} - 0.6789 \times 10^{-3} \\
&= 0.12345 \times 10^{-2} - 0.06789 \times 10^{-2}
\end{aligned}
$$

$$= (0.12345 - 0.06789) \times 10^{-2}$$
$$= (0.05556) \times 10^{-2}$$
$$= (0.5556) \times 10^{-3}$$

(2) 승산 및 제산

부동 소수점 수의 연산에서 승·제산의 경우에는 먼저 두 수가 0인지를 검사하여야 한다. 이때 어느 한 수라도 값이 0인 경우 에러(Error)가 발생하기 때문이다.

승산이나 제산은 소수점의 위치를 조정할 필요가 없는데 승산의 경우 지수부는 더하고 가수부는 곱하면 되며, 제산의 경우 지수부는 피제수의 지수에서 제수의 지수를 빼고 가수부는 피제수의 가수를 제수의 가수로 나누어주면 된다.

마지막으로 연산 결과가 부동 소수점 수로 표현이 불가능한 경우 그 결괏값에 대해 정규화를 수행하여 최종 결괏값을 얻는다.

예를 들어, 두 개의 부동 소수점 수 $A = 0.123 \times 10^5$, $B = 0.3 \times 10^{-4}$에 대한 승·제산을 수행해 보자.

$$A \times B = (0.123 \times 10^5) \times (0.3 \times 10^{-4})$$
$$\text{지수부} \quad 5 + (-4) = 1$$
$$\text{가수부} \quad 0.123 \times 0.3 = 0.0369$$
$$= 0.0369 \times 10^1$$
$$= 0.369 \times 10^0$$

$$A \div B = (0.123 \times 10^5) \div (0.3 \times 10^{-4})$$
$$\text{지수부} \quad 5 - (-4) = 9$$
$$\text{가수부} \quad 0.123 \div 0.3 = 0.41$$
$$= 0.41 \times 10^9$$

2. 비수치 연산

비수치 연산은 AND, OR, Complement, XOR 연산 등과 같은 논리연산과 좌우 시프트, 로테이트 연산 등이 대표적이다. 수치연산이 과학기술계산용 연산이라 한다면 비수치 연산은 주로 비즈니스(Business)용 연산이라 할 수 있으며 비트 단위 연산을 통한 마이크로프로세서 제어 프로그램 작성 시 많이 활용되고 있다.

2-1   논리 연산

논리 연산을 하기 위한 연산자들은 무수히 많지만 일부의 논리 연산들을 반복 사용하여 복잡한 논리 연산을 수행할 수 있다. 논리 연산을 하기 위한 대표적인 연산으로 MOVE, AND, OR, XOR, COMPLEMENT 등을 들 수 있다.

(1) MOVE 연산

MOVE 연산은 대표적인 단항(Unary) 연산으로, 자료를 처리하지 않고 입력 데이터를 그대로 출력하는 연산이며, 특정 레지스터의 내용을 또 다른 레지스터로 옮기고자 하는 경우 사용한다.

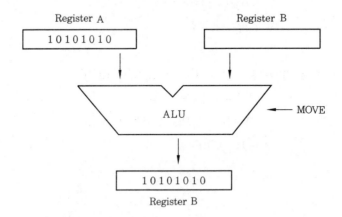

(2) AND 연산

AND 연산은 이항(Binary) 연산의 하나로, 자료의 특정 비트 혹은 문자를 삭제하고자 하는 경우 사용하는 연산이다. 즉 불필요한 부분을 지워 버리고 원하는 부분만을 처리하고자 할 때 사용하는데, 이때 어느 비트 혹은 문자를 삭제할 것인가를 결정하는 부분을 마스크(Mask)라 한다. AND 연산은 두 개의 입력 변수를 가진 AND의 진리표에 근거하여 하나의 변수가 1인 경우 다른 입력값이 출력되고 0인 경우 무조건 0이 출력된다. 다음 그림은 11110000의 마스크 비트를 이용하여 레지스터 A의 상위 4비트는 그대로 출력하고 하위 4비트는 모두 클리어(Clear)하는 예를 보여주고 있다.

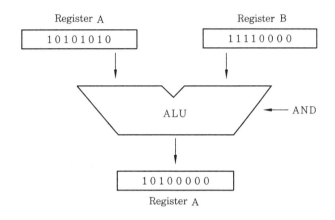

(3) OR 연산

　OR 연산은 이항(Binary) 연산의 하나로, 자료의 특정 비트 혹은 문자를 삽입하고자 하는 경우 사용하는 연산이다. AND 연산과는 반대의 개념을 가지고 있으며 특정한 두 개 이상의 데이터를 합치는 데 사용한다. OR 연산은 두 개의 입력 변수를 가진 OR의 진리표에 근거하여 두 개의 입력 중 어느 하나만 1이어도 1이 출력된다. 아래 그림은 레지스터 A의 하위 4비트 내용에 레지스터 B의 하위 4비트가 삽입되는 예를 보여주고 있다.

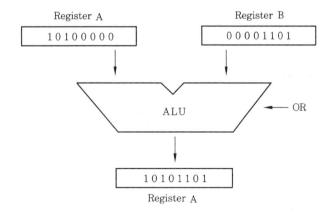

(4) XOR 연산

　XOR 연산은 이항(Binary) 연산의 하나로, 자료의 특정 비트를 반전시키고자 하는 경우 사용하는 연산이다. COMPLEMENT 연산은 레지스터 내의 모든 내용을 반전시키는 반면 XOR 연산은 특정 비트만을 반전시킨다. XOR 연산은 두 개의 입력이 서로 같은 경우 0을 출력하고 서로 다른 경우 1을 출력하므로 반전시키고자 하는 부분 비트에 1을 부가하여 XOR 연산하면 된다. 다음 그림은 레지스터 A의 상위 4비트를 반전시켜 출력하는 예를 보여주고 있다.

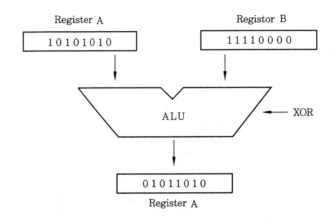

(5) COMPLEMENT 연산

COMPLEMENT 연산은 단항(Unary) 연산의 하나로, 특정 레지스터의 내용 모두를 반전시키고자 하는 경우에 사용하는, 즉 1의 보수값을 구하는 연산이다. 이 COMPLEMENT 연산을 이용하여 음수의 표현에 사용되는 1의 보수를 구하고 결괏값을 1 증가(Increment)시켜 2의 보수를 구하기도 한다. 아래 그림은 레지스터 A값의 1의 보수를 구하는 연산을 보여 주고 있다.

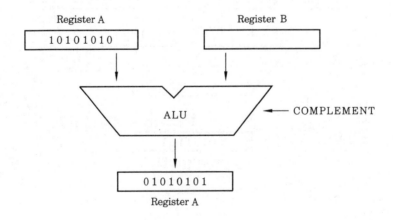

2-2   논리 시프트(Logical Shift)와 로테이트(Rotate)

(1) 논리 시프트(Logical Shift)

논리 시프트는 입력 자료들을 좌측 혹은 우측으로 서로 이웃한 비트의 자리로 옮기는 것을 말하는데 우측 시프트의 경우에는 자료의 우측 끝 비트인 LSB(Least Significant Bit ; 최하위 비트)가 밀려 나가고 자료의 좌측 끝 비트인 MSB(Most Significant Bit ; 최상위 비트)로 새로운 비트가 입력된다. 좌측 시프트의 경우에는 우측 시프트의 반대로 자료의 좌측 끝 비트인 MSB가 밀려 나가고 자료의 우측 끝 비트인 LSB로 새로운 비트가 입력된다. 이때 새로이 입력되는 비트는 보통 0이지만 경우에 따라 0 혹은 1로 조정할 수 있다.

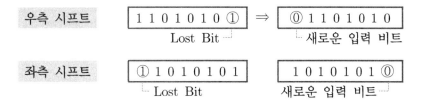

(2) 로테이트(Rotate)

로테이트는 시프트와 유사한 연산으로 밀려 나가는 비트를 잃어버리는 시프트와 달리 한쪽 끝에서 밀려나간 비트를 다른 쪽으로 다시 입력시키는 연산이다. 이 로테이트 연산은 데이터 내의 특정 위치 비트를 시험하거나 문자의 위치를 교환하는 경우 또는 시프트에 의한 직렬 자료 전송 시 사용되는 연산이다.

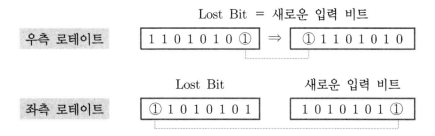

연·습·문·제

1. 고정 소수점(Fixed Point) 방식에 대한 설명으로 잘못된 것은?

㉮ 고정 소수점에서 1의 보수 및 2의 보수 방식은 가산기만으로 연산이 가능하다.

㉯ 부호 절댓값 방식에 의한 연산은 가산기 외에도 감산기가 필요해서 다른 방식에 비해 하드웨어 비용이 더 든다.

㉰ 고정 소수점에 의한 수의 표시 방법에는 부호 절댓값 방식, 1의 보수, 그리고 2의 보수 방식이 있다.

㉱ 2의 보수는 1의 보수에 1을 더해야 하기 때문에 연산 속도가 1의 보수 방식보다 느리며, 연산 결과를 판단하는 데도 시간이 걸린다.

2. 다음과 같은 알고리즘이 설명하는 연산은?

(1) $Q \leftarrow 0$

(2) $X < Y$이면 (3)을 수행하고 $X >= Y$이면 $X \leftarrow X - Y$와 $Q \leftarrow Q+1$하고 (2)를 반복 수행

(3) $R \leftarrow X$ 끝

㉮ 덧셈 ㉯ 뺄셈
㉰ 곱셈 ㉱ 나눗셈

3. 시프트 레지스터(Shift Register)의 내용을 오른쪽으로 한번 시프트하면 원래의 Data는 어떻게 되는가?

㉮ 원래 Data의 1/2배 ㉯ 원래 Data의 1/4배
㉰ 원래 Data의 2배 ㉱ 원래 Data의 4배

4. 1의 보수로 나타낸 2진 고정점의 수를 우측으로 1비트만큼 산술 이동했을 경우 부호와 반대되는 비트가 밀려났다면 그 결과는?

㉮ 양수의 경우 2로 나눈 것보다 0.5가 크며 음수의 경우는 0.5가 적다.

㉯ 양수의 경우 2로 나눈 것보다 0.5가 작고 음수의 경우는 0.5가 크다.

㉰ 양수, 음수 모두 0.5가 적다.

㉱ 양수, 음수 모두 0.5가 크다.

5. 오버플로 조건은 부호 비트 밑에서 부호 비트로 올라온 캐리(Carry)와 부호 비트로부터 생긴 캐리를 비교함으로써 검출되는데, 이때 이 두 캐리를 입력시켜 검출하는 게이트는?

　㉮ Exclusive－OR　　　　　　　　㉯ Exclusive－NOR
　㉰ AND　　　　　　　　　　　　　㉱ NAND

6. 다음은 산술 논리 장치(ALU)에 대한 상태 플래그(Status Flag)들이다. A＝00100001과 B＝11111111을 ALU를 통해 "A＋B"한 후, 각 플래그의 상태는? (단, 2의 보수로 저장 및 연산한다.)

플 래 그	상 태	의	미
V	오버플로	v ＝ 1 : 오버플로,	v ＝ 0 : 오버플로 아님
Z	제로(zero)	z ＝ 1 : 0임,	z ＝ 0 : 0가 아님
S	부호(Sign)	s ＝ 1 : 음수,	s ＝ 0 : 음수가 아님
C	캐리(Carry)	c ＝ 1 : 캐리 발생,	c ＝ 0 : 캐리가 발생하지 않음

　㉮ V ＝ 0, Z ＝ 1, S ＝ 0, C ＝ 1　　　㉯ V ＝ 0, Z ＝ 0, S ＝ 0, C ＝ 0
　㉰ V ＝ 0, Z ＝ 0, S ＝ 0, C ＝ 1　　　㉱ V ＝ 0, Z ＝ 1, S ＝ 1, C ＝ 0

7. 부동 소수점 표현의 수치 자료 2개에 대하여 합산을 할 때 두 자료의 지수 베이스(Base)는 같고 지수 크기가 다르면 지수를 어느 쪽에 일치시켜 계산해야 하는가?

　㉮ 지수가 큰 쪽에 일치시킨다.
　㉯ 지수가 작은 쪽에 일치시킨다.
　㉰ 어느 쪽에 일치시켜도 상관없다.
　㉱ 큰 쪽과 작은 쪽의 평균값에 일치시킨다.

8. 논리 연산으로만 짝지어진 것은?

　㉮ MOVE, AND, COMPLEMENT
　㉯ ROTATE, ADD, SHIFT
　㉰ MOVE, EXCLUSIVE-OR, SUBTRACT
　㉱ MULTIPLY, AND, DIVIDE

9. 다음 3가지의 연산자(Operator)가 혼합되어 나오는 식에서 시행(연산)순서는?

(1) 관계 연산자(Relative Operator)
(2) 논리 연산자(Logical Operator)
(3) 산술 연산자(Arithmetic Operator)

　㉮ (3) － (1) － (2)　　　　　　　㉯ (2) － (1) － (3)
　㉰ (1) － (2) － (3)　　　　　　　㉱ (1) － (3) － (2)

10. 다음 중 특정한 비트를 삭제하기 위하여 필요한 연산은?

㉮ MOVE 연산 ㉯ AND 연산

㉰ 보수 연산 ㉱ XOR 연산

11. MSD를 변화시키지 않고 다른 모든 비트들을 0으로 세트시키려면 Accumulator는 어느 것과 AND 연산되어야 하는가?

㉮ 10 ㉯ FF ㉰ 80 ㉱ F1

12. 다음 그림과 같은 연산이 수행되는 경우 ALU의 기능은?

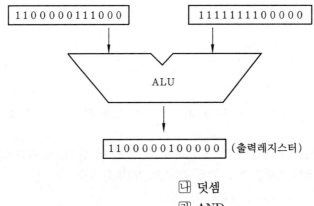

㉮ 뺄셈 ㉯ 덧셈

㉰ OR ㉱ AND

명령(Instruction)이란 전자계산기가 어떤 일을 수행해야 하는지를 나타내는 비트들의 집합으로, 기계마다 각기 정해진 형식과 종류를 가지고 있으며 정해진 형식을 벗어나거나 정의되지 않은 명령의 경우에는 처리하지 못한다. 따라서 전자계산기는 그 기계에서 정의한 명령들을 이용하여 작성된 프로그램(Program)에 의해 수행되고 이러한 프로그램들은 보통 기계어(Machine Language)로 표현된다. 명령은 필요한 연산자의 종류와 크기, 데이터를 지정하는 방법 등의 결정에 의해 설계되고, 이는 전자계산기 구조 설계의 한 부분을 이룬다.

1. 명령의 구성

전자계산기의 프로그램은 데이터 처리를 위해 전자계산기의 각 장치의 특정한 동작을 제어하는 명령어로 구성되어 있으며, 이 명령어는 전자계산기가 이해할 수 있는 2진수 체제의 기계어(Machine Language)로 주기억장치에 저장된 후 처리된다. 이렇게 기계어로 구성된 명령은 일반적으로 연산자(OP code ; Operation Code) 부분과 오퍼랜드(Operand) 부분으로 구성된다. 연산자는 수행해야 할 동작을 명시하는 부분으로, 연산자의 크기에 따라 표현할 수 있는 최대 동작수가 결정되는데 연산자의 크기가 n비트를 가지는 경우 2n가지의 서로 다른 동작을 수행할 수 있다. 오퍼랜드는 연산의 대상이 되는 부분으로, 연산에 필요한 실질적인 데이터를 나타내거나 혹은 데이터의 저장 위치를 나타낸다. 데이터의 저장 위치는 주소(Address)로 표현되는데 유효주소가 결정되는 방법을 나타내는 모드 필드(Mode Field)와 기억장치의 주소 혹은 레지스터를 지정하는 어드레스 필드(Address Field)로 구성되어 있다.

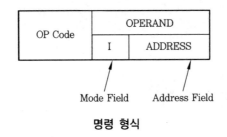

명령 형식

모드 필드(Mode Field)는 처리할 데이터를 직접 주소 지정방식(Direct Addressing Mode)에 의해 로드(Load)할 것인지 아니면 간접 주소 지정방식(Indirect Addressing Mode)에 의해 로드할 것인지를 결정하는 비트를 말하며, 어드레스 필드(Address Field)는 범용 레지스터(Genneral Purpose Register)를 선정하는 비트와 주기억장치의 주소를 지정하는 부분으로 나눌 수 있다. 여기서 주기억장치의 주소 크기는 메모리 크기에 따라 결정되는데 만약 메모리의 크기가 64 K 워드를 가진다면 16비트의 어드레스 공간이 필요하다.

명령은 설계하는 과정에서 중요한 몇 가지 결정 사항이 필요하다.

첫째, 어떠한 종류의 연산자들을 다룰 것인가?(명령 코드의 종류 결정)

둘째, 자료를 어떻게 표현할 것인가? 즉 어떠한 주소 지정 방식을 사용할 것인가?

셋째, 상기 두 결정 사항을 어떻게 조합하여 명령을 형성할 것인가?

이러한 설계과정에서 명령어의 크기가 결정되는데 명령어의 크기는 명령의 실행시간과 밀접한 관계를 가지고 있으므로 적당한 길이의 명령어 설계가 필요하다. 이는 명령이 수행되기 위해서는 기억장치에 저장되어 실행되므로 명령어의 길이가 긴 경우 기억장치로부터 두 번, 세 번의 명령어 로드가 필요하게 되고, 명령어의 길이가 너무 짧은 경우 필요한 동작을 수행하기 위한 연산자의 종류에 제약을 받게 된다.

예를 들어 주기억장치의 크기가 64 K(65536) 워드이고, 각각의 워드는 24비트로 구성되어 있으며, 각 명령어는 1워드인 명령이 아래와 같이 구성되어 있을 때 이 명령이 가질 수 있는 최대 동작(Operation) 수를 계산하여 보자.

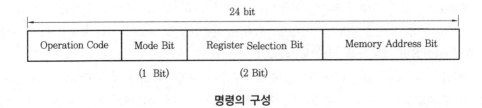

명령의 구성

이 예제에서 주기억장치의 크기가 64 K(65536) 워드이므로 이는 2^{16}을 의미하여 주기억장치를 지정하기 위한 어드레스의 크기가 16비트임을 나타낸다. 따라서 명령어의 길이에서 모드 비트, 레지스터 선정 비트, 메모리 어드레스 비트를 뺀 나머지가 연산자의 길이가 되며, 이 연산자의 길이를 2의 승수로 계산하면 이 명령이 가질 수 있는 최대 동작수를 얻을 수 있다.

$$\lceil \text{ Memory의 Address 지정 비트수}$$
$$65536 \text{ Word } = 2^{16} \text{ Word}$$

OP Code	I	R	AD
5	1	2	16

24 bit

따라서 이 명령이 가질 수 있는 최대 operation 수는 $2^5 =$32가지가 된다.

1-1   연산자의 기능

연산자는 산술적 연산과 논리적 연산을 수행하는 함수 연산 기능(Functional Operation)을 비롯하여 중앙처리장치와 기억장치 간의 정보를 교환하는 전달 기능(Transfer Operation), 명령의 수행 순서를 결정하는 제어 기능(Control Operation), 주변장치와의 정보 교환을 위한 입출력 기능(Input/Output Operation) 등을 가지고 있다.

(1) 함수 연산 기능(Functional Operation)

함수 연산 기능은 전자계산기에서 수행하는 모든 동작의 주체가 되는 연산 기능으로, 가산과 컴플리먼트(Complement), 시프트(Shift) 등을 기본으로 하는 산술 연산 기능과 AND, OR, NOT 연산을 기본으로 하는 논리 연산 기능을 포함한다. 보다 효율적인 전자계산기의 사용을 위해 대부분 기본적인 연산자 이외에 많은 함수 연산자들을 사용하고 있다.

함수 연산 기능의 명령어

명 령	의 미
ADD X	$(AC) \leftarrow (AC) + M(X)$
AND X	$(AC) \leftarrow (AC) \wedge M(X)$
CPA	$(AC) \leftarrow (\overline{AC})$
CPC	$(C) \leftarrow (\overline{C})$; C는 올림수
CLA	$(AC) \leftarrow 0$
CLC	$(C) \leftarrow 0$
ROL	C와 AC를 1비트 좌측 로테이트
ROR	C와 AC를 1비트 우측 로테이트

❶ 산술 연산 기능

산술 연산 기능은 가산과 컴플리먼트(Complement), 시프트(Shift) 등이 대표적이며 다음 그림은 병렬 가산기를 이용한 산술 연산의 종류를 나타내고 있다.

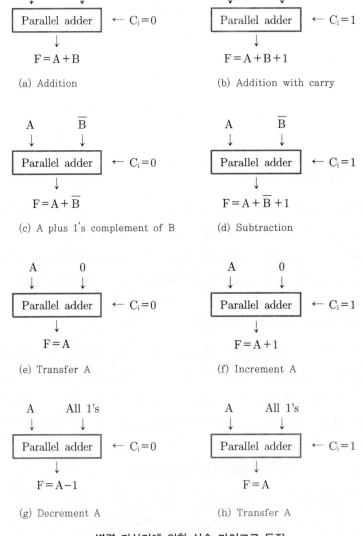

병렬 가산기에 의한 산술 마이크로 동작

위의 병렬 가산기에 의한 산술 마이크로 동작에서 (a)와 (b)는 캐리가 발생하지 않는 경우와 캐리가 발생하는 경우의 일반적인 가산을 나타내고 있으며, (c)는 1의 보수에 의한 감산을 나타낸다. (d)는 일반적으로 널리 이용되고 있는 감산 방법으로 2의 보수를 이용하여 감산하는 방법을 나타내고 있으며, (e)와 (h)는 입력된 값을 처리 없이 그대로 전송하기 위한 방법을 나타낸다. 또한, (f)는 현재의 값에 1을 더하는 인크리먼트(Increment) 동작을 나타내고, (g)의 경우는 현재의 값에 1을 감하는 디크리먼트(Decrement) 동작을 나타낸 것이다.

❷ 논리 연산 기능

논리 연산의 기능은 AND, OR, NOT 등을 기본으로 하는 연산 기능으로 XOR 연산, Shift 연산, Rotate 연산을 포함한다.

(2) 전달 기능(Transfer Operation)

프로그램 내장 방식(Stored Program)형 전자계산기는 자료를 처리하기 위해 기억장치에 저장된 프로그램이나 데이터를 중앙처리장치로 옮겨야 하고, 처리된 자료는 중앙처리장치로부터 기억장치로 다시 옮겨야 한다. 이렇게 정보의 교환은 양방향성으로 중앙처리장치와 기억장치 사이에서 빈번히 발생하며 로드(Load), 스토어(Store)와 같은 명령에 의해 행해진다. 여기서 로드는 기억장치의 내용을 중앙처리장치로 전달하라는 명령을 말하며, 스토어는 중앙처리장치의 내용을 기억장치로 전달하라는 명령을 말하는데 명령의 표현과 의미는 아래와 같다.

전달 기능의 명령어

명 령	의 미
LDA X	AC ← M(X)
STA X	M(X) ← AC

중앙처리장치와 주기억장치 간의 데이터 전달

(3) 제어 기능(Control Operation)

프로그램의 동작 과정을 제어하는 기능으로, 프로그래머(Programmer)가 조건과 무조건 분기 등의 명령을 통해 프로그램의 수행 순서를 제어하여 명령들이 배열된 순서와 상이하게 수행할 수 있도록 하는 기능을 말한다. 이러한 제어 기능은 프로그램 내에서 루프(Loop)를 사용하거나 판단문 등을 사용하는 경우 필요로 하며, 여기에 사용되는 연산자는 브랜치(Branch) 혹은 점프(Jump), 스킵(Skip) 등 여러 가지가 존재한다.

제어 기능의 명령어

명 령	의 미
JMP X	PC ← X
SMA	AC < 0이면　　PC ← PC + 2
SZA	AC = 0이면　　PC ← PC + 2
SZC	C = 0이면　　PC ← PC + 2

(4) 입출력 기능 (Input / Output Operation)

주기억장치의 내용을 보조기억장치 혹은 주변기기에 전달하는 기능으로, 전달 기능과 유사하다. 주기억장치의 내용을 주변 장치로 전달하는 동작을 롤 아웃(Roll Out)이라 하고, 그 반대 동작을 롤 인(Roll In)이라 한다. 이러한 동작을 실행하기 위해 사용하는 명령은 로드(Load)와 세이브(Save) 혹은 인풋(Input), 아웃풋(Output) 등이다.

입출력 기능의 명령어

명 령	의 미
INP X	X의 입력장치에서 1바이트를 읽어서 AC에 기억
OUT X	AC에 기억된 자료의 1바이트를 X의 출력장치에 보냄

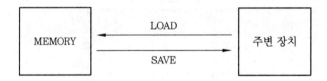

주기억장치와 주변 장치 간의 데이터 전달

1-2 　연산자의 종류

연산자의 종류는 전자계산기의 기종에 따라 다르지만 기본적으로 사용되는 연산자의 종류는 데이터 전송용 연산자, 데이터 처리용 연산자, 프로그램 제어용 연산자로 나눌 수 있다.

(1) 데이터 전송용 연산자

데이터의 내용을 처리나 변경이 없이 한 장소에서 다른 장소로 옮기는 연산자로, 기억, 전달, 입출력의 의미를 가지고 있다. 이러한 데이터 전송 연산자는 레지스터와 기억장치 사이의 전송에 사용되는 로드(Load), 스토어(Store), 레지스터 간 상호 전달에 사용되는 이동(Move), 교환(Exchange) 등이 대표적이다.

또한 레지스터와 입출력장치 사이에서의 전송에 사용되는 INPUT, OUTPUT과 같은 입출력 연산자와 레지스터와 스택 사이의 전송에 사용되는 PUSH, POP 연산자 등도 데이터 전송용 연산자에 포함된다.

(2) 데이터 처리용 연산자

전자계산기가 자료를 처리하는 모든 동작의 주체가 되는 연산자로는 사칙연산, Increment, Decrement 등과 같은 산술 연산자를 비롯하여 AND, OR, XOR, Clear, Complement 등과 같은 논리 연산자와 해당 자료들의 비트 스트링(Bit String)에 대해 전체 혹은 일부를 이동시키는 산술 시프트, 논리 시프트, 로테이트 등이 포함된다.

(3) 프로그램 제어용 연산자

조건부 분기와 무조건 분기에 사용되는 브랜치(Branch) 연산자나 다음에 수행될 명령을 처리하지 않고 그다음 명령으로 넘어가는 스킵(Skip) 연산자와 같이 프로그램 카운터(Program Counter)의 값을 변경해 프로그램의 정상적 흐름을 변경시키는 연산자를 비롯해 부 프로그램의 호출(Sub-Routine Call)과 복귀(Return) 연산자, 비교 연산자, 테스트(Test) 연산자 등이 포함된다.

1-3 　 기억 공간과 주소 공간

명령의 수행은 기억 장소에 저장되어 있는 명령과 데이터를 읽어 처리하고 처리된 데이터를 다시 기억 장소에 저장한다. 이렇게 명령 혹은 데이터를 기억 장소로부터 읽거나 기억 장소에 저장하기 위해서는 그 명령과 데이터가 저장되어 있는 기억 장소의 위치와 저장하기 위한 기억 장소의 위치를 표현해야 하는데 이를 기억 장소의 주소(Memory Address)라 한다. 여기서 기억 장소의 주소는 주소 공간과 기억 공간이라는 서로 별개의 개념을 가지고 있으며, 이는 프로그래머가 사용 가능한 주소들과 기억장치 고유의 주소로 설명할 수 있고 사상 함수(Mapping Function)에 의해 연결된다. 즉, 다음 그림과 같이 프로그래머에 의해 지정된 기억 장소의 주소는 사상 함수에 의해 기억장치의 실제 주소로 변환된다.

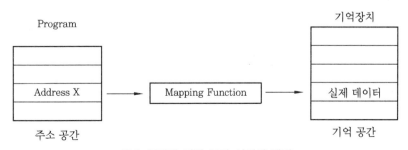

주소 공간과 기억 공간 사이의 매핑

1-4 절대 주소와 상대 주소

절대 주소(Absolute Address)는 고유 주소라고도 불리며 기억장치에 하드웨어적으로 고유하게 부여되어 있는 주소로, 이 주소를 이용해 기억장치에 직접 접근할 수 있는 주소를 말한다. 주소의 표현은 간단하지만 기억장치의 용량이 큰 경우 주소를 나타내기 위한 절대주소의 비트 수가 커지고 이에 따라 명령어의 주소 부분이 길어지는데, 이는 명령을 읽기 위한 기억장치의 대역폭이 확대되거나 기억장치의 접근 횟수가 증가되어야 하므로 기억장치의 이용 효율이 떨어진다는 단점을 가지고 있다.

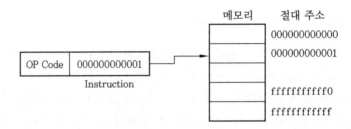

절대 주소에 의한 주소 지정 방식

반면, 상대 주소(Relative Address)의 경우에는 기준 주소를 중심으로 어느 정도 떨어져 있는지를 나타내는 변위(Displacement)를 표현하므로 명령어의 주소 부분이 짧아져 명령어의 길이가 짧아진다는 장점을 가지지만, 기준 주소와 변위 값이 연산을 통해 고유 주소로 변경되어야만 기억 장소에 접근할 수 있으므로 처리가 복잡해진다는 단점을 가지고 있다.

기억장치의 대역폭 및 기억장치 접근 횟수 등의 기억장치 이용 효율이 절대 주소 방식에 비해 상대적으로 높으며 프로그래머 입장에서 하드웨어적으로 고유하게 부여된 고유 주소를 고려하지 않고 프로그램할 수 있는 상대 주소를 사용함으로써 프로그래밍이 쉬워진다는 장점을 가지고 있다.

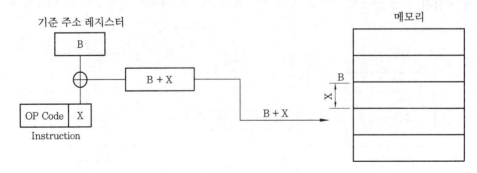

상대 주소에 의한 주소 지정 방식

1-5　오퍼랜드(Operand) 부

오퍼랜드는 앞에서 설명한 바와 같이 연산의 대상물이 되는 자료나 자료의 주소, 자료가 저장된 주소를 찾기 위한 정보들을 나타내는 부분이다. 오퍼랜드부는 해당 자료 접근에 있어서 직접 주소 지정 방식인지 간접 주소 지정 방식인지를 결정하는 모드 비트(Mode Bit)와 주소 부분으로 크게 나누어지는데 기계에 따라 레지스터를 선정하기 위한 레지스터 선정 비트가 포함되는 경우도 있다.

예를 들어 A+B의 경우, +는 연산자로 오퍼레이션 코드(Operation Code)에 해당되며 A와 B는 연산의 대상물, 즉 오퍼랜드(Operand)가 되는 것이다. 이때 A와 B의 값은 주소(Address)를 지칭할 수도 있고 실제 데이터 값이 될 수도 있다.

2. 명령 형식

명령 형식을 구분함에 있어 오퍼랜드(Operand)를 구성하는 주소(Address)의 수에 따라 0 주소 명령, 1 주소 명령, 2 주소 명령, 3 주소 명령으로 구분할 수 있다.

주소에 따른 명령 형식

2-1　0 주소 명령(0 Address Instruction)

명령이 연산자, 즉 오퍼레이션 코드만으로 구성되어 있어 주소가 표현되지 않는 명령 형식으로, 명령 수행 시 처리될 자료들의 출처와 처리 후 저장 장소가 고정된 경우 사용되는 명령 형식이며 스택(Stack) 구조를 가진다.

여기서 스택은 입력과 출력이 자료 구조의 한쪽 끝에서만 이루어지기 때문에 마지막으로 입력된 자료가 먼저 출력되는 LIFO(Last In First Out) 형태로 운영되고 자료의 삭제와 삽입이 일어나는 부분은 TOP 혹은 SP(Stack Pointer)에서 이루어지는데, 이때 TOP

은 마지막으로 입력된 자료의 위치를 나타내는 포인터이다. 자료를 삽입하는 경우 PUSH DOWN 명령을 사용하고 삭제하는 경우 POP UP 명령을 사용하며 이때 TOP의 가감이 이루어진다.

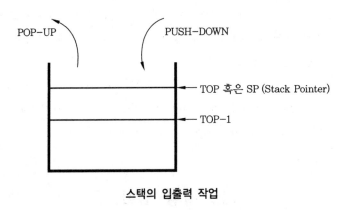

스택의 입출력 작업

스택의 연산은 TOP이 지칭하고 있는 곳의 자료와 TOP-1 위치의 자료를 가지고 운영하는데 전달 명령에 해당되는 로드(LOAD)와 스토어(STORE) 명령에만 기억장치의 주소가 이용되고 ADD, SUBTRACT, MULTIPLY, DIVIDE와 같은 산술 연산이나 AND, OR, NOT 등의 논리 연산의 경우에는 주소를 필요로 하지 않는다. 이때 로드 명령은 스택 운영의 POP 명령에 해당되고, 스토어 명령은 스택 운영의 PUSH 명령에 해당된다.

다음은 스택 구조에서의 사칙 연산, LOAD, STORE 명령의 운영을 설명하고 있다.

ADD   TOP 위치의 자료 + (TOP-1) 위치의 자료 → (TOP-1) 위치에 저장
SUB   TOP 위치의 자료 - (TOP-1) 위치의 자료 → (TOP-1) 위치에 저장
MUL   TOP 위치의 자료 × (TOP-1) 위치의 자료 → (TOP-1) 위치에 저장
DIV   TOP 위치의 자료 ÷ (TOP-1) 위치의 자료 → (TOP-1) 위치에 저장
PUSH A TOP 위치에 메모리 A번지의 내용을 저장
POP A TOP 위치의 내용을 메모리 A번지에 저장

이러한 0 주소 명령은 명령어의 길이는 짧지만 전체적인 프로그램의 길이가 길어져 기억장치의 낭비를 초래한다는 단점을 가지고 있다.

다음은 스택을 이용한 0 주소 명령의 예를 어셈블리 명령을 통해 보여주고 있다.

계산식 : $X = (A + B) \times (C + D)$

PUSH   A   ; STACK [TOP] = M [A]
PUSH   B   ; STACK [TOP] = M [B]

ADD   ; STACK [TOP] = A + B

PUSH   C   ; STACK [TOP] = M [C]

PUSH   D   ; STACK [TOP] = M [D]

ADD   ; STACK [TOP] = C + D

MUL   ; STACK [TOP] = (A + B) × (C + D)

POP   X   ; M [X] = STACK [TOP]

다음 그림은 이 어셈블리 프로그램을 스택을 이용하여 설명한 것이다.

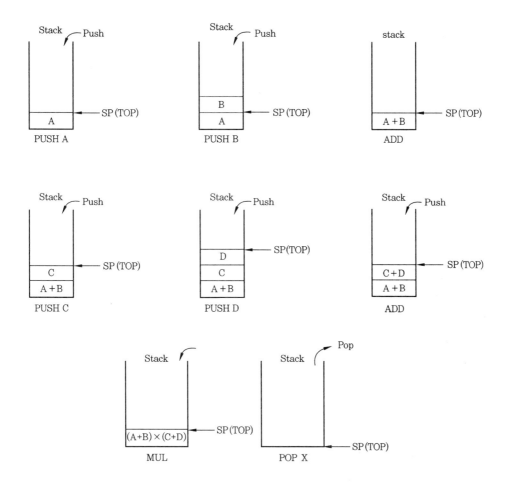

2-2   1 주소 명령(1 Address Instruction)

명령이 연산자와 하나의 자료 주소만으로 구성된 명령 형식으로, 누산기(Accumulator)
구조를 갖는데 누산기에 기억되어 있는 자료와 기억 장소에 기억되어 있는 자료가 연산되기 때문에 하나의 기억 장소 주소만을 지정하면 된다.

OP Code	Operand
	Address

1 주소 명령 형식

다음은 기억장치의 주소와 누산기를 이용한 1 주소 명령의 예를 어셈블리 명령을 통해 보여주고 있다.

계산식 : $X = (A + B) \times (C + D)$

LOAD	A	; ACC = M [A]
ADD	B	; ACC = ACC + M [B]
STORE	K	; M [K] = ACC
LOAD	C	; ACC = M[C]
ADD	D	; ACC = ACC + M [D]
MUL	K	; ACC = ACC × M [K]
STORE	X	; M [X] = ACC

이 어셈블리 프로그램은 누산기만을 이용하므로 먼저 기억장치에 저장된 A 데이터를 LOAD 명령을 이용하여 누산기에 로드시키고 누산기의 값과 기억장치에 저장된 B 데이터와 가산하여 그 값을 임시 기억장소인 K에 기억시킨다.

같은 방법으로 C 데이터를 누산기에 로드시키고 D와 가산한 후 누산기에 일시적으로 기억되어 있는 C+D의 결과와 임시 기억장소 K의 데이터를 곱하여 결과를 얻고 STORE 명령에 의해 기억장치의 X번지에 최종 결과를 저장함으로써 연산은 종료된다.

2-3   2 주소 명령 (2 Address Instruction)

명령이 연산자와 두 개의 자료 주소로 구성된 명령 형식으로 범용 레지스터(General Register) 구조를 가진다. 일반적으로 어드레스 1은 입력 자료와 연산 결과를 저장하는 주소값이 되고, 어드레스 2는 또 하나의 입력 자료의 주소가 된다.

이때 어드레스 1은 입력 자료의 주소이면서 결과가 저장될 주소로도 쓰이기 때문에 연산 후 출력 자료가 저장되면 원래의 내용이 지워지게 된다.

2. 명령 형식 **161**

OP Code	Operand	
	Address 1 (결과 주소)	Address 2 (입력 주소)

2 주소 명령 형식

따라서 연산 후 입력 자료 보존의 필요성이 없는 경우이며 계산 결과를 중앙처리장치의 누산기(Accumulator)를 이용함으로써 결과의 검토가 필요한 경우 중앙처리장치 내에서 직접 검토하여 시간을 절약할 수 있는 형식이다.

2 주소 명령의 주소는 기억장치의 주소뿐만 아니라 레지스터 지정에도 이용되며, 다음은 레지스터를 이용한 2 주소 명령의 예를 어셈블리 명령을 통해 보여주고 있다.

$$계산식 : X = (A + B) \times (C + D)$$

MOV	R_1, A	; R_1 = M [A]
ADD	R_1, B	; R_1 = R_1 + M [B]
MOV	R_2, C	; R_2 = M [C]
ADD	R_2, D	; R_2 = R_2 + M [D]
MUL	R_1, R_2	; R_1 = R_1 × R_2
ADD	X, R_1	; M [X] = R_1

이 어셈블리 프로그램에서 R_1, R_2는 범용 레지스터이며 A, B, C, D, X는 기억장치의 주소이다. 먼저 기억장치에 저장된 A 데이터를 MOV 명령을 이용하여 레지스터 R_1에 로드 한 후 기억장치에 저장된 B 데이터와 가산한다. 같은 방법으로 MOV 명령을 이용하여 C 데이터를 R_2에 로드시키고 D와 가산한 후 다시 R_1의 내용과 R_2의 내용을 곱하여 R_1에 저장한다. R_1의 내용이 결괏값이므로 MOV 명령을 이용하여 기억장치의 X번지에 저장함으로써 연산은 종료된다.

2-4 3 주소 명령(3 Address Instruction)

명령이 연산자와 세 개의 자료 주소로 구성되어 있는 명령 형식으로, 두 개의 입력 주소부와 한 개의 결과 주소부로 구성된다. 전자계산기의 구조마다 차이는 있으나 일반적으로 어드레스 2, 3은 입력 주소로, 어드레스 1은 결과 주소로 사용된다.

OP Code	Operand		
	Address 1 (결과 주소)	Address 2 (입력 주소 1)	Address 3 (입력 주소 2)

3 주소 명령 형식

3 주소 명령을 수행하기 위해서는 최소한 4번의 기억장치 접근이 필요하므로 이에 따른 수행시간이 길어져 특수 목적의 기계에서만 사용되는 명령 형식이며, 2진 코드로 명령을 나타낼 때 많은 비트가 요구되는 단점을 가지고 있으나 연산 후에도 입력된 자료가 변하지 않고 보존되는 점과 함께 수식 계산을 위한 프로그램의 길이가 짧아진다는 장점 또한 가지고 있다.

이러한 3 주소 명령은 연산에 필요한 오퍼랜드의 주소들을 구체적으로 모두 지정하여 사용하기 때문에 기억장치의 밴드 폭(Band Width) 이용 효율 및 자료 처리 능력의 향상, 프로그램 작성의 편의를 위해서는 다른 명령 형식들의 사용이 불가피하다.

3 주소 명령이 가지고 있는 주소는 기억장치의 주소뿐만 아니라 레지스터 지정에도 이용된다.

다음은 레지스터를 이용한 3 주소 명령의 예를 어셈블리 명령을 통해 보여주고 있다.

계산식 : $X = (A+B) \times (C+D)$

ADD	R_1, A, B	; $R_1 = M[A] + M[B]$
ADD	R_2, C, D	; $R_2 = M[C] + M[D]$
MUL	X, R_1, R_2	; $M[X] = R_1 \times R_2$

이 어셈블리 프로그램에서 R_1, R_2는 범용 레지스터이며 A, B, C, D, X는 기억장치의 주소이다. 먼저 기억장치에 저장된 A와 B 데이터를 읽어 이를 가산하여 레지스터 R_1에 기억시킨 후 같은 방법으로 C와 D를 읽어 가산한 후 레지스터 R_2에 기억시킨다. R_1과 R_2에 저장된 자료를 곱한 후 결과를 기억장치의 X번지에 저장함으로써 연산은 종료된다.

3. 주소 지정 방식

주소 지정 방식은 연산에 사용될 데이터를 주기억장치로부터 가져오는 접근 방식에 따라 구별되는데 자료 자신, 즉 즉치 주소 지정 방식(Immediate Addressing Mode), 직접 주소 지정 방식(Direct Addressing Mode), 간접 주소 지정 방식(Indirect Addressing Mode), 계산에 의한 주소 지정 방식 등으로 나눌 수 있다.

자료 자신이란 명령 자체에 실제 데이터를 포함한 명령 형식을 의미하며, 직접 주소 지정 방식이란 정보가 기억된 기억 장소에 직접 사상시킬 수 있는 주소 지정 방식을 나타낸다.

간접 주소 지정 방식이란 정보가 기억된 기억 장소에 직접 혹은 간접으로 사상시킬 수 있는 주소를 사상시키는 주소 지정 방식이다.

계산에 의한 주소 지정 방식은 명령에 표현된 주소 값과 특정 레지스터 값이 더해지거나 접속되어 유효 주소를 결정하고 이 유효 주소에 의해 기억장치에 접근하는 주소 지정 방식을 말한다.

상대 주소 지정 방식(Relative Addressing Mode), 인덱스 레지스터 주소 지정 방식(Index Register Addressing Mode), 베이스 레지스터 주소 지정 방식(Base Register Addressing Mode) 등이 있다.

이와 같이 주소 지정 방식은 포인터(Pointer), 카운터 인덱싱(Counter Indexing), 프로그램 재배치(Program Relocation) 등의 편의를 사용자에게 제공해 사용자로 하여금 프로그래밍 시 융통성을 부여하기 위한 방법으로 사용된다.

3-1 즉치 주소 지정 방식 (Immediate Addressing Mode)

자료 자신이라고도 불리는 주소 지정 방식으로 명령의 오퍼랜드 부분에 실제 데이터가 기록되어 있어 메모리 참조를 하지 않고 데이터를 처리하는 방식이다. 따라서 여러 가지 주소 지정 방식들 중 가장 빠르다는 장점을 가지고 있으나 오퍼랜드 길이가 한정되어 있어 실제 데이터의 길이에 제약을 받는 단점도 가지고 있다. 이러한 즉치 주소 지정 방식을 사용하는 명령은 상수를 레지스터의 초깃값으로 줄 때 편리하게 사용된다.

OP Code	실제 데이터

예를 들어, 다음의 명령은 실제 데이터 값인 100을 누산기(Accumulator)에 적재시키라는 의미를 가지고 있다.

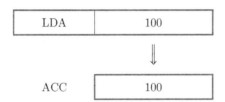

3-2   직접 주소 지정 방식(Direct Addressing Mode)

기억장치의 주소를 직접 지정하는 방식으로 오퍼랜드에 실제 데이터가 저장된 기억장치의 주소가 기록되어 있어 한 번의 메모리 참조로 실제 데이터를 얻을 수 있다.

직접 주소 지정 방식은 간접 주소 지정 방식에 비해 속도는 빠르지만 기억장치의 용량이 큰 경우 주소를 나타내는 오퍼랜드의 길이가 길어져 전체 명령의 길이가 길어진다는 단점과 주소 지정의 융통성이 부족하다는 단점을 가지고 있다.

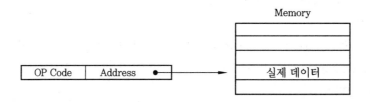

예를 들어, 다음의 명령은 기억장치의 주소 100번지의 내용, 즉 실제 데이터 200을 누산기(Accumulator)에 적재시키라는 의미를 가지고 있다.

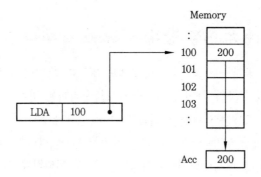

3-3   간접 주소 지정 방식(Indirect Addressing Mode)

명령의 오퍼랜드가 지정하는 부분에는 실제 데이터가 기억되어 있는 기억장치의 주소가 기록되는 것이 아니고 실제 데이터가 저장된 부분의 주소를 기록하는 주소 지정 방식으로 두 번 이상 메모리를 참조하기 때문에 처리 속도는 느리지만 짧은 길이의 오퍼랜드로 긴 주소에 접근할 수 있다는 장점을 가지고 있다. 이러한 간접 주소 지정 방식은 오퍼랜드의 길이가 짧아 명령의 길이도 줄일 수 있고 대용량 기억장치의 주소를 나타내는 데 적합하다.

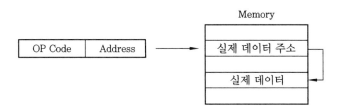

예를 들어, 다음의 명령은 기억장치의 주소 100번지의 내용이 실제 데이터의 주소인 200번지를 가리키고 200번지의 내용, 즉 300을 누산기(Accumulator)에 적재시키라는 의미를 가지고 있다.

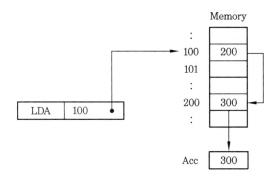

3-4 레지스터 지정 방식 (Register Addressing Mode)

명령의 오퍼랜드 부분이 기억장치를 지정하는 것이 아니라 실제의 데이터를 기억하고 있는 레지스터를 선정하는 주소 지정 방식으로, 2~3비트의 오퍼랜드 길이만으로 특정 레지스터를 지정할 수 있기 때문에 전체 명령의 길이가 짧고 기억장치로부터 자료를 가져오지 않고 레지스터로부터 자료를 가져오기 때문에 처리 속도를 줄일 수 있다는 장점을 가지고 있다.

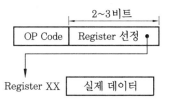

예를 들어, 다음의 명령은 실제 데이터를 가진 레지스터 01의 내용 200을 누산기 (Accumulator)에 적재시키라는 의미를 가지고 있다.

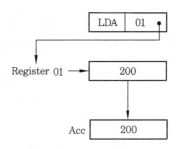

3-5 레지스터 간접 주소 지정 방식(Register Indirect Addressing Mode)

레지스터 주소 지정 방식과 간접 주소 지정 방식을 합쳐 놓은 형태로, 오퍼랜드는 레지스터를 선정하고 선정된 레지스터는 실제 데이터를 기억하고 있는 기억 장소의 주소를 가리켜 자료를 가져오기 때문에 대용량 기억장치의 주소를 나타낼 수 있고 간접 주소 지정 방식보다 속도 면에서 빠르다는 장점을 가지고 있다.

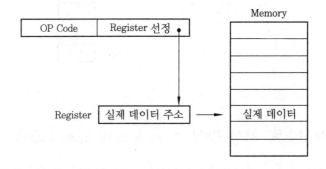

예를 들어, 다음의 명령은 레지스터 01의 내용이 실제 기억장치의 주소인 100을 가지고 있고, 기억장치의 주소 100번지의 내용인 200을 누산기(Accumulator)에 적재시키라는 의미를 가지고 있다.

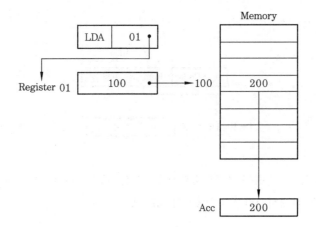

3-6 상대 주소 지정 방식(Relative Addressing Mode)

명령의 오퍼랜드 부분의 주소 값과 프로그램 카운터(PC ; Program Counter)의 내용이 더해져 실제 데이터가 저장된 기억장치의 주소를 나타내는 주소 지정 방식이다.

이때 프로그램 카운터는 다음 수행할 명령의 주소를 가지고 있으므로 현재 인출된 명령으로부터 명령의 길이만큼 떨어진 위치를 지정하고 있다. 따라서 상대 주소 지정 방식으로 수행되는 명령의 오퍼랜드는 현재 실행 중인 프로그램 위치로부터 얼마만큼 떨어진 위치에 데이터가 있는지를 나타내주는 변위 값(Displacement) 혹은 오프셋(Offset)을 나타내면 된다. 이렇게 하면 절대 주소 전체를 표현하지 않아도 되므로 오퍼랜드의 길이가 짧아져 명령 전체의 길이가 짧아지는 효과를 가질 수 있다.

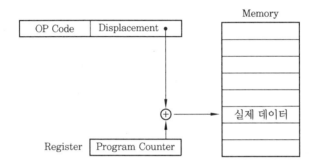

예를 들어, 다음의 명령은 프로그램 카운터의 내용 100과 오퍼랜드의 내용 34를 이용하여 유효주소인 134번지의 내용인 200을 누산기(Accumulator)에 적재시키라는 의미를 가지고 있다.

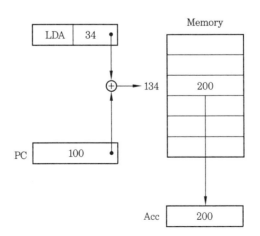

3-7 인덱스 레지스터 주소 지정 방식(Index Register Addressing Mode)

명령의 오퍼랜드 부분의 주소 값과 인덱스 레지스터(XR ; Index Register) 지정부에 의해 지정된 인덱스 레지스터의 내용이 더해져 실제 데이터가 저장된 기억장치의 주소를 나타내는 주소 지정 방식이다. 그림의 명령에서 X는 인덱스 레지스터 지정부를 나타낸다. 이러한 인덱스 레지스터 주소 지정 방식은 상대 주소 지정 방식과 유사하며 프로그램 카운터(PC)가 아닌 인덱스 레지스터를 활용하는 차이를 가지고 있다.

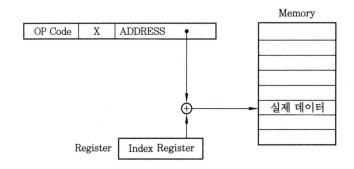

예를 들어, 다음의 명령은 인덱스 레지스터의 내용 100과 오퍼랜드의 내용 34를 이용하여 유효주소인 134번지의 내용인 200을 누산기(Accumulator)에 적재시키라는 의미를 가지고 있다.

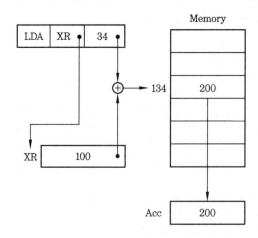

3-8   베이스 레지스터 주소 지정 방식(Base Register Addressing Mode)

명령의 오퍼랜드 부분의 주소 값과 베이스 레지스터(BR ; Base Register)의 내용이 더해져 실제 데이터가 저장된 기억장치의 주소를 나타내는 주소 지정 방식이다. 이러한 베이스 레지스터 주소 지정 방식은 상대 주소 지정 방식과 유사하며 프로그램 카운터(PC)가 아닌 베이스 레지스터를 활용하는 차이를 가지고 있다.

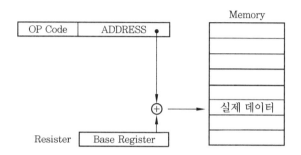

예를 들어, 다음의 명령은 베이스 레지스터의 내용 100과 오퍼랜드의 내용 34를 이용하여 유효주소인 134번지의 내용인 200을 누산기에 적재시키라는 의미를 가지고 있다.

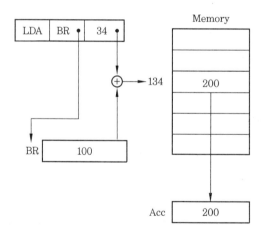

4. 자료 주소의 표현

자료 주소의 표현 방식에는 완전 주소를 이용하는 방식과 약식 주소를 이용하는 방식, 생략 주소를 이용하는 방식, 데이터 자신을 이용하는 방식 등으로 나눌 수 있다.

4-1 완전 주소

완전 주소를 이용하는 방식은 기억장치에 고유하게 부여되어 있는 절대 주소를 그대로 이용하는 방식으로, 정보가 데이터이든 주소이든 무관하게 그 기억장치에 직접 사상 (Direct Mapping)시킬 수 있는 완전한 주소를 이용하는 방식이다. 따라서 주기억장치의 크기가 2^n 워드인 경우에 주소를 표현하기 위해 n비트의 주소 공간을 필요한 방식이다.

4-2 약식 주소

약식 주소를 이용하는 방식은 계산에 의한 주소 이용 방식이라고도 하는데 이는 주소의 일부분이 생략되어 있는 형태로 특정 레지스터와의 결합 혹은 계산에 의해 완전한 유효 주소(Effective Address)로 변환 후 기억장치에 접근이 가능한 주소 이용 방식이다. 따라서 완전 주소에 비해 적은 수의 주소 비트가 요구되며 중앙처리장치의 레지스터를 이용한 다는 차이점을 가지고 있다.

4-3 생략 주소

생략 주소를 이용하는 방식은 암시적 주소 지정 방식(Implied Addressing Mode)의 대표적인 예로, 주소를 구체적으로 지정하지 않아도 원하는 정보가 기억된 곳의 위치를 알 수 있는 경우에 이용되는 방식이다.

하나의 누산기를 가진 컴퓨터에서 연산을 할 때 누산기의 지정을 생략하거나 스택(Stack)을 이용한 연산에서 스택의 최상위 자료를 지칭하는 스택 포인터(Stack Pointer) 혹은 TOP 주소를 생략하는 경우가 이에 해당된다.

예를 들어 LDA X라는 명령은 메모리 X번지의 내용을 누산기에 적재시키라는 명령으로, 원본인 메모리 X번지는 지정되어 있지만 목적지가 되는 누산기는 생략되어 있고, ADD Y의 경우에는 누산기와 메모리 Y번지의 내용을 더하고 그 결과를 누산기에 저장시키라는 명령으로, 입력의 하나인 누산기와 결과가 저장되는 누산기가 모두 생략되어 있음을 알 수 있다.

또한 PUSH A라는 스택 명령은 메모리 A번지의 내용을 스택에 저장하라는 내용으로, 스택 포인터가 생략되어 있다.

4-4   데이터 자신

데이터 자신을 이용하는 방식은 즉치 주소 지정 방식(Immediate Addressing Mode)이 대표적이며, 주소를 지정하기 위한 별도의 비트가 필요하지는 않지만 데이터 자신을 표현하기 위한 상당한 수의 비트가 필요한 방식이다.

연 · 습 · 문 · 제

1. 프로세서가 9비트 어드레스 필드(Field)를 가질 때 Direct Addressing으로 액세스(Access)할 수 있는 Memory Location의 개수는?

㉮ 9 　　　　　㉯ 256 　　　　　㉰ 512 　　　　　㉱ 1024

2. 연산자의 기능 가운데 조건부 분기(Branch)와 무조건 분기가 속하는 기능은?

㉮ 함수 연산 기능 　　　　　㉯ 전달 기능
㉰ 입출력 기능 　　　　　㉱ 제어 기능

3. 중앙처리장치에서 정보를 가져다가 기억장치에 기억시키는 것은?

㉮ Load 　　　　　㉯ Store 　　　　　㉰ Fetch 　　　　　㉱ Transfer

4. 다음 그림과 같은 명령 형식(Instruction Format)을 사용하는 기계어에서 사용 가능한 MRI (Memory Reference Instruction)의 개수는?

← 1 ~ 4 →	5	← 6 ~ 16 →	
OP Code	Mode	Address	OP : Operation

㉮ 16개 　　　　　㉯ 32개 　　　　　㉰ 2048개 　　　　　㉱ 65536개

5. 주기억장치의 길이가 65,536 word이고 각각의 word는 24 bit이다. 그리고 각 명령어는 1 word 이고 그 내용은 보기와 같다. 이 컴퓨터의 최대 Operation 수는?

1. Operation	2. Indirect bit(1 bit)
3. 범용 Register 선정 bit(2 bit)	4. 주기억 장소 Address bit

㉮ 16 　　　　　㉯ 32 　　　　　㉰ 64 　　　　　㉱ 128

6. 다음 중 연산자의 기능에 관련되지 않는 것은?

㉮ 함수 연산 　　　　　㉯ 주소 지정 　　　　　㉰ 제어 　　　　　㉱ 입출력

7. 기억장치에서 명령어를 읽어 CPU로 가져오는 것은?

㉮ Reference 　　　　　㉯ Fetch 　　　　　㉰ Execute 　　　　　㉱ Major State

8. 다음 그림에서 F에 나타나는 값은?

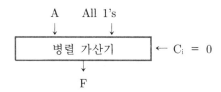

| 카 $A + 1$ | 나 $A - 1$ | 다 A | 라 $\overline{A}$ |

9. 다음 중 감산 마이크로 동작(Subtraction Micro Operation)을 표시하는 것은? (단, 2의 보수 사용 시)

| 카 $A + B$ | 나 $\overline{A} + 1$ | 다 $A + \overline{B}$ | 라 $A + \overline{B} + 1$ |

10. 다음 명령 형식 중에서 스택(Stack)을 필요로 하는 것은?

카 3 주소 명령어   나 2 주소 명령어
다 1 주소 명령어   라 0 주소 명령어

11. 주소 부분이 하나밖에 없는 1-주소 명령 형식에서 결과를 넣어두는 데 사용하는 레지스터는?

카 어큐뮬레이터(Accumulator)   나 스택(Stack)
다 인덱스 레지스터(Index Register)   라 범용 레지스터

12. 다음 중 Addressing 방법이 아닌 것은?

카 Direct Addressing   나 Temporary Addressing
다 Immediate Addressing   라 Indirect Addressing

13. 다음의 주소 지정 방식 중 명령어가 피연산자의 주소가 아닌 피연산자의 지정된 곳을 나타내고 있는 방식은?

카 Indirect Addressing   나 Relative Addressing
다 Immediate Addressing   라 Direct Addressing

14. 최소한 한 번 더 기억 장소를 접근(Access)하지만 짧은 길이의 Instruction 내에서 큰 용량의 기억 장소의 주소를 나타내는 데 적합한 주소 방식은?

카 직접 주소   나 계산에 의한 주소
다 자료 자신   라 간접 주소

15. 다음은 주소 지정 방식이다. 이 중 속도가 가장 빠른 방법은?

카 Direct Addressing   나 Indirect Addressing
다 Immediate Addressing   라 Indexed Addressing

16. 다음 중 프로그램 카운터가 명령의 번지 부분과 더해져서 유효번지가 결정되는 주소 지정 방식
은?

  ㉮ 상대 번지 방식(Relative Addressing Mode)

  ㉯ 간접 번지 방식(Indirect Addressing Mode)

  ㉰ 인덱스된 어드레싱 방식(Indexed Addressing Mode)

  ㉱ 베이스 레지스터 어드레싱 방식(Base-Register Addressing Mode)

CHAPTER

6 명령의 수행과 제어

전자계산기는 프로그램을 이루는 명령에 의해 기억장치에 저장된 데이터를 처리하는데, 하나의 명령을 수행하기 위해서는 기억 장소로부터 명령을 읽어야 하고 처리하고자 하는 데이터도 읽어야 한다. 이와 같이 명령이 수행되기 위해서는 기억장치로부터 자료를 입출력하는 속도가 대단히 중요하며 단위 시간당 기억장치에서 입출력할 수 있는 비트 수를 대역폭(Bandwidth)이라 하는데, 이는 전자계산기의 성능을 평가하는 중요한 부분이 되기도 한다. 이러한 명령들의 수행은 제어장치에 의해 제어되고 이때의 제어는 전자계산기 프로그래머가 의도한 알고리즘대로 프로그램을 수행할 수 있도록 하는 것을 의미한다. 여

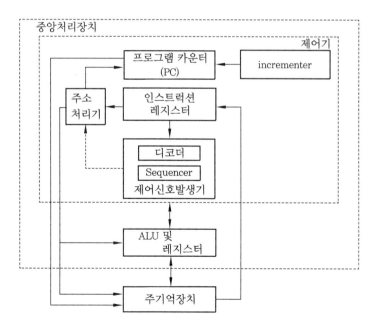

인스트럭션 수행과 제어블록도

기서 제어장치는 프로그램 내의 명령들이 순서적으로 수행될 수 있도록 제어하고 명령의 오퍼레이션 코드(Operation Code), 즉 연산자가 나타내는 명령이 수행되도록 제어하여야 한다. 이러한 제어 이외에도 각종 주변 장치의 동작에 필요한 제어도 필요하지만 이는 주변 장치 각각의 고유한 제어기에 의해 제어된다.

1. 마이크로 오퍼레이션과 마이크로 사이클

1-1 마이크로 오퍼레이션(Micro Operation)

마이크로 오퍼레이션(Micro Operation)이란 전자계산기의 모든 명령을 구성하고 있는 몇 가지 종류의 기본 동작으로, 하나의 전자계산기에서 수행이 가능한 마이크로 오퍼레이션의 종류는 그 전자계산기 내에 존재하는 레지스터들과 연산기의 종류, 그들 서로 간에 연결된 형태에 의해 결정된다.

일반적으로 마이크로 오퍼레이션은 R → R 마이크로 오퍼레이션과 F(R, R) → R 마이크로 오퍼레이션으로 구분하는데 여기서 R은 레지스터를 뜻하며 F는 처리기를 뜻한다. R → R 마이크로 오퍼레이션은 레지스터에 기억된 자료가 처리나 변형 없이 또 다른 레지스터로 옮겨지는 것이며 F(R, R) → R 마이크로 오퍼레이션은 하나 혹은 두 개의 레지스터에 기억된 자료가 F, 즉 연산기에 의해 처리 변경된 후 그 결과가 레지스터로 옮겨지는 연산을 말한다.

이러한 두 마이크로 오퍼레이션의 수행 결과는 최소한 하나의 레지스터에 기억된 자료의 내용을 변경시키므로 레지스터의 상태 변화와 함께 중앙처리장치의 상태 역시 변화가 생긴다.

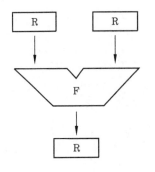
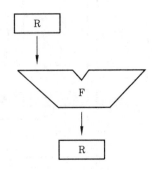

F(R, R) → R 마이크로 오퍼레이션   R → R 마이크로 오퍼레이션

마이크로 오퍼레이션

보통 마이크로 오퍼레이션의 종류는 중앙처리장치 내에 존재하는 레지스터들과 연산기의 종류 및 서로 연결된 형태에 의해서 결정되며, 기본적인 마이크로 오퍼레이션은 다음과 같은 것들이 존재한다.

(1) 산술 마이크로 오퍼레이션

산술 마이크로 오퍼레이션(Arithmetic Micro Operation)은 가산, 감산, 증가(Increment), 감소(Decrement), 보수(Complement) 등을 수행하며 아래와 같이 표현된다.

Operation	설 명
$A \leftarrow A + B$	가산 동작
$A \leftarrow A - B$	감산 동작
$A \leftarrow A + 1$	증가(Increment)
$A \leftarrow A - 1$	감소(Decrement)
$A \leftarrow \overline{A}$	1의 보수 동작
$A \leftarrow \overline{A} + 1$	2의 보수 동작

(2) 논리 마이크로 오퍼레이션

논리 마이크로 오퍼레이션(Logical Micro Operation)은 레지스터에 저장된 일련의 비트 스트링(Bit String) 사이에 이루어지는 2진 연산으로 레지스터의 전송, 클리어(Clear), 셋(Set) 및 기타 논리 연산 등을 수행하며 다음과 같이 표현된다.

Operation	설 명
$A \leftarrow A$	전송(Transfer)
$A \leftarrow 0$	Clear
$A \leftarrow 1$	Set
$A \leftarrow \overline{A}$	Complement
$A \leftarrow A \cdot B$	AND($A \cap B$)
$A \leftarrow A + B$	OR($A \cup B$)
$A \leftarrow \overline{A \cdot B}$	NAND
$A \leftarrow \overline{A + B}$	NOR
$A \leftarrow A \oplus B$	Exclusive OR

(3) 시프트 마이크로 오퍼레이션

시프트 마이크로 오퍼레이션(Shift Micro Operation)은 직렬 전송 시스템에서 레지스터 간의 2진 정보를 전송하기 위한 마이크로 오퍼레이션으로, 직렬 전송 시프트(Serial Transfer Shift), 논리 시프트(Logical Shift), 순환 시프트(Circular Shift), 산술 시프트(Arithmetic Shift) 등이 있다.

1-2 마이크로 사이클(Micro Cycle)

마이크로 사이클(Micro Cycle)이란 마이크로 오퍼레이션을 수행하는 데 필요한 시간, 즉 중앙처리장치의 사이클 타임(Cycle Time)으로 중앙처리장치의 속도를 나타내는 것이다. 마이크로 사이클을 근거로 마이크로 오퍼레이션은 중앙처리장치의 클록(Clock) 주기를 결정하는 방법에 따라 크게 동기식 마이크로 오퍼레이션(Synchronous Micro Operation)과 비동기식 마이크로 오퍼레이션(Asynchronous Micro Operation)으로 나눌 수 있다. 동기식이란 동작의 타이밍이 모두 하나의 클록 내에서 발생되는 같은 시간 간격의 신호에 의해 제어되는 것을 말하며, 비동기식이란 하나의 동작이 완료됨으로써 다음 동작이 시작되고, 또한 다음 동작을 필요로 하는 장치에서 이용 가능하다는 신호가 있는 경우 동작이 개시되는 것을 말한다.

동기식 마이크로 오퍼레이션은 동기 고정식(Synchronous Fixed)과 동기 가변식(Synchronous Variable)으로 나눌 수 있는데 동기 고정식 마이크로 오퍼레이션은 모든 마이크로 오퍼레이션 중 수행 시간이 가장 긴 마이크로 오퍼레이션의 사이클 타임(Micro Cycle Time)을 중앙처리장치의 클록(Clock) 주기로 정하는 방식으로, 마이크로 오퍼레이션 수행 시간의 차이가 크지 않은 경우에 사용하며 제어는 간단하지만 중앙처리장치의 효율이 저하된다는 단점을 가지고 있다.

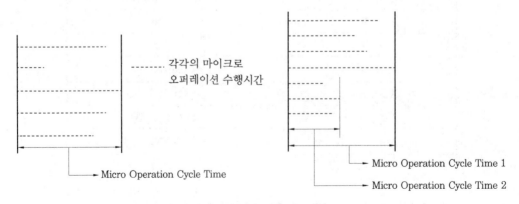

동기 고정식과 동기 가변식

반면, 동기 가변식 마이크로 오퍼레이션은 마이크로 오퍼레이션들 중 수행 시간이 유사한 마이크로 오퍼레이션들끼리 모아 집합을 이루고 각 집합에 대해서 서로 다른 마이크로 오퍼레이션 사이클 타임(Micro Cycle Time)을 정의하고 그 시간을 중앙처리장치의 클록(Clock) 주기로 정하는 방식으로, 각 집합의 마이크로 사이클 타임은 서로 정수배가 되도록 한다. 동기 가변식은 마이크로 오퍼레이션 수행 시간의 차이가 큰 경우에 사용하며 제어는 복잡하지만 중앙처리장치의 처리 시간을 단축시켜 효율을 높일 수 있다는 장점을 가지고 있다.

비동기식 마이크로 오퍼레이션은 각각의 마이크로 오퍼레이션에 대하여 서로 다른 마이크로 오퍼레이션 사이클 타임을 정의하는 방식으로, 중앙처리장치의 처리 시간 낭비가 없어 효율적으로 사용할 수는 있지만 제어 기기가 너무 복잡하기 때문에 거의 사용하지 않는 방식이다.

2. 레지스터 간 전송

레지스터와 레지스터 사이에서의 데이터 전송방법은 크게 병렬 전송(Parallel Transfer), 직렬 전송(Serial Transfer), 버스 전송(Bus Transfer) 등으로 구분할 수 있으며 메모리와 주변 레지스터 사이에서는 메모리 전송(Memory Transfer)이 일어난다.

2-1   직렬 전송 (Serial Transfer)

직렬 전송 방식에 의한 레지스터 전송은 하나의 클록 펄스(Clock Pulse) 동안에 하나의 비트가 전송되고, 이러한 비트 단위 전송이 모여 워드를 전송하는 방식을 말한다. 이때 한 비트를 전송하는 데 소요되는 시간을 비트 시간(Bit Time)이라 하고, 레지스터의 모든 내용이 전송되는 시간을 워드 시간(Word Time)이라 한다.

보통 직렬 전송은 직렬 시프트 마이크로 오퍼레이션(Serial Shift Micro Operation)을 뜻하며 하나의 마이크로 오퍼레이션이 하나의 워드 시간에 이루어진다. 직렬 전송 시프트란 목적지 레지스터의 직렬 입력이 출발지 레지스터의 출력 비트를 받고 출발지 레지스터는 출력된 정보가 재저장되는 형태로 전송이 이루어진다.

마이크로 오퍼레이션 기호는 S : A ← B 로 표기하며, 여기서 S는 Serial의 약자로 제어 함수(Control Function)를 나타낸다.

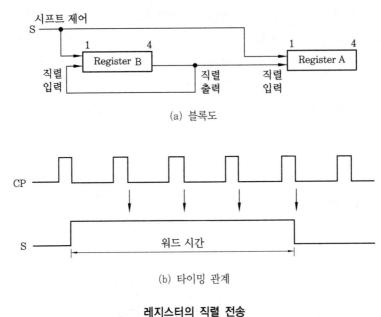

(a) 블록도

(b) 타이밍 관계

레지스터의 직렬 전송

2-2 병렬 전송(Parallel Transfer)

병렬 전송 방식에 의한 레지스터 전송은 하나의 클록 펄스(Clock Pulse) 동안에 모든 비트, 즉 워드가 동시에 전송되는 전송 방식이다. 마이크로 오퍼레이션 기호는 P : A ← B로 표기하며, 여기서 P는 Parallel의 약자로 제어 함수(Control Function)를 나타낸다.

병렬 전송의 제어 논리는 클록 펄스의 하강 모서리(Falling Edge)에서 동기화되므로 한 펄스의 하강 모서리 부분에서 제어 함수 P가 1이 되고, 그다음 펄스에서 P가 0으로 되는 순간 레지스터 전송이 이루어진다.

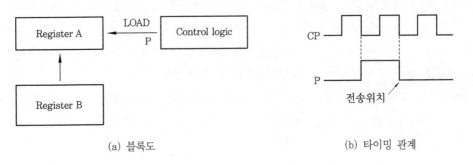

(a) 블록도   (b) 타이밍 관계

B 레지스터 내용을 A 레지스터로 병렬 전송

이러한 병렬 전송 방식에 의한 레지스터 전송 방식은 속도 면에서는 빠르다는 장점을 가지고 있지만 결선의 수가 많고 제어가 복잡하다는 단점을 가지고 있다.

2-3 버스 전송(Bus Transfer)

버스란 여러 기기들이나 모듈(Module) 사이에서 데이터를 전송하기 위한 공통의 전송로를 말한다. 버스 구조를 이용하여 데이터를 전송하는 경우 레지스터를 구성하는 플립플롭의 개수에 해당하는 선(Wire)만으로 데이터를 전송할 수 있어 병렬 전송에 비해 결선을 줄일 수 있는 장점을 가지고 있다.

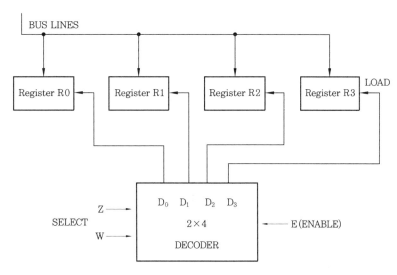

버스로부터 레지스터에 자료 전송

(1) 단일 버스 구조

단일 버스 구조는 미니 혹은 마이크로컴퓨터에서 널리 쓰이고 있는 구조로, 모든 장치들이 하나의 버스에 연결되어 있어 주어진 일정한 시간에 여러 개의 장치들 중 오직 두 개의 장치만이 버스를 사용할 수 있다.

즉, 버스는 한 번에 오직 하나의 전송만이 가능하므로 자료를 보내는 쪽과 자료를 받는 쪽의 두 장치를 제외한 다른 장치들은 버스를 사용할 수 없다. 이러한 단일 버스 구조는 양방향성의 데이터 버스(Data Bus)와 단방향성의 주소 버스(Address Bus), 제어 버스(Control Bus) 등으로 구성되어 있는데 주변 장치들을 쉽게 연결할 수 있고 구성경비가 저렴하지만 동작 속도가 느리다는 단점을 가지고 있다.

따라서 단일 버스 구조를 사용하는 경우에는 카드 리더나 프린터 등과 같은 저속 장치들에 영향을 받지 않는 효율적인 전송 체제를 갖추어야 한다.

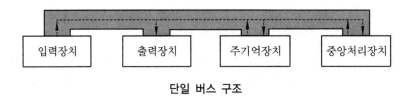

단일 버스 구조

(2) 2버스 구조

2버스 구조는 중앙처리장치와 주기억장치 사이의 데이터 전송에 쓰이는 메모리 버스(Memory Bus)와 입출력의 기능을 수행하는 입출력 버스(I/O Bus)로 구분되며, 여기서 메모리 버스는 데이터 버스와 어드레스 버스를 포함하고 있다. 또한, 주기억장치와 외부 자료 간의 입출력은 중앙처리장치를 통하여 이루어지기 때문에 입출력 자료의 전송은 중앙처리장치의 제어를 받게 된다.

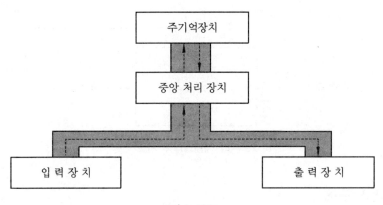

2버스 구조

(3) 변형된 2버스 구조

대형 컴퓨터에서 주로 쓰이는 변형된 2버스 구조는 2버스 구조에서 중앙처리장치의 위치와 주기억장치의 위치를 상대적으로 바꾼 형태의 버스 구조이다. 중앙처리장치의 통제 하에 자료를 전송하지 않기 때문에 별도의 제어 기기인 입출력 채널 등을 통해 전송의 제어가 이루어지며 중앙처리장치가 입출력 채널로 입출력 신호를 보냄으로써 전송이 시작된다. 이 신호를 받은 입출력 채널은 소형의 입출력 전담 프로세서로 실제 전송을 제어하는 역할을 수행한다.

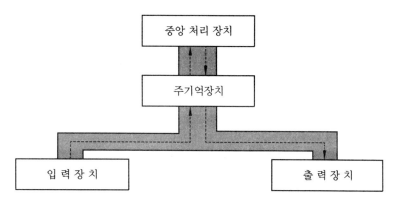

변형된 2 버스 구조

2-4 메모리 전송 (Memory Transfer)

메모리 전송이란 주기억장치와 외부 회로 사이에서 이루어지는 전송으로, 주기억장치에 저장된 정보를 외부로 전송하는 동작을 읽기 동작(Read Operation)이라 하고, 외부로부터 주기억장치로 전송되는 동작을 쓰기 동작(Write Operation)이라 한다.

이때 주기억장치를 보통 M으로 표시하며, 주기억장치로부터 자료를 읽거나 주기억장치에 자료를 쓰기 위해 필요한 기억장치의 위치, 즉 주소(Address)를 저장하는 레지스터를 메모리 주소 레지스터(MAR ; Memory Address Register)라 한다.

또한 기억장치로부터 읽어낸 자료나 기억장치에 기록할 자료를 일시적으로 저장하는 레지스터를 메모리 버퍼 레지스터(MBR ; Memory Buffer Register)라 하며, 주기억장치로 입출력되는 모든 자료는 반드시 메모리 버퍼 레지스터를 통해야만 한다.

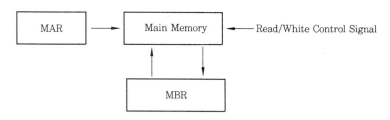

주기억장치와 주변 레지스터

주기억장치의 읽기와 쓰기를 나타내는 마이크로 오퍼레이션은 다음과 같이 표시할 수 있으며, 이때 R은 읽기를 위한 제어 신호를 뜻하고, W는 쓰기를 위한 제어 신호를 나타낸다. 읽기 동작의 경우 MAR이 지칭하고 있는 주기억장치의 내용이 MBR에 전송됨을 의미하며, 쓰기 동작의 경우 MBR의 내용이 MAR이 지칭하고 있는 주기억장치의 위치로 저장됨을 의미한다.

| 읽기 | R : MBR ← M(MAR) |
| 쓰기 | W : M(MAR) ← MBR |

3. 제어 신호

3-1 3상태 버퍼(Tri State Buffer)

3상태 버퍼는 레지스터와 버스와의 접속을 위해 필요한 전자적 스위치로 두 가지 종류가 있으며, 마이크로프로세서와 메모리를 비롯한 많은 LSI 소자들은 버스와 연결하기 위해 내부 입력단에 3상태 버퍼를 가지고 있다.

이러한 3상태 버퍼는 여러 형태로 구성할 수 있으나 아래에서는 일반적으로 많이 통용되고 있는 3가지 형태만을 설명하고 있다.

(1) 단방향 3상태 버퍼

❶ A Type

제어 입력이 1, 즉 High이면 인에이블(Enable) 상태로 버퍼의 역할을 수행하지만 제어 입력이 0, 즉 Low이면 개방 상태(High Impedance State)가 되어 입출력 상호간에 영향을 주지 않는다.

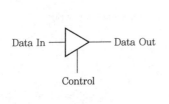

DI	C	DO
L	L	High Impedance State
L	H	L
H	L	High Impedance State
H	H	H

(a) 기호   (b) 진리표

단방향 3상태 버퍼 A Type

❷ B Type

Type A의 Control과 Data Out 부분에 NOT 게이트가 추가되어 있는 형태로 제어 입력이 0, 즉 Low이면 인에이블(Enable) 상태가 되어 NOT 게이트의 역할을 수행하고 제어 입력이 1, 즉 High이면 개방 상태(High Impedance State)가 되어 입출력 상호간에 영향을 주지 않는다.

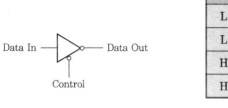

DI	C	DO
L	L	H
L	H	High Impedance State
H	L	L
H	H	High Impedance State

(a) 기호   (b) 진리표

단방향 3상태 버퍼 B type

(2) 양방향 3상태 버퍼

양방향 3상태 버퍼는 제어 입력에 따라 버스에서 장치로 혹은 장치에서 버스로 전송 방향을 결정함으로써 입출력을 결정할 수 있는 전자적 스위치이다. 다음 그림은 제어 입력이 1, 즉 High이면 A의 자료가 B로 전송되고 0, 즉 Low이면 B의 자료가 A로 전송됨을 보여주고 있다.

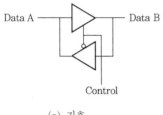

C	기 능
L	A ← B 전송
H	B ← A 전송

(a) 기호   (b) 진리표

양방향 3상태 버퍼

3-2 제어점(Control Point)

레지스터와 버스 사이의 연결은 각 레지스터들의 출력 혹은 입력 단자에 3상 버퍼(Tri State Buffer)에 의해 연결되어 있는데, 원하는 레지스터 자료의 출력은 출력 단자에 연결된 레지스터의 출력 게이트(Out-gate)를 열어줌으로써 이루어진다. 이렇게 출력된 자료는 또 다른 레지스터로 입력되는데, 이때 역시 정보의 입력이 필요한 레지스터의 입력 게이트(In-gate)를 선택적으로 열어 줌으로써 레지스터 내로 자료를 읽어 들인다. 이러한 입력 게이트와 출력 게이트를 제어점이라 하며, 이들 중 서로 다른 신호를 필요로 하는 제어점

을 독립 제어점(Independent Control Point)이라 하고 보통 하나의 레지스터에는 입력 단자와 출력 단자에 각각의 독립 제어점이 존재한다. 중앙처리장치의 제어점은 레지스터의 입력 게이트와 출력 게이트 외에 연산기에도 존재하는데 보통 연산기는 가산기와 시프터, 논리 연산기 등으로 구성되고 각각의 독립 제어점이 존재한다. 이들에 대해 적당한 제어 신호를 가함으로써 가산, 논리 연산, 시프트, 보수에 의한 가산, 1 증가(Increment) 등의 연산을 할 수 있다.

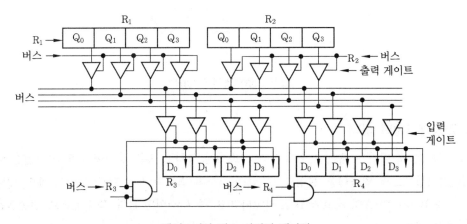

레지스터와 버스 사이의 제어점

마이크로 오퍼레이션을 수행하기 위해서는 짧은 마이크로 사이클 시간 동안에도 일정 순서의 제어 신호를 발생하여야 한다. 첫째, 입력 자료가 기억된 레지스터의 출력 게이트를 열어 주고, 둘째, 연산에 필요한 제어 신호를 연산기에 보내며, 셋째, 연산기로부터 연산 결과를 기억시킬 레지스터의 입력 게이트를 열어주는 제어 신호를 발생하여야 한다.

이러한 마이크로 오퍼레이션의 수행은 독립 제어점에 정확하고 꼭 필요한 제어 신호를 발생하도록 하여야 하며, 제어기는 제어 데이터를 받았을 때 정확한 제어 신호를 발생하기 위해 현재 상태를 기억하고 있어야 한다.

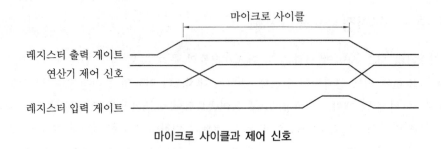

마이크로 사이클과 제어 신호

제어 함수(Control Function)**와 타이밍**(Timing)

(1) 제어 함수(Control Function)

　논리 회로의 상태에 대한 변화는 주기적으로 발생하여야 제어가 편리하다. 즉, 순서 논리 회로가 클록 펄스(Clock Pulse)에 동기되어 동작한다면 그 회로의 상태는 클록 펄스가 발생할 때 상태의 변화가 이루어지고 다음 클록 펄스가 나타날 때까지 유지된다. 따라서 동기식 디지털 시스템(Synchronous Digital System)에서는 마스터 클록 발생기(Master Clock Generator)에 의해 연속적으로 클록 펄스를 발생시켜 레지스터의 타이밍을 제어하고 레지스터의 내용이 변화될 수 있도록 제어하는 2진 변수, 즉 제어 함수를 사용한다. 이러한 제어 함수를 발생시키는 하드웨어 제어 네트워크(Hardware Control Network)에는 상태 도표(State Diagram)를 이용하는 방법, 일련의 연속적인 타이밍 신호(Sequence Timing Signal)에 의한 방법, 제어 메모리(Control Memory)를 이용하는 방법 등 세 가지가 있으며 상태 도표를 이용하는 방법은 이론적인 방법으로 단점이 많아 거의 사용되지 않으며, 일련의 연속적인 타이밍 신호를 이용하는 경우 많은 수의 SSI 게이트가 필요하고 불규칙적이기 때문에 비효율적이다. 따라서 제어 함숫값을 저장하기 위해 특정 메모리를 사용하는 제어 메모리 이용 방법이 가장 능률적이다.

　다음은 제어 함수를 발생 논리 동작을 간단히 설명한 것이다.

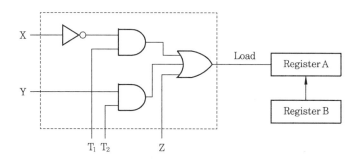

$$\overline{X}\,T_1 + YT_2 + Z \quad : \quad A \leftarrow B \text{ 제어 함수 발생}$$

　그림에서 제어 함수는 $\overline{X}\,T_1 + YT_2 + Z$로, 이 조건이 참이 되면 $A \leftarrow B$ 마이크로 오퍼레이션이 일어난다. 즉, 마이크로 오퍼레이션은 T_1 시간 동안 X가 0이거나 T_2 시간 동안 Y가 1이거나 Z가 1일 때 일어난다.

(2) 타이밍 시퀀스(Timing Sequence)

전자계산기에서 작업을 수행하기 위한 일련의 동작(Operation)을 제어하기 위해서는 타이밍 신호가 필요한데, 이 타이밍 신호를 제어하는 방법에 따라 동기식 제어와 비동기식 제어로 나눌 수 있다. 동기식 제어는 일정 시간 간격으로 발생하는 클록 펄스에 의해 전자계산기의 각 장치가 규칙적으로 수행되기 때문에 회로의 설계가 쉽다는 장점은 가지고 있으나 동작이 일찍 종료하여도 다시 클록 펄스가 발생할 때까지 다음 동작의 수행이 지연되므로 작업 시간을 낭비한다는 단점을 가지고 있다.

반면, 비동기식은 하나의 동작이 완료되면 동작 완료 신호를 발생하고 전자계산기의 각 장치는 이 신호를 받아 다음 동작을 시작하도록 하는 방식이다.

보통 소형 컴퓨터에서는 8개에서 16개의 타이밍 시퀀스를 제공하며 이 시퀀스의 주기를 컴퓨터 사이클(Computer Cycle)이라 하는데 아래의 그림은 4개의 연속된 타이밍 신호를 이용한 4비트 링 카운터(4 Bit Ring Counter)와 2×4 디코더(Decoder)를 나타내고 있다.

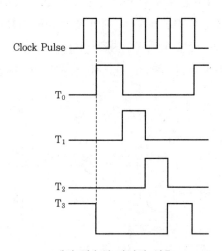

4개의 연속된 타이밍 신호

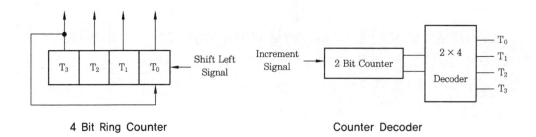

4 Bit Ring Counter   Counter Decoder

4. 메이저 스테이트 (Major State)

전자계산기의 제어 상태를 말하는 메이저 스테이트(Major State)는 중앙처리장치가 무엇을 수행하고 있는지를 나타내며, 기억장치의 사이클을 단위로 하여 사이클 동안에 어떤 과정을 수행하기 위해 기억장치에 접근하는지를 나타내준다. 따라서 메이저 스테이트는 주기억장치에 접근할 때마다 변화된다.

메이저 스테이트는 명령을 인출하는 인출 상태(Fetch State), 유효 주소를 결정하는 간접 상태(Indirect State), 명령 실행을 위한 실행 상태(Execute State), 인터럽트 처리를 위한 인터럽트 상태(Interrupt State) 등 4가지로 구성된다.

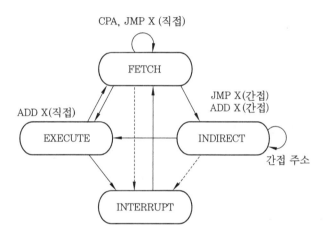

메이저 스테이트 상태 변이도

일반적으로 인터럽트 요구가 없는 간접 주소 지정방식의 명령이 수행되는 경우에는 Fetch State → Indirect State → Execute State → Fetch State의 순서로 수행되는 반면, 직접 주소 지정 방식을 사용하는 특수한 명령의 경우에는 Fetch State → Execute State → Fetch State 형태로 수행된다.

이러한 각 메이저 상태는 기억장치의 접근과 관련이 있기 때문에 n−사이클 인스트럭션(n−Cycle Instruction)의 경우 n개의 메이저 상태가 경과되어야만 수행이 완료되며 같은 수의 사이클 명령이라도 반드시 같은 메이저 상태를 경과해서 수행되는 것은 아니다.

메이저 스테이트와 타이밍 스테이트

메이저 스테이트	타이밍 스테이트	ADD X	AND X	JMP X
FETCH	0	PC → MAR	PC → MAR	PC → MAR
	1	MBR(OP) → IR	MBR(OP) → IR	MBR(OP) → IR
	2	디코딩, PC + 1 → PC	디코딩, PC + 1 → PC	디코딩, MBR(addr) → PC
EXECUTE	0	MBR(addr) → MAR	MBR(addr) → MAR	다음 인스트럭션 FETCH 스테이트
	1	MBR + AC → AC	MBR · AC → AC	

(1) 1 사이클 인스트럭션 (1 Cycle Instruction)

명령을 읽기 위해 기억장치에 한 번만 접근하여 수행할 수 있는 명령어로 JUMP, CPA 등의 명령이 대표적이다.

(2) 2 사이클 인스트럭션 (2 Cycle Instruction)

명령을 읽고 처리할 데이터를 읽기 위해 기억장치에 두 번 접근하는 명령어로 직접 주소 지정 방식의 ADD X나 AND X 명령이 대표적이다.

(3) 3 사이클 인스트럭션 (3 Cycle Instruction)

간접 주소 지정 방식에 사용되는 명령으로 명령을 읽고 데이터를 읽기 위해 2번 기억장치에 접근하기 때문에 3번의 기억장치 접근이 필요한 명령이다.

다음은 각각의 스테이트별로 마이크로 오퍼레이션의 진행 과정을 설명하고 있으나 제7장에서 인터럽트를 다루기 때문에 인터럽트 스테이트(Interrupt State)에 대한 마이크로 오퍼레이션은 생략하였다.

4-1 Fetch State

인출 스테이트는 명령을 기억장치로부터 읽어들이는 상태(Read Instruction State)로, 모든 명령의 수행은 인출 스테이트에서부터 시작된다. 또한 인출 스테이트에서는 명령을 읽는 작업 이외에도, 명령어 중 동작 코드 부분을 해독(Decode)하는 작업과 함께 유효 주소를 결정하여야 하는지 여부도 판단하여 인-다이렉트 스테이트로 진행할 것인지 실행 스테이트로 진행할 것인지를 결정한다.

②′ PC ← PC + 1

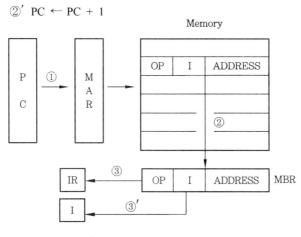

마이크로 오퍼레이션의 흐름

(1) 인출 스테이트 마이크로 오퍼레이션(Fetch State Micro Operation)

① MAR　←　PC
② MBR　←　M(MAR), PC = PC + 1
③ IR　　←　MBR(OP),　I ← MBR(I)
④ Go to Indirect State or Execute State

(2) 마이크로 오퍼레이션의 이해

어떠한 명령이 수행되기 위해서는 먼저 수행이 시작되는 주소, 즉 다음에 수행할 명령의 주소를 알아야 한다. 프로그램 카운터는 다음에 수행할 명령의 주소가 저장되어 있으므로 프로그램 카운터의 값을 ①의 첫 번째 마이크로 오퍼레이션과 같이 기억장치의 주소를 가지는 MAR에 전송하여야 한다. MAR에 프로그램 카운터의 값이 전송되면 MAR이 가리키고 있는 기억장치의 내용이 기억장치의 입출력 내용을 일시 기억하는 레지스터인 MBR로 마이크로 오퍼레이션 ②와 같이 전송이 이루어진다. 이때 프로그램 카운터의 값이 전송된 후에는 다음 수행할 명령의 주소를 프로그램 카운터가 가져야 하므로 ②′와 같이 프로그램 카운터의 값을 하나 증가시킨다. MBR에 전송된 명령은 오퍼레이션 코드 (Operation Code)부와 모드 비트(Mode Bit)부, 어드레스 부분으로 구성되어 있는데 이 중에 오퍼레이션 코드부의 값을 ③의 첫 번째 마이크로 오퍼레이션과 같이 명령 레지스터 (Instruction Register)로 전송하여 해독하고, 두 번째 마이크로 오퍼레이션은 모드 비트 부분을 모드 판정 플립플롭에 전송하여 직접 명령인지 간접 명령인지를 판단한다. 이 모드 판정 비트에 의해 인다이렉트 스테이트로 진행될 것인지 실행 스테이트로 진행될 것인지를 결정한다.

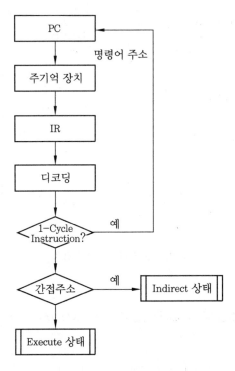

Fetch State의 흐름도

4-2 | Indirect State

　인다이렉트 스테이트는 인출 스테이트의 모드 판정에서 간접 주소 지정 모드로 판정된 경우 진행되는 스테이트로, MBR로 인출되어 있는 명령어 내의 주소가 실제 데이터의 주소가 아니라 실제 데이터를 가지고 있는 곳의 주소를 나타내므로 실행 스테이트로 진행되기 전에 유효 주소를 계산하도록 하는 스테이트이다.

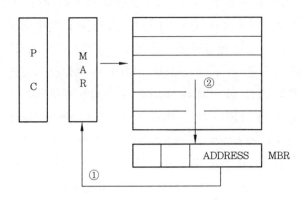

마이크로 오퍼레이션의 흐름

(1) 인다이렉트 스테이트 마이크로 오퍼레이션(Indirect State Micro Operation)

① MAR　　　　← 　MBR(AD)

② MBR(AD)　 ← 　M(MAR)

③ Go to Execute State

(2) 마이크로 오퍼레이션의 이해

인출 스테이트에서 인출한 명령어 내의 주소는 실제 데이터의 주소가 아니라 실제 데이터의 주소를 저장하고 있는 곳의 주소이다. 따라서 실행 스테이트로 진행되기 전에 MBR의 내용 중 주소를 실제 데이터가 위치한 주소로 변환하여 주어야 한다.

①의 마이크로 오퍼레이션은 MBR 내의 주소 부분을 MAR로 전송하여 실제 데이터의 주소를 가지고 있는 주소를 지칭하게 하고, ②에서는 MAR이 가리키고 있는 기억장치의 내용, 즉 실제 데이터의 주소가 MBR의 주소부분으로 전송됨을 나타낸다. 이렇게 유효 주소가 결정되면 실행 스테이트로 진행된다.

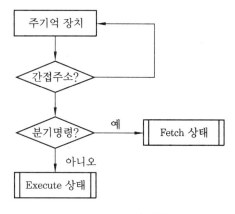

Indirect State의 **흐름도**

4-3 ┃ Execute State

인출 스테이트에서 명령의 모드 판정이 직접 주소 지정 모드인 경우에는 인출 스테이트 다음으로 진행되는 스테이트이다.

간접 주소 지정 모드인 경우에는 인다이렉트 스테이트를 거쳐 진행되는 스테이트로 이 실행 스테이트에서는 명령어 내의 주소 부분이 가리키고 있는 곳의 내용을 읽어 인출 스테이트에서 해독한 연산을 직접 수행하는 스테이트이다.

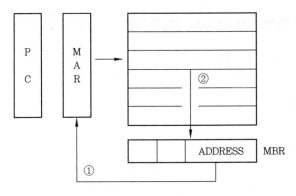

마이크로 오퍼레이션의 흐름

(1) 실행 스테이트 마이크로 오퍼레이션(Execute State Micro Operation)

① MAR ← MBR(AD)

② MBR ← M(MAR)

③ Execution

④ Go to FETCH State or Interrupt State

(2) 마이크로 오퍼레이션의 이해

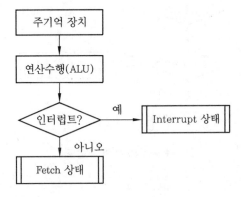

Execute State의 흐름도

　명령의 실행은 기억장치 내에 저장되어 있는 처리하여야 할 데이터를 읽어 명령의 오퍼레이션 코드에서 지정한 연산을 수행하는데, 간접 주소 지정 모드의 경우에는 인다이렉트 스테이트에서 유효 주소가 계산되어 MBR에 일시 저장되어 있고, 직접 주소 지정 모드의 경우에는 MBR이 가지고 있는 명령의 주소 부분이 실제의 데이터의 주소를 가리킨다.

　따라서 MBR의 주소부를 MAR에 ①의 마이크로 오퍼레이션과 같이 전송하면 MAR이 가리키고 있는 기억장치의 내용이 ②의 마이크로 오퍼레이션과 같이 MBR로 출력된다.

이때 MBR로 전송된 데이터는 실제 데이터이며 명령 레지스터에 저장되어 해독된 연산을 수행한다. 이 명령이 종료되는 시점에서 볼 때 인터럽트의 요청이 없는 경우 실행 스테이트가 종료되면 다시 인출 스테이트로 진행을 옮긴다.

5. 제어기의 실현

5-1   제어 구조

메이저 스테이트의 변화나 명령의 수행 순서 결정, 중앙처리장치의 제어점을 제어하는 데이터를 제어 데이터라 하는데 이 제어 데이터는 각각의 상태에서 다음과 같은 역할을 수행한다.

먼저 인출 상태에서는 기억장치에서 읽은 명령이 상태 변천을 위한 제어 데이터가 되며, 이 명령의 주소 지정 방식에 따라 간접 상태나 실행 상태로 변천한다. 또한, 제어점을 제어하기 위한 제어 데이터는 명령의 주소 부분이 직접 주소인 경우에는 연산자가 되고, 계산에 의한 주소를 사용하는 경우에는 계산에 의한 주소를 제어 데이터로 사용한다.

명령의 수행을 위해서는 연산자와 연산 결과의 상태 레지스터 값을 제어 데이터로 사용하는데 이때 상태 레지스터는 부호(S ; Sign), 제로(Z ; Zero), 자리올림수(C ; Carry) 등을 가지고 있으며, 이러한 상태 레지스터 값 S, Z, C의 내용과 명령에 의해 다음에 수행할 명령의 주소를 가지고 있는 프로그램 카운터(PC ; Program Counter)를 제어함으로써 명령이 수행된다.

간접 상태는 간접 주소와 직접 주소를 구별하는 비트가 제어 데이터가 되어 상태 변천을 제어한다.

실행 상태에서는 상태의 변천이 인터럽트 요청 신호에 의해서만 가능하며 인터럽트 요청 신호를 받으면 실행 상태 종료 후 인터럽트 상태로 변천하는데 이러한 실행 상태에서의 제어점 제어 데이터는 명령의 연산자이고, 프로그램 카운터에 의해서 다음 수행할 명령의 주소가 결정된다.

인터럽트 상태는 무조건 인출 상태로의 변천이 이루어지고 제어점과 다음에 수행할 명령의 주소는 각각의 전자계산기가 가지는 인터럽트 체제에 따라 다르다. 자세한 내용은 7장에서 다루기로 한다.

5-2   제어기의 실현

전자계산기를 제어하는 방법에는 하드웨어적으로 논리 회로를 구성하여 제어하는 고정 배선 제어방법(Hard Wired Control)과 마이크로프로그램을 이용하여 제어하는 마이크로 프로그램 제어방법(Micro Programmed Control) 등 두 가지 방법이 있다.

(1) 고정 배선 제어

고정 배선 제어는 특정한 목적의 제어를 수행하는 경우에 사용되는 제어방법으로 많은 수의 집적회로(IC ; Integrated Circuit)를 물리적으로 결합하여 순차 논리회로를 구성하고 이를 통해 요구되는 제어를 수행하는 방법이다. 따라서 하드웨어에 의해 제어가 이루어지므로 제어 속도는 빠르지만 회로가 불규칙하여 집적화가 어렵고 제어의 변경 시 배선의 변경이나 부품의 추가 등 하드웨어를 변경해야 하는 단점을 가지고 있다.

(2) 마이크로프로그램 제어

마이크로 오퍼레이션의 수행에 필요한 제어 기능을 마이크로프로그램으로 작성하여 특정 메모리에 기억시켜 제어하는 방법이다. 여기서 마이크로프로그램이란 어떤 마이크로 동작을 할 것인가를 결정해 주는 비트들의 모임인 제어 워드(Control Word), 즉 마이크로 명령들이 모여 일련의 특수한 기능을 수행하도록 작성된 프로그램을 말한다.

보통 ROM이나 PROM 또는 UV-EPROM 등의 WCM(Writable Control Memory)을 주로 이용하는데, 이러한 마이크로프로그램 제어를 이용하는 경우 제어 기능을 집적화할 수 있고 확장의 융통성과 함께 제어의 변경이 쉽다는 장점을 가지고 있으나 제어 프로그램의 수행으로 제어가 이루어지므로 제어 속도가 다소 느리다는 단점을 가지고 있다.

(3) 고정 배선과 마이크로프로그램 제어의 비교

구 분	고정 배선 제어 (Hard Wired Control)	마이크로프로그램 제어 (Micro Programmed Control)
구 성	H/W를 사용하여 제어 신호를 발생	S/W를 사용하여 제어 신호를 발생
LSI화	불규칙 회로이므로 LSI화에 부적합	사용하는 Logic이 규칙적이므로 LSI화에 적합
속 도	고속 처리	저속 처리
특 징	기능의 추가나 변경 시 배선의 변경이나 부품의 추가, 즉 H/W를 변경해야 하므로 개발 수정이 용이하지 못하다.	기능의 추가 변경 시 Control Storage에 기억된 Program만 수정하므로 융통성이 좋고 개발 수정이 용이하다.

6. 병렬 처리 시스템

　병렬 처리 시스템(Parallel Processing System)이란 전자계산기 내에 여러 개의 처리장치를 두고 이를 동시에 활용하는 것으로, 연산 속도를 높임으로써 처리 능력(Throughput), 즉 단위 시간당 수행할 수 있는 작업의 양을 증가시키기 위한 목적으로 사용되는 시스템이다. 이러한 병렬 처리 시스템은 시간적 병렬성(Temporal Parallelism)을 위해 중첩 처리하는 파이프라인 처리기(Pipelined Processor), 공간적 병렬성(Spatial Parallelism)을 위해 다수의 동기된 처리기를 사용하는 배열 처리기(Array Processor), 비동기적 병렬성(Asynchronous Parallelism)을 위해 기억장치나 데이터베이스 등의 자원을 공유하며 상호 작용하여 처리하는 다중 처리기(Multi Processor) 등이 있다.

6-1　파이프라인 처리기

　파이프라인 처리란 하나의 명령어의 수행이 종료되기 전 다른 명령어의 수행을 병행하여 시작하는 연산처리 방식으로, 현재 대부분의 전자계산기에서 연산속도를 높여 고성능 처리가 가능하도록 활용되고 있다.

　일반적으로 명령의 수행과정은 주기억장치로부터 명령을 인출하는 IF(instruction fetch), 수행할 연산을 식별하는 ID(instruction decode), 주기억장치로부터 연산 대상물, 즉 피연산자를 인출하는 OF(operand fetch), 연산이 수행되는 EX(execution) 단계 등 크게 4개의 과정을 통해 이루어진다.

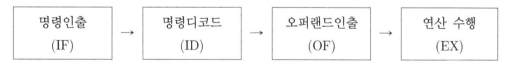

명령 수행 과정

　이때 하나의 명령이 명령인출(IF) 단계에서 연산 수행(EX) 단계까지 수행하는 데 걸리는 시간을 인스트럭션 사이클(Instruction Cycle)이라 한다.

　파이프라인 처리기가 적용되지 않은 전자계산기는 다음 그림과 같이 하나의 명령이 완전히 종료된 후에야 다음 명령의 수행이 시작되기 때문에 N개의 명령을 수행하는 경우 N개의 인스트럭션 사이클이 필요하게 된다.

시간흐름	1	2	3	4	5	6	7	8	9	10	11	12	13
Cycle				1				2				3	
Operation													
ADD	IF	ID	OF	EX									
MOV					IF	ID	OF	EX					
AND									IF	ID	OF	EX	
SUB													IF

파이프라인 처리가 비적용된 명령 사이클

이에 비해 파이프라인 처리가 적용된 경우는 아래의 그림과 같이 명령들이 병행 처리되어 연산속도를 증가시킬 수 있다. 즉, 첫 번째 명령 ADD가 인출(IF)된 후 해독(ID)이 시작되는 순간 다음 명령인 MOV가 동시에 인출(IF)되도록 병행처리 한다. 그 후 ADD 명령이 오퍼랜드를 인출하는 순간 MOV 명령은 명령 해독(ID)을 수행하고 세 번째 명령인 AND를 인출(IF)한다. 첫 번째 명령의 마지막 단계인 연산 수행(EX)이 이루어지는 순간 두 번째 명령은 오퍼랜드를 인출(OF)하고 세 번째 명령은 명령 해독(ID)을 수행하며 4번째 명령이 인출(IF)되는 과정을 거치게 된다.

시간흐름	1	2	3	4	5	6	7	8	9	10	11	12	13
Cycle				1	2	3	4	5	6	7	8	9	10
Operation													
ADD	IF	ID	OF	EX									
MOV		IF	ID	OF	EX								
AND			IF	ID	OF	EX							
SUB				IF	ID	OF	EX						
RSB					IF	ID	OF	EX					
ORR						IF	ID	OF	EX				
EOR							IF	ID	OF	EX			

파이프라인 처리가 적용된 명령 사이클

이렇게 파이프라인 처리기가 적용되면 첫 번째 명령이 수행된 후에는 시간의 흐름에 따라 연속적으로 명령이 실행되므로 위 그림과 같이 4단계 파이프라인 처리기의 경우 명령의 수행속도가 4배 향상된다. 따라서 이론적으로 N단계의 파이프라인 처리기는 최대 N배까지 빨라질 수 있다. 하지만 하나 이상의 단계에서 동일 데이터를 요구하거나 동시에 기억장치를 접근해야 하는 경우 대기 시간으로 인해 시간이 지연될 수 있다. 또한 프로그램 흐름을 변경하는 브랜치(Branch)나 서브루틴 콜(Subroutine Call)이 발생하는 경우는 이미 파이프라인 처리되던 명령들이 취소되고 새로 브랜치나 서브루틴 명령을 처리해야 하므로 파이프라인 효율이 저하될 수 있어 최신 아키텍처는 분기 예측 등의 기법을 통해 이런 문제를 회피하고 있다.

6-2   어레이 처리기

어레이 처리기는 PE(Processing Element)라 불리는 다수 개의 산술논리연산장치(ALU ; Arithmetic Logical Unit)를 갖는 프로세서로, 배열 계산을 효율적으로 수행할 수 있도록 하는 벡터 프로세서(Vector Processor)이다.

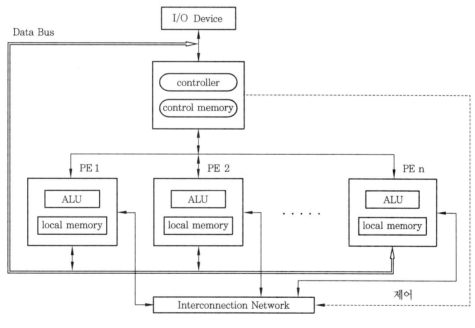

어레이 프로세서의 구성

여기서 각각의 PE들은 동기적으로 병렬처리를 수행하는데, 이는 동시에 같은 기능을 수행하도록 설계되어 있음을 의미한다. 제어처리기인 컨트롤러에 의해 제어되며 상호 연결 회로망(Interconnection Network)을 통해서 데이터를 교환한다. 이러한 어레이 처리기는 대규모의 데이터를 처리해야 하는 상황에서 최상으로 작동하며 주로 슈퍼컴퓨터에 사용되어 기상 예측 센터나 물리학 연구소 같은 엄청난 데이터를 처리해야 하는 곳에서 찾아 볼 수 있다.

6-3 멀티처리기

멀티처리기는 2개 이상의 중앙처리장치가 주기억장치와 입출력장치를 공유하는 시스템으로, 프로그램의 수행속도를 높이고 신뢰성과 유연성 및 가용성의 개선에 목적을 둔 시스템이다.

멀티처리기는 각 프로세서가 개별적으로 수행할 수 있는 능력에 맞도록 기능들을 분리하여 처리하도록 하며, 이 중 어느 한 부분에서 오류가 발생하면 다른 프로세서가 이 기능을 대신 수행하도록 하여 전체적인 시스템은 약간의 효율 저하를 가지지만 계속적으로 기능을 수행할 수 있는 장점을 가지고 있다.

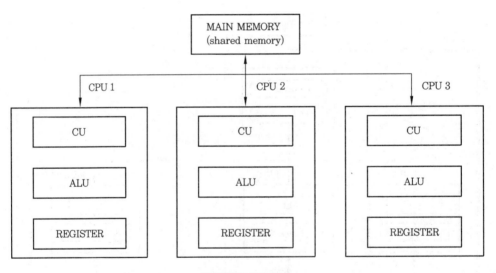

멀티처리기의 구성

연·습·문·제

1. 마이크로프로그램(Micro-program)에 대한 설명 중 가장 적절한 것은?

㉮ 전형적인 처리 루틴을 하드웨어 형태의 프로그램으로 짜 넣은 것이다.

㉯ 미니 Computer에 맞게 Program 언어를 짜 넣은 것이다.

㉰ Program 언어를 세분하여 기억장치에 Program한 것이다.

㉱ 작은 보조기억장치에 저장된 Program 집합체이다.

2. 마이크로프로그램에 의한 제어기의 실현에 대한 다음 설명 중 잘못된 것은?

㉮ ROM이나 PLA를 이용하여 논리회로를 설계하는 것과 유사한 개념이다.

㉯ 제어 기억장치(Control Storage)에 기억시킨 마이크로프로그램을 수행함으로써 제어 신호를 발생한다.

㉰ 마이크로프로그램에 의한 제어기의 핵심은 중앙처리장치로 그 속에 조합 논리회로를 두어 구성되어 있다.

㉱ 제어 기억장치는 점차 마이크로프로그램을 기억시킬 수 있는 제어 기억장치로 되는 경향이 있다.

3. 제어 함수를 발생시키는 하드웨어 제어 네트워크의 구성방법에 해당되지 않는 것은?

㉮ 순차 회로

㉯ 타이밍 신호

㉰ 제어 메모리

㉱ 마이크로프로그래밍

4. 다음은 제어 장치(Control Memory)를 마이크로프로그램 기법으로 실현했을 때의 Hard Wired Logic 실현 방법에 대한 장점을 나열한 것이다. 바르지 못한 것은?

㉮ Micro Program으로 실현하는 것이 LSI화하는 데 더 용이하다.

㉯ Micro Program으로 실현하는 것이 Hard Wired Logic으로 실현하는 것보다 속도 면에서 더 빠르다.

㉰ Micro Program으로 실현하는 것이 Hard Wired Logic으로 실현하는 것보다 더 융통성이 있어 Instruction Set의 변경이 용이하다.

㉱ Micro Program으로 실현하는 것이 Instruction의 강력한 Hard Wired Logic으로 실현하는 것보다 더 싸게 구현할 수 있다.

5. 다음 중 Register 사이의 자료 전송(Inter-register Transfer) 형태에 속하지 않는 것은?

㉮ 버스 전송(Bus Transfer) ㉯ 직접 전송(Direct Transfer)

㉰ 직렬 전송(Serial Transfer) ㉱ 병렬 전송(Parallel Transfer)

6. 동기 고정식에서 마이크로 사이클 타임은 어떻게 정의되는가?

㉮ 마이크로 오퍼레이션들의 수행 시간 중 가장 긴 것을 마이크로 사이클 타임으로 정한다.

㉯ 마이크로 오퍼레이션들의 수행 시간 중 가장 짧은 것과 긴 것의 평균 시간을 마이크로 사이클 타임으로 정한다.

㉰ 마이크로 오퍼레이션의 수행 시간 중 가장 짧은 것을 마이크로 사이클 타임으로 정한다.

㉱ 중앙처리장치의 출력 주기와 마이크로 사이클 타임은 항상 일치한다.

7. Computer 내부에서 시스템의 매순간의 상태를 나타내는 것은?

㉮ SP ㉯ PSW ㉰ Interrupt ㉱ MAR

8. 프로그래머가 어셈블리 언어(Assembly Language)로 프로그램을 작성할 때 반복되는 일련의 같은 연산을 효과적으로 하기 위해 필요한 것은?

㉮ 마이크로프로그래밍(Micro Programming)

㉯ 매크로(Macro)

㉰ 함수(Function)

㉱ Reserved Instruction Set

9. Macro Operation을 Micro Instruction Address로 변환하는 것은?

㉮ Carry-look-ahead ㉯ Time Sharing

㉰ Multiprogramming ㉱ Mapping

10. 다음은 독립 제어점에 관한 설명들이다. 이 중에서 옳지 않은 것은?

㉮ 서로 다른 제어신호를 가하여야 되는 제어점(Control Point)을 말한다.

㉯ 레지스터의 In-gate와 Out-gate에는 서로 다른 각 독립 제어점이 존재한다.

㉰ 메모리 내의 각 바이트마다 각 바이트를 Read, Write할 수 있도록 독립 제어점이 존재한다.

㉱ 보통 하나의 레지스터에는 입력과 출력 단자에 각각 하나의 독립 제어점이 존재한다.

11. Branch 혹은 Jump 명령문은 결국 다음 어느 Register를 수정하는가?

㉮ Accumulator

㉯ MAR(Memory Addressing Register)

㉰ MBR(Memory Buffer Register)

㉱ PC(Program Counter)

12. 전자계산기의 중앙처리장치(CPU)는 네 가지 단계를 반복적으로 거치면서 동작을 행한다. 다음 중 그 단계에 속하지 않는 것은?

㉮ Fetch Cycle
㉯ Branch Cycle
㉰ Interrupt Cycle
㉱ Execute Cycle

13. 컴퓨터의 메이저 스테이트에 대한 설명이다. 틀린 것은?

㉮ EXECUTE State가 끝나면 항상 FETCH State로 간다.
㉯ Memory Reference인 간접 주소 인스트럭션을 수행하기 위해서는 FETCH−INDIRECT− EXECUTE 순서로 진행되어야 한다.
㉰ 특정한 인스트럭션에 대해서는 INDIRECT State가 필요 없다.
㉱ FETCH State에서는 기억장치에서 인스트럭션을 읽어 중앙처리장치로 가져온다.

14. 중앙처리장치(CPU)가 기억장치에서 인스트럭션을 가져오는 것은?

㉮ Interrupt Cycle
㉯ Fetch Cycle
㉰ Execute Cycle
㉱ Bus Request Cycle

15. 어떤 명령(Instruction)을 수행하기 위해서 가장 우선적으로 이루어져야 하는 마이크로 오퍼레이션은?

㉮ PC → MAR
㉯ PC + 1 → PC
㉰ MBR → IR
㉱ PC → MBR

16. 다음 중 Fetch 메이저 스테이트에서 수행되는 마이크로 오퍼레이션이 아닌 것은?

㉮ MAR ← PC : PC의 값을 MAR로 이동한다.
㉯ PC ← PC + b : PC의 값을 인스트럭션의 바이트 수 b만큼 증가한다.
㉰ IR ← MBR(OP) : MBR에서 연산(operation) 부분을 인스트럭션 레지스터로 옮긴다.
㉱ IEN ← 0 : 인터럽트를 Disable시킨다.

17. 다음의 메이지 스테이트 중 하드웨어로 실현되는 서브루틴의 호출이라 볼 수 있는 것은?

㉮ Fetch State
㉯ Indirect State
㉰ Execute State
㉱ Interrupt State

18. 컴퓨터 설계 시 실시간(Real Time) 응용이 주목적이라면, 치중해서 설계해야 할 메이저 상태(Major State)는 ?

㉮ Fetch State
㉯ Indirect State
㉰ Execute State
㉱ Interrupt State

19. 다음의 병렬 처리 시스템 중 시간적 병렬성을 이용하는 병렬 처리 시스템은 무엇인가?

㉮ 파이프라인 처리기   ㉯ 배열 처리기

㉰ 다중 처리기   ㉱ 일괄 처리기

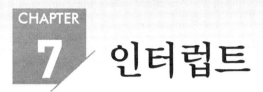

인터럽트란 전자계산기가 정상적인 업무를 수행하던 도중에 발생한 예기치 않은 일들에 대하여 작동 중단 없이 계속적으로 업무를 수행할 수 있도록 하는 기능을 말한다. 즉, 어떤 처리 프로그램의 실행 도중에 제어 프로그램에 서비스를 요구하는 예기치 않은 일이 발생하면 하드웨어적으로 이러한 상황을 포착하여 제어 감시 프로그램(Super-Visor Program)에 제어를 넘겨주는 기능이다.

인터럽트는 전자계산기의 내부 혹은 주변 기기로부터 발생하는데 입출력장치가 중앙처리장치의 서비스를 얻어 사용할 때 입출력장치의 상태를 중앙처리장치가 계속적으로 검사해야 하는 작업이 필요 없기 때문에 입출력 기능이 확대되고 전자계산기의 온라인 실시간 처리 및 전반적인 전자계산기 성능 증대를 위해 꼭 필요한 기능이라 말할 수 있다.

1. 인터럽트의 종류

인터럽트의 발생 원인은 전자계산기의 이용 형태에 따라 수많은 종류를 가지고 있는데 크게 하드웨어적 인터럽트와 소프트웨어적 인터럽트 두 부분으로 나눌 수 있다.

1-1 하드웨어적 인터럽트

(1) 전원 이상(Power Fail)

전자계산기가 정상적으로 업무를 수행할 때 정전이 되면 현재 수행되던 동작은 중단되어야 하는데, 이때 수행 중이던 프로그램은 응급조치가 없는 경우 전원이 복구된 후 수행 정도에 관계없이 처음부터 다시 수행하여야 한다.

따라서 정전 후 전압이 0볼트(Volt)로 강하되기 전에 전압 강하를 감지하여 인터럽트를 요청함으로써 중앙처리장치의 상태 및 프로그램의 상태를 비휘발성 메모리에 순간적으로 저장한다면 전원 복구 시 수행이 중단된 부분부터 수행을 재개할 수 있다. 그러므로 정전으로 인해 발생되는 인터럽트는 최고의 우선순위를 갖는 인터럽트이다.

(2) 기계 착오 인터럽트 (Machine Check Interrupt)

어떤 프로그램 수행 도중 장치의 오류에 의해 발생하는 인터럽트로, 기계가 고장이 나거나 오동작을 하는 경우 인터럽트가 발생해 제어 프로그램에 제어권을 넘겨주어야 하며, 제어 프로그램 내에서 필요한 진단이나 착오의 정정 등을 수행하는 인터럽트 처리 루틴이 필요한 작업을 수행하고 제어권을 처리 프로그램으로 돌려준다.

이와 같이 기계적인 이상에 의해 발생하는 인터럽트를 기계 착오 인터럽트라고 한다.

(3) 외부 인터럽트 (External Interrupt)

오퍼레이터(Operator)가 필요에 의해 시스템 콘솔(System Console)상에서 인터럽트 키를 누른 경우나 계시 기구(Timer)에 의해 발생하는 인터럽트로, 오퍼레이터가 시스템에 어떤 요구나 응답을 할 때 필요로 한다. 이러한 인터럽트 키 조작으로 인터럽트가 발생하면 오퍼레이터는 필요한 수 조작을 할 수 있게 되는데 이렇게 외부의 신호에 의해 발생하는 인터럽트를 외부 인터럽트라고 한다.

(4) 입출력 인터럽트 (Input-Output Interrupt)

입출력 인터럽트는 입출력 하드웨어 요구에 의한 인터럽트로, 채널이나 입출력 기기의 상태 변화, 즉 입출력 동작의 완료, 입출력 오류(Error)의 발생, 입출력 기기의 대기 상태를 중앙처리장치에 알려주며, 입출력과 같은 주변 장치들의 조작에 중앙처리장치의 기능이 요구되는 경우에 발생한다.

이러한 입출력 인터럽트를 이용하면 중앙처리장치와 주변 장치 간의 극심한 속도 차이 문제를 해결하여 전자계산기의 효율을 증대시킬 수 있다. 즉, 주변 장치의 처리 속도가 중앙처리장치의 처리 속도에 비해 상당히 느리기 때문에 입출력이 일어나는 동안 중앙처리장치는 입출력 종료만을 기다리게 되는데, 이때 중앙처리장치가 입출력의 종료를 기다리지 않고 다른 명령을 처리할 수 있다면 전자계산기의 효율은 증대될 것이다.

따라서 입출력 인터럽트는 중앙처리장치가 입출력 채널(Channel)에 입출력 명령을 지시하게 하고, 입출력 조작의 종료나 입출력 시 발생되는 오류를 중앙처리장치에 통보하도록 한다.

이렇게 입출력 인터럽트를 사용하면 입출력 조작과 병행해서 중앙처리장치는 서로 다른 일을 수행할 수 있게 되고 입출력 동작은 채널(Channel)에 의해 실질적으로 입출력이 제어되어 수행된다.

보통 소형 컴퓨터에서는 대부분의 장치들이 입출력 인터럽트를 이용하여 동작하는데, 어떠한 장치가 동작을 위해 인터럽트를 요청했는지를 중앙처리장치에 알리기 위해 IRQ (Interrupt Request) 번호라는 인터럽트 요청 번호를 할당받아 중앙처리장치에 인터럽트를 요청하고 필요한 동작을 수행한다.

이와 같이 입출력과 관련되어 발생되는 인터럽트를 입출력 인터럽트라 한다.

1-2   소프트웨어적 인터럽트

(1) 잘못된 명령의 사용(Use Bad Command)

정의되지 않은 명령이나 불법적인 명령을 사용했을 경우 혹은 보호되어 있는 기억 공간에 접근하는 경우에 발생하는 인터럽트로, 예를 들어 글자 입력을 잘못한 구문 에러 (Syntax Error)나 권한이 없는 명령을 사용하는 등의 경우 명령의 수행을 정지시키고 오류 메시지(Error Message)를 발생하는 인터럽트를 말한다.

(2) 프로그램 인터럽트(Program Interrupt)

프로그램 실행 시 프로그램상의 오류나 예외의 상태가 일어났을 경우 발생하는 인터럽트로, 계산 결과가 오버플로(Overflow) 혹은 언더플로(Underflow)인 경우, 어떤 수를 0으로 나눈 경우(Divide By Zero), 데이터의 오류(Data Error) 등으로 인해 발생하는 인터럽트이다.

(3) 제어(감시) 프로그램의 호출(SVC ; Super Visor Call)

프로그램 내에서 특정한 서비스를 요구하는 명령으로 인해 발생하는 인터럽트로, 프로세서가 제어 감시 프로그램을 수행할 때 발생하며 프로그램의 논리, 연산 등 기타 여러 가지 오류에 대하여 감시 장치가 자동적으로 프로그램을 중지시키거나 한 작업을 마치고 다음 작업으로 제어가 변경될 때 일어나는 인터럽트이다.

2. 인터럽트의 동작 원리 및 수행

인터럽트의 기본적인 요소는 인터럽트 요구 신호(Interrupt Request Signal), 인터럽트 처리(Interrupt Processing) 기능, 인터럽트 서비스 루틴(Interrupt Service Routine), 인터럽트 우선순위(Interrupt Priority) 적용 기능을 들 수 있다.

이러한 요소들에 의해 인터럽트가 수행되는데 먼저 중앙처리장치가 인터럽트 요청 신호를 받으면 현재 명령 수행을 위해 인출(Fetch)된 명령의 수행을 완료하고 프로그램의 상태를 보존하기 위해 그 상태를 안전한 장소에 기억시킨 후 인터럽트의 원인이 무엇인가를 찾아, 즉 장치 식별을 통해 인터럽트를 요청한 장치에 대해 서비스를 수행한다.

서비스가 종료되면 보존된 프로그램의 상태를 복구하여 프로그램이 중단된 곳으로부터 계속적으로 프로그램을 수행하게 한다.

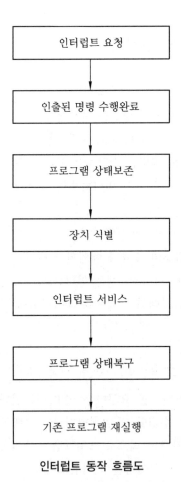

인터럽트 동작 흐름도

여기서 프로그램의 상태 보존에 대해 생각해 보자. 프로그램의 상태 보존은 프로그램이 사용한 모든 레지스터의 상태와 다음에 수행할 명령의 주소를 기억하고 있는 프로그램 카운터의 상태의 보존을 의미하는데, 이때 모든 레지스터의 내용들을 보존할 필요가 없이 내용이 변경되는 레지스터만을 보존하면 된다.

내용이 변경되는 레지스터로는 프로그램 카운터가 대표적인데 인터럽트 서비스가 수행되면 인터럽트 서비스 역시 일종의 프로그램 수행이므로 프로그램 카운터가 사용된다.

따라서 프로그램 카운터를 저장하지 않고 인터럽트를 처리하게 되면 인터럽트 처리가 종료된 후 원래의 프로그램으로 복귀할 수 없게 되므로 프로그램 카운터의 보존은 꼭 필요하다. 이러한 프로그램 카운터의 보존은 프로그램에 의해 처리되기도 하지만 하드웨어적 기능에 의해 처리되기도 하며 보통 특정한 기억장치 내의 인터럽트 벡터(Interrupt Vector) 혹은 스택(stack)에 기억된다.

3. 인터럽트의 신호 회선 체계와 인터럽트 사이클

인터럽트의 요청은 중앙처리장치와 인터페이스 장치들 간의 회선 연결 방법에 따라 회선 체계를 나눌 수 있다. 모든 인터페이스 장치들로부터 발생한 인터럽트 요청 신호들을 모두 모아 논리적으로 합하여 단일 회선을 통해 인터럽트를 요청하는 방법과 인터페이스 장치마다 고유의 인터럽트 요청 신호 회선을 가지는 방법, 단일 회선 체계와 고유 회선 체계를 혼합한 형태의 혼합 회선 체계를 이용한 방법 등으로 나눌 수 있다.

3-1   단일 인터럽트 요청 신호 회선 체계

(1) 인터럽트 요청 신호 회선

모든 인터페이스 장치에 공통인 요청 신호 회선을 가지고 있어 인터럽트를 요구한 장치 판별 과정이 필요한 신호 회선 체계로, 폴드 인터럽트(Polled Interrupt) 방식이라고도 한다. 보통 다음 수행할 명령의 주소를 기억하고 있는 프로그램 카운터(PC ; Program Counter)를 기억장치의 0번지에 저장하며 인터럽트의 처리 시작 번지가 기억 장소의 1번지에 저장되어 있다. 이 체계는 장치 식별 시간의 낭비가 초래된다는 단점을 가지고 있어 즉시 처리 시스템(Real Time Processing)에는 부적합하다.

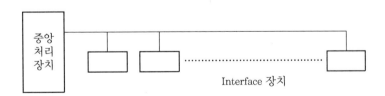

단일 인터럽트 요청 신호 회선 체계

(2) 인터럽트 처리 방식

다음 그림에서 현재 프로그램의 주소 45에 기억된 명령을 수행하고 있는 도중 인터럽트 요청이 있었다고 가정하며 장치 식별 루틴의 시작 주소가 300번지, 인터럽트 서비스 루틴들의 주소가 401, 411, ……이라 가정하자.

이때 인터럽트의 수행은 프로그램 카운터의 내용인 46을 기억장치의 0번지에 저장하고 장치 식별 루틴으로 분기한 후 장치 식별이 끝나면 해당 인터럽트 서비스 루틴으로 분기한다.

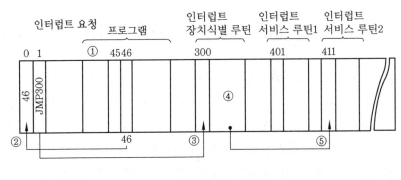

폴링 방식

(3) 인터럽트 사이클(Interrupt Cycle)

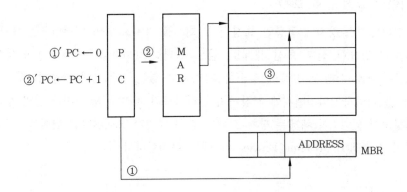

① MBR(AD) ← PC, PC ← 0

② MAR ← PC, PC ← PC + 1

③ M ← MBR, IEN ← 0

④ 장치 식별 및 인터럽트 서비스 수행

⑤ MAR ← 0

⑥ MBR ← M(MAR)

⑦ PC ← MBR, IEN ← 1

⑧ Go to FETCH Cycle

① 기억장치의 0번지에 프로그램 카운터의 내용을 저장하기 위해 프로그램 카운터의 내용을 MBR에 저장하고 프로그램 카운터를 0으로 만든다.

② 기억 장소의 위치를 지정하는 MAR에 프로그램 카운터의 내용 0을 전송하고 다음 수행할 주소를 나타내는 프로그램 카운터의 값을 증가시킨다. 이때 1번지에는 장치 식별 루틴으로의 분기 명령이 저장되어 있다.

③ MBR에 저장된 복귀 주소를 기억장치의 0번지에 기억시키고 인터럽트 요청 금지를 위해 인터럽트 허용을 나타내는 플립플롭인 IEN(Interrupt ENable)을 0으로 클리어 (Clear)시킨다. 이때 IEN은 1인 경우 인터럽트 요청을 허용하고, 0인 경우 금지시킨다.

④ 장치 식별 및 인터럽트 서비스 수행

⑤, ⑥, ⑦ 인터럽트 서비스가 종료되면 프로그램의 상태 복구를 위해 기억장치의 0번지 내용을 프로그램 카운터로 전송하고 인터럽트 요청을 허용하기 위해 IEN을 1로 만든다.

⑧ 인터럽트 수행이 종료된 후 인출 사이클(Fetch Cycle)로 상태를 변경하여 중단되었던 프로그램의 수행을 재개한다.

3-2   고유 인터럽트 요청 신호 회선 체계

(1) 인터럽트 요청 신호 회선

벡터 인터럽트(Vector Interrupt) 방식이라고도 불리는 고유 인터럽트 요청 신호 회선 체계는 인터페이스 장치마다 별도의 인터럽트 요청 신호 회선을 가지고 있어 별도의 장치 판별 과정이 필요 없고 직접 인터럽트 서비스 루틴으로 분기하는 명령들로 구성된 인터럽트 벡터를 이용한 방법의 인터럽트 요청 신호 회선 체계이다. 따라서 인터럽트를 요청한 장치 식별에 시간이 소요되지 않는다는 장점을 가지고 있다. 보통 고유 인터럽트 요청 신호 회선 체계를 가진 시스템에서는 프로그램 카운터의 내용을 기억장치의 0번지에 저장하거나 스택(Stack)에 보관하거나 인터럽트 벡터에 서비스 루틴(Service Routine)의 분기 번지까지 저장하는 세 가지 형태의 프로그램 카운터 보존 방법을 가지고 있다.

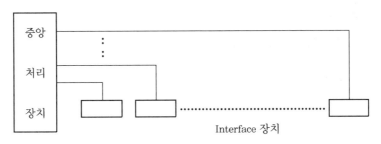

고유 인터럽트 요청 신호 회선 체계

(2) 인터럽트 처리 방식

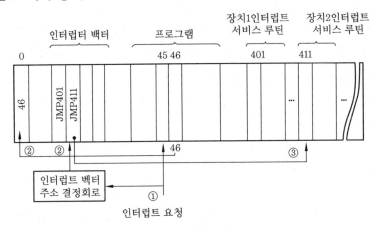

(a) 0번지에 저장

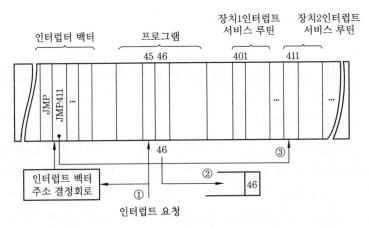

(b) 스택에 저장

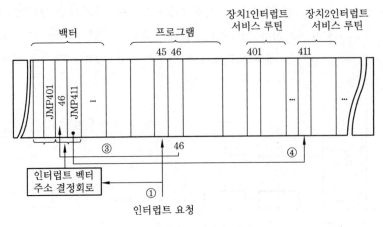

(c) 인터럽트 벡터에 저장

고유 인터럽트 처리 방식

이 그림에서는 프로그램 카운터의 내용을 기억장치의 0번지에 저장하는 방법, 스택 (Stack)에 저장하는 방법, 인터럽트 벡터에 서비스 루틴(Service Routine)의 분기 번지까지 저장하는 방법 등으로 구분하여 나타내고 있는데 단일 인터럽트 요청 신호 회선 체계와 달리 장치 식별 대신에 인터럽트 벡터 주소 결정 회로를 사용한다.

(3) 인터럽트 사이클 (Interrupt Cycle)

① $SP \leftarrow SP + 1$
② $M(SP) \leftarrow PC$
③ $INTACK \leftarrow 1$
④ $PC \leftarrow VAD$
⑤ $IEN \leftarrow 0$
⑥ 인터럽트 서비스 수행
⑦ $PC \leftarrow M(SP)$
⑧ $SP \leftarrow SP - 1,\ IEN \leftarrow 1$
⑨ Go to FETCH Cycle

① 스택에 프로그램 카운터의 내용을 저장하기 위해 스택 포인터(Stack Pointer)의 값을 하나 증가시킨다.
② 프로그램 카운터의 값을 스택에 기억시킨다.
③ 인터럽트 인정 신호(INTACK ; Interrupt Acknowledge)를 보내 한 번에 오직 하나의 장치가 판별되어 혼돈 없이 처리할 수 있도록 하는데, 이때 인터럽트 인정 신호는 보통 하드웨어적으로 발생시킨다.
④ 프로그램 카운터에 VAD(Vector Address)를 전송하여 인터럽트 서비스 루틴의 시작 번지를 알린다.
⑤ 인터럽트 요청 금지를 위해 인터럽트 허용을 나타내는 플립플롭인 IEN(Interrupt ENable)을 0으로 클리어(Clear)시킨다.
⑥ 인터럽트 서비스를 수행한다.
⑦ 인터럽트 서비스가 종료되면 프로그램의 상태 복구를 위해 스택에 저장된 프로그램 재개 주소를 프로그램 카운터로 전송한다.
⑧ 스택의 삭제 작업이 이루어졌으므로 스택 포인터의 값을 하나 감소시키고 인터럽트 요청을 허용하기 위해 IEN을 1로 만든다.
⑨ 인터럽트 수행이 종료된 후 인출 사이클(Fetch Cycle)로 상태를 변경하여 중단되었던 프로그램의 수행을 재개한다.

3-3　혼합 인터럽트 요청 신호 회선 체계

　단일 인터럽트 요청 신호 회선 체계와 고유 인터럽트 요청 신호 회선 체계를 혼합한 형태로 유사한 인터페이스들을 하나의 단일 회선에 연결해 놓은 인터럽트 요청 신호 회선 체계이다.

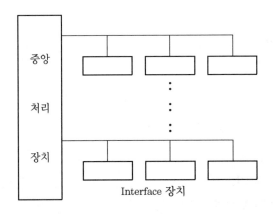

혼합 인터럽트 요청 신호 회선 체계

4. 장치 식별

　모든 인터페이스 장치들이 하나의 회선을 통해 인터럽트를 요청하는 단일 인터럽트 요청 신호 회선 체계의 경우에는 어떤 인터페이스 장치가 인터럽트를 요청하였는지 알 수 없다.

　따라서 인터럽트를 요청한 장치를 식별해야 하는데 이렇게 인터럽트를 요청한 장치를 판별하는 방법에는 소프트웨어적인 방법으로 폴링(Polling) 방식이 있으며 하드웨어적인 방법으로 벡터 인터럽트 방식이 있다.

4-1　폴링 방식

　인터럽트를 요청한 인터페이스 장치를 소프트웨어적 방법으로 식별하는 폴링 방식은 인터럽트를 요청한 장치를 식별하기 위해서 각각의 인터페이스 장치마다 인터럽트 요청 여부를 나타내는 플래그(Flag)인 IR(Interrupt Request)과 인터럽트 요청 준비가 되었는지를 나타내는 플래그인 D(Done)를 두어 인터럽트 요청 장치를 판별한다.

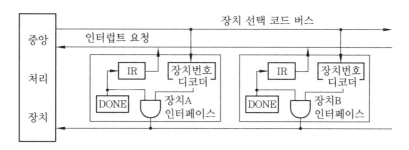

폴링 방식에 의한 인터럽트 요청 판별 장치 인터페이스 구조

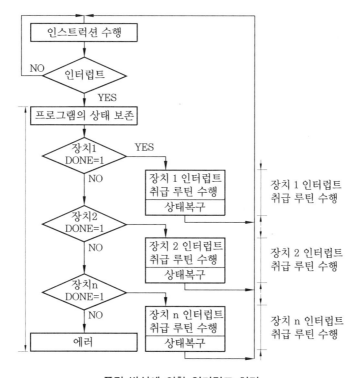

폴링 방식에 의한 인터럽트 처리

이러한 폴링 방식을 구현하기 위해서는 명령 세트(Instruction Set) 중에 D 플래그를 검사하는 기능이 포함되어야 한다. 여기서 폴링 방식에 의한 장치 식별 방식을 알아보면, 먼저 어떤 인터페이스 장치가 인터럽트를 요청한 경우 장치 식별 루틴에서 D 플래그를 시험하는 명령을 사용하여 각 장치에 D 플래그가 D=1인 최초의 인터페이스 장치를 인터럽트 요청 장치로 판별한다. 인터럽트 요청 장치의 판별이 종료되고 인터럽트 서비스가 수행되면 IR과 D는 0으로 만들어야 하는데, 그 이유는 IR=1인 경우 인터럽트 서비스가 수행되고 있는 시점에서도 계속적으로 인터럽트가 요구되기 때문이다.

이러한 폴링 방식의 가장 큰 단점은 장치 식별을 위해 주 서비스 프로그램(Main Service

Program)이 연결된 각각의 장치들을 폴링하는 데 너무 많은 시간을 소비한다는 점이다.

4-2 벡터 인터럽트 방식

　벡터 인터럽트 방식은 하드웨어적으로 인터럽트를 요청한 장치를 판별하는 방식으로 인터럽트를 요청한 장치가 자신의 장치 번호를 중앙처리장치에 알리는 장치 번호 버스(Device Code Bus)를 이용한 장치 판별 방식이다.

　중앙처리장치가 인터럽트 요청신호를 받으면 프로그램 카운터(PC ; Program counter)를 저장하고, 하드웨어적 기능에 의해 인터럽트 인정신호(INTACK ; Interrupt Acknowledge)를 발생시킨다.

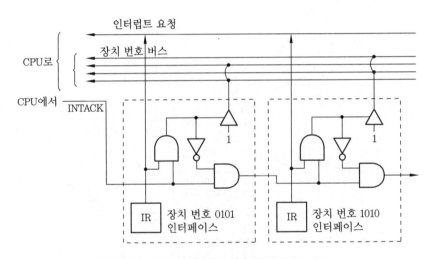

벡터 인터럽트 요청 판별 장치 인터페이스 구조

　이 인터럽트 인정 신호에 의해 인터럽트를 요청한 장치 인터페이스는 자기의 장치 번호를 장치 번호 버스를 통해 중앙처리장치에 통보하여 인터럽트를 요청한 장치를 식별하게 한다.

　이때 두 개의 장치가 동시에 인터럽트를 요구하는 경우 한 번에 하나의 장치만을 판별하게 하기 위해 중앙처리장치는 인터럽트 요청을 받아들인 후 그 장치의 IR를 0으로 만들어야 하는데, 그 이유는 장치 판별의 중복으로 인해 발생하는 혼돈을 없애고 인터럽트 서비스를 수행하기 위해서이다. 따라서 벡터 인터럽트 방식은 장치 식별을 위한 별도의 프로그램 루틴이 없어 속도 면에서 빠르지만 두 개 이상의 장치가 동시에 하나의 인터럽트를 요구하여 한 번에 하나의 장치가 서비스를 제공받는 경우에 대한 대책이 필요하며, 이를 해결하기 위해 보통 우선순위를 이용한다.

5. 우선순위 체계

인터럽트 체계에 있어서 인터럽트를 요청한 각 장치들의 중요성과 응급성 때문에 인터럽트 우선순위 부여가 필요한데, 이러한 우선순위의 부여로 전자계산기의 처리 속도를 향상시킬 수 있다.

예를 들어 저속의 장치에는 낮은 등급의 우선순위를 부여하고, 고속의 장치에는 높은 등급의 우선순위를 부여한다면 처리의 효율을 향상시킬 수 있을 것이다.

우선순위에 의한 인터럽트의 구조는 단일 우선순위(Single Priority) 구조와 다중 우선순위(Multi Priority) 구조로 나눌 수 있다.

단일 우선순위 구조는 모든 장치들이 동일한 우선순위를 갖는 형태이며, 다중 우선순위 구조는 높은 우선순위를 갖는 장치에 우선적으로 중앙처리장치의 인터럽트 서비스 수행을 할 수 있도록 하는 형태로 대부분의 시스템에서 다중 우선순위 구조를 가지고 있다.

이러한 우선순위 체계를 구성하기 위해서는 각각의 장치에 우선순위를 부가하는 기능, 인터럽트 요청 시 우선순위를 판별하는 기능과 더불어 우선순위가 상대적으로 높은 장치의 인터럽트 서비스를 수행하는 기능 등을 필요로 한다.

인터럽트의 운영 방식은 가장 최근에 인터럽트를 요청한 장치에 최고의 우선순위를 부여하는 LCFS(Last Come First Service) 방식과 제일 먼저 인터럽트를 요청한 장치에 최고의 우선순위를 부여하는 FCFS(First Come First Service) 방식 등이 있으며, 우선순위가 인터럽트 시스템이 운영되는 동안 동적(Dynamic)으로 변할 수 있는 마스킹 방식(Masking Scheme)이 있다.

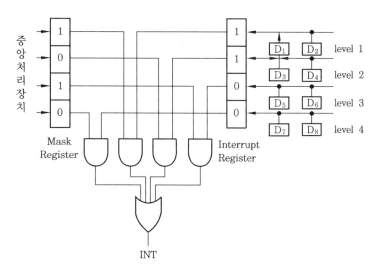

Masking Interrupt

마스킹 방식은 앞의 그림과 같이 인터럽트 레지스터(Interrupt Register)와 마스크 레지스터(Mask Register)를 이용하여 인터럽트 가능 여부를 결정할 수 있는데, 예를 들어 중앙처리장치는 인터럽트를 허락할 수 있는 레벨을 마스크 레지스터에 세트시켜 인터럽트를 제한할 수 있다.

인터럽트 운영 방식은 어떠한 형태로 구성하여 인터럽트 우선순위를 부여하느냐에 따라 소프트웨어적인 방법과 하드웨어적인 방법으로 나눌 수 있다.

5-1 소프트웨어 우선순위 인터럽트

소프트웨어에 의한 우선순위 인터럽트는 일명 폴링(Polling) 방식이라고도 불리는데 모든 인터럽트를 위한 공통의 서비스 프로그램을 가지고 있으며, 인터럽트 발생 시 가장 높은 순위의 인터럽트 장치로부터 순서적으로 검사하여 해당 서비스를 수행하도록 하는 방식이다.

이 방법은 별도의 플립플롭인 IEN(Interrupt Enable)을 두어 일단 인터럽트가 발생하면 현재 요청된 인터럽트 요청 장치 중 우선순위가 가장 높은 장치의 인터럽트를 처리하고, 이때 우선순위가 낮은 장치의 인터럽트 요청을 막기 위해 IEN을 0으로 클리어시키는 인터럽트 마스크(Interrupt Mask)를 이용한다.

우선순위의 결정이 소프트웨어적, 즉 프로그램에 의해 결정되어 있으므로 해당 프로그램을 수정함으로써 우선순위의 변경이 가능하고 특별한 하드웨어가 필요치 않아 경제적이라는 장점을 가지고 있으나 프로그램의 처리에 의해 반응하기 때문에 속도가 늦어진다는 단점을 가지고 있다.

5-2 하드웨어 우선순위 인터럽트

하드웨어에 의한 우선순위 인터럽트는 인터럽트를 발생하는 모든 장치들을 인터럽트의 우선순위에 따라 직렬로 연결하는 데이지 체인(Daisy Chain) 방법과 각 장치의 인터럽트 요청에 따라 각 비트가 개별적으로 세트될 수 있는 레지스터를 사용하여 이 레지스터의 위치에 따라 인터럽트의 우선순위를 부여하는 병렬 우선순위 인터럽트가 있다.

병렬 우선순위 인터럽트는 각 인터럽트 요청의 상태를 조절할 수 있는 마스크 레지스터를 갖고 있으며, 이 레지스터는 높은 우선순위의 인터럽트가 서비스를 받고 있을 때 낮은 순위의 인터럽트를 대기시키고 낮은 순위의 인터럽트가 서비스를 받고 있을 때 높은 순위의 장치가 인터럽트를 요청할 수 있도록 한다.

이러한 하드웨어적 우선순위 인터럽트의 경우에는 우선순위의 변경이 어렵고 추가적인 하드웨어가 필요해 비경제적이지만 인터럽트의 반응 속도가 빠르다는 장점을 가지고 있다.

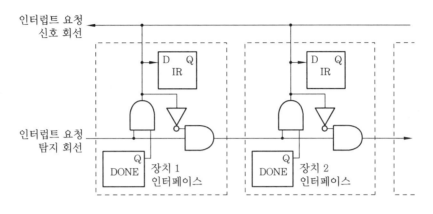

인터럽트 요청 제한

연·습·문·제

1. 컴퓨터가 프로그램을 수행하는 동안 컴퓨터 내부나 주위에서 응급 상태가 발생하여 현재 수행되는 프로그램이 일시적으로 중지되는 상태는?

㉮ Break   ㉯ Stop   ㉰ Pause   ㉱ Interrupt

2. 다음 중 인터럽트의 발생 원인으로 적당하지 않은 것은?

㉮ Supervisor Call   ㉯ 정전

㉰ 부프로그램 호출   ㉱ 불법적인 인스트럭션 수행

3. 다음 중 타이머나 Operator Button에 의해서 발생되는 Interrupt는?

㉮ Program Interrupt   ㉯ External Interrupt

㉰ Input/Output Interrupt   ㉱ Machine Check Interrupt

4. 컴퓨터 시스템 내부에서 순간순간의 시스템 상태를 기록하고 있는 특별한 Word 란?

㉮ Interrupt   ㉯ Machine Check

㉰ PSW(Program Status Word)   ㉱ SVC 명령

5. 다음 인터럽트(Interrupt) 중에서 Top Priority를 갖는 것은?

㉮ Power-fail Interrupt   ㉯ Arithmetic Overflow Interrupt

㉰ Input Output Interrupt   ㉱ Parity Error Interrupt

6. 중단(Interrupt) 발생 시 수행되어야 할 사항이 아닌 것은?

㉮ 수행 중인 프로그램을 보조기억장치에 보관한다.

㉯ 프로그램 카운터의 내용을 보관한다.

㉰ 인터럽트 처리 루틴을 수행한다.

㉱ 어느 장치에서 인터럽트가 요청되었는지 조사한다.

7. 계산기가 계산을 하다가 인터럽트가 들어오면 다음 중에서 제일 먼저 수행하는 것은?

㉮ 인터럽트를 점프한다.

㉯ 모든 동작을 중지한다.

㉰ 계산기는 특수한 신호를 내보낸다.

㉱ 현재의 명령을 끝까지 수행하고 인터럽트 신호를 내보낸 다음 현재의 상태를 저장한다.

8. 다음 중 특별한 조건이나 신호가 컴퓨터에 인터럽트되는 것을 방지하는 것은?

㉮ 인터럽트 마스크(Mask)   ㉯ 인터럽트 레벨(Level)

㉭ 인터럽트 금지   ㉰ 인터럽트 핸들러(Handler)

9. 한 명령의 Execute Cycle 중에 Interrupt 요청이 있어 Interrupt를 처리한 후 전산기가 맞이하는 다음 Cycle은?

㉮ Fetch Cycle   ㉯ Indirect Cycle

㉭ Execute Cycle   ㉰ Direct Cycle

10. 인터럽트 사이클(Interrupt Cycle)에 관한 다음과 같은 마이크로 오퍼레이션 중 복귀 주소(Return Address)를 보관하는 것은?

㉮ MBR(AD) ← PC, PC←0   ㉯ MAR ← PC, PC ← PC+1

㉭ M(MAR) ← MBR   ㉰ IEN ← 0

11. 다음과 같은 인터럽트 사이클 중에서 틀린 것은?

```
(1) SP ← SP+1
(2) M(SP) ← PC
    INTACK ← 1
(3) PC ← VAD
(4) IEN ← 1
    GO TO fetch cycle
```

㉮ (1)   ㉯ (2)   ㉭ (3)   ㉰ (4)

12. 인터럽트 처리 과정 중 인터럽트를 요청한 장치를 소프트웨어로 판별하는 방법은?

㉮ Polling

㉯ 장치 번호 버스(Device Code Bus)를 이용하는 방법

㉭ Stack을 이용하는 방법

㉰ 인터럽트 주소 결정 회로를 이용하는 방법

13. 인터럽트를 요청한 I/O 장치가 자신의 서비스 루틴이 어디에 있는가 하는 정보를 가르쳐 주는 인터럽트는?

㉮ I/O 인터럽트

㉯ Nonvectored 인터럽트

㉭ Vectored 인터럽트

㉰ 소프트웨어 인터럽트

14. 우선순위 인터럽트의 처리 방법 중 소프트웨어에 의한 방법은?

⑦ 데이지-체인 방법(Daisy-Chain Method)

⑭ 스트로브 방법(Strobe Method)

⑭ 폴링 방법(Polling Method)

⑭ 우선순위 인코더 방법(Priority Encoder Method)

15. 입출력장치를 하드웨어적으로 우선순위를 결정하는 방식은?

⑦ Polling I/O   ⑭ Daisy-Chain I/O

⑭ Multi-interrupt I/O   ⑭ Handshaking I/O

16. 다음 중 Daisy Chain에 대하여 가장 설명이 잘된 것은?

⑦ Interrupt를 하드웨어적으로 Enable하거나 Disable하기 위한 방법이다.

⑭ Interrupt의 우선순위를 결정하기 위하여 직렬 연결한 하드웨어 회로이다.

⑭ I/O 장치의 상태 레지스터를 Polling하는 순서를 정하는 것이다.

⑭ Interrupt 요구를 하드웨어적으로 Disable하도록 한 회로이다.

17. 하드웨어 우선순위 인터럽트 장치인 데이지 체인(Daisy-chain) 방법에서 인터럽트 요구장치의 연결방법은?

⑦ 직렬연결

⑭ 병렬연결

⑭ 직렬 및 병렬연결

⑭ 최고 우선순위만 직렬연결하며, 최하 우선순위는 병렬연결

18. 중형 이상의 컴퓨터에서 그 주행 상태를 구분하기 위하여 모드를 사용하는데 운영체제가 실행되는 모드로서 특권 모드라고도 하는 것은?

⑦ Direct Mode   ⑭ User(Problem) Mode

⑭ Special Mode   ⑭ Kernel(Supervisor) Mode

기억장치

전자계산기는 처리하고자 하는 자료를 입력받아 저장하고 처리한 후 출력을 하는 기기이므로 처리 혹은 보관에 필요한 자료들의 저장을 필요로 한다. 자료의 크기가 방대하거나 별도의 보관이 필요한 경우 전자계산기의 외부에 대용량의 기억 공간을 만들어야 하는데, 이때 사용되는 장치를 기억장치라 한다. 현대의 전자계산기는 폰 노이만이 제안한 프로그램 내장 방식을 채택하여 처리할 프로그램과 데이터를 기억하고 있어야 하므로 기억장치의 기능은 대단히 중요하다.

기억장치에 정보가 저장되는 단위는 비트 단위로, 비트들의 배열에 의해 데이터가 기억된다. 이러한 데이터들이 기억장치에 기억되기 위해서는 기억장치 내에 순서적으로 일정하게 부여된 주소(Address)가 있어야 한다. 주소는 바이트(Byte) 혹은 워드(Word) 단위로 구성되어 있으며, 주소가 바이트 단위로 되어 있는 컴퓨터를 바이트 머신(Byte Machine), 주소가 워드 단위로 되어 있는 컴퓨터를 워드 머신(Word Machine)이라 부른다.

기억장치의 성능은 기억장치의 대역폭(Bandwidth)과 기억 용량, 데이터 전송률, 가격 등에 의해 결정되는데, 대역폭이란 단위 시간당 기억장치에 입출력되는 정보의 양, 즉 기억장치가 1초 동안 입출력할 수 있는 비트 수를 말한다. 기억장치로부터 자료를 읽거나 기록하는 데 소요되는 시간을 액세스 시간(Access Time)이라 하는데, 기억장치가 읽기 신호를 받은 시간부터 그 데이터가 출력되기까지의 시간을 말한다. 기억 용량의 단위는 보통 바이트 단위를 사용하며 용량이 증가함에 따라 다음과 같은 기억 용량의 단위를 사용한다.

$$1 \text{ KB(Kilo Byte)} = 1024 \text{ Byte}$$
$$1 \text{ MB(Mega Byte)} = 2^{10} \text{ KB}$$
$$1 \text{ GB(Giga Byte)} = 2^{10} \text{ MB}$$
$$1 \text{ TB(Tela Byte)} = 2^{10} \text{ GB}$$
$$1 \text{ PB(Peta Byte)} = 2^{10} \text{ TB}$$

1. 기억장치의 분류

기억장치는 아래와 같이 여러 가지 형태에 따라 분류할 수 있다.

1-1 주기억장치와 보조기억장치

기억장치는 크게 주기억장치와 보조기억장치로 구분할 수 있는데 주기억장치(Main Memory)는 내부 기억장치(Internal Memory)라고도 불리며 중앙처리장치와 직접 자료를 교환할 수 있는 장치이다. 비교적 입출력 속도가 빠른 반면 적은 용량을 가지고 있는 주기억장치는 반도체 기억장치와 자기 코어 기억장치(Magnetic Core Memory)가 대표적이다. 보조기억장치(Auxiliary Memory)는 전자계산기의 외부에 자료를 저장하는 장치로, 외부 기억장치(External Memory)라고도 불리며, 입출력 속도가 느린 반면 큰 용량을 가지고, 자기드럼, 자기디스크, 자기테이프(Magnetic Tape) 등이 있다. 이러한 기억장치는 아래와 같은 계층 구조를 가지고 있다.

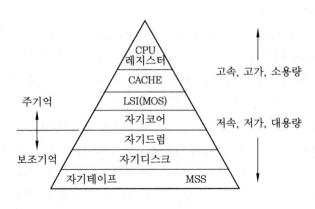

기억장치 계층

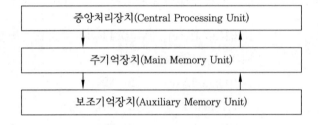

중앙처리장치와 기억장치의 자료 교환

1-2 RWM과 ROM, 그리고 RMM

기억장치는 읽기와 쓰기 여부에 따라 다음과 같이 분류할 수 있다.

(1) RWM (Read Write Memory)

읽기와 쓰기가 모두 가능한 기억장치로 RAM(Random Access Memory)이라고도 불리며, 가장 보편적인 기억장치이다. 모든 보조기억장치와 주기억장치로 이용되는 RAM, 자기 코어 등이 대표적이다.

(2) ROM (Read Only Memory)

일단 기억된 내용을 변경할 수 없고 기억된 내용만을 읽을 수 있는 기억 소자로, 기억장치 제조 시 내용이 기억되면 차후에 기억된 내용을 바꿀 수 없다는 특징을 가지고 있어 대량 생산되는 제어용 기억장치나 변경되지 않는 자료의 기억에 주로 사용되며 마스크 롬(Mask ROM)이 대표적이다.

(3) RMM (Read Mostly Memory)

ROM의 단점을 보완한 기억장치로, 기억된 내용을 지우고 다시 기록할 수는 있는 기억장치이다. 그러나 재기록(Rewrite) 동작이 읽기 동작에 비해 훨씬 늦은 기억 소자로 인해 별도의 기록 장비를 필요로 하며, 대표적인 기억 소자로는 PROM(Programmable ROM)과 EPROM(Erasable PROM) 등이 있다.

❶ PROM (Programmable ROM)

ROM의 경우에는 제작 시에 내용이 고정되어 기억되는 반면, PROM은 PROM 프로그램 장치를 통해 사용자가 직접 원하는 논리 기능을 갖도록 프로그램할 수 있는 기억 소자이다. 연결된 회로에 과다한 전원을 흐르게 하여 퓨즈(Fuse)를 단선시키는 것과 같은 원리로 내용을 기억시키기 때문에 한번 프로그램된 내용은 다시 변경할 수 없다는 단점을 가지고 있다.

❷ EPROM (Erasable PROM)

PROM의 단점을 보완하여 기억된 내용을 지우고 다시 프로그램할 수 있도록 제작된 기억 소자로 자외선을 이용하여 내용을 지우는 UV EPROM(Ultra Violet EPROM)과 회로 내에서 전자적으로 기억 내용을 변경시키는 EEPROM(Electrical EPROM)이 있는데 UV-EPROM은 내용의 변경이 쉬워 제어용 마이크로프로그램 연구 개발용으로 많이 사용되고 있다.

1-3   DRO Memory와 NDRO Memory

기억장치는 자료를 읽은 후 기억된 자료가 지워지는 파괴(DRO ; Destructive Read Out) 메모리와 지워지지 않는 비파괴(NDRO ; Non-Destructive Read Out) 메모리로 분류할 수 있다. 파괴 메모리의 경우 자료를 읽은 후 기억된 내용이 변하기 때문에 반드시 재저장(Restoration)이 필요한 기억장치이며, 자기 코어(Magnetic Core) 기억장치가 대표적이다.

반면, 비파괴 메모리는 자료를 읽은 후에도 기억된 내용에 변화를 주지 않는 기억장치로 반도체 기억 소자, 자기디스크, 자기테이프 등이 대표적이다.

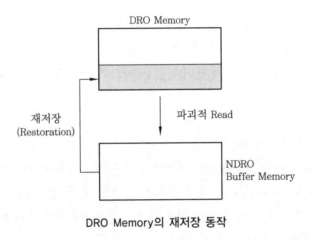

DRO Memory의 재저장 동작

1-4   DASD, SASD, CAM

기억장치의 액세스 방식에 따라 다음과 같이 분류할 수 있다.

(1) DASD (Direct Access Storage Device)

기억장치 내의 기억 순서에 관계없이 원하는 위치에 직접 접근하여 자료를 액세스할 수 있는 기억장치로, 대부분의 주기억장치와 보조기억장치인 자기디스크 장치가 이에 해당되며 가장 널리 사용되는 기억 매체이다.

이 직접 액세스 기억장치는 자료의 삽입(Insert), 추가(Append), 삭제(Delete) 등을 쉽게 처리할 수 있다.

(2) SASD (Sequential Access Storage Device)

자료의 내용이 순서적으로 액세스되는 주소의 개념이 없는 기억장치로, 대량의 순서화된 자료의 보관이나 운영체제(Operating System)와 같이 순차적으로 빠르게 자료를 액세스하여 주기억장치에 적재하는 경우에 사용되며 자기테이프가 대표적이다.

이 순차적 액세스 기억장치는 자료를 순차적으로 액세스하는 경우 고속으로 처리할 수 있으나 저장된 자료를 검색하는 경우 평균 검색 시간이 길어 검색 효율이 떨어진다는 단점을 가지고 있다.

또한, 자료의 삽입이나 삭제를 수행하는 경우 다른 매체에 복사를 하는 형태로 작업이 이루어지기 때문에 다소 불편함과 처리 속도의 저하가 생기지만 추가의 경우에는 간단히 처리할 수 있는 기억장치이다.

(3) CAM (Content Addressable Memory)

연관 기억 구조를 가진 CAM은 어소시에이티브 메모리(Associative Memory)라고도 불리며, 자료에 접근하기 위해 기억 내용의 일부를 이용하여 액세스하는 기억장치이다. 주소의 개념이 없다는 특징과 함께 고속의 액세스가 가능하지만 기억장치의 크기가 제한되어 있다. 이는 기억 내용의 일부를 패턴 매칭(Pattern Matching)하여 자료를 찾기 때문에 기억장치의 크기가 일정한 범위를 넘어서는 경우 속도의 저하가 생기기 때문이다.

CAM 방식은 데이터의 한 그룹으로 병렬 탐색을 하기에 적당하도록 구성되어 있다. 탐색은 전체 워드 혹은 한 워드 내의 일부만을 가지고 시행되고 각 셀의 저장 능력과 더불어 외부의 인자(Argument)와 내용을 비교하기 위한 논리 회로를 갖고 있기 때문에 일반적인 RAM보다 값이 비싸지만 탐색 시간이 중요하고 매우 짧은 시간에 데이터 처리가 이루어져야 하는 경우에 유용하게 사용된다.

1-5   휘발성 메모리와 비휘발성 메모리

휘발성(Volatile) 메모리는 전원의 공급이 중단되면 전압이 0이 되어 기억하고 있던 모든 정보가 지워지는 기억장치로, 반도체 기억장치 중 바이폴라(Bipolar) 메모리와 MOS (Metal Oxide Semiconductor) 소자 등이 대표적이다.

반면 비휘발성(Non-Volatile) 메모리는 자기 성분을 가진 기억장치들처럼 전원 공급이 중단되어도 정보가 지워지지 않는 기억장치로, 자기 성분을 가진 자기테이프, 자기디스크 등과 같은 보조기억장치가 대표적이며, 주기억장치인 코어 메모리(Core Memory)도 이에 해당된다.

1-6   동적 메모리와 정적 메모리

동적(Dynamic) 메모리는 미소의 축전지에 전하를 충전시켜 자료를 기억하는 기억장치로, 일정 시간이 지나면 전하가 방전되어 자료가 지워진다. 이렇게 방전으로 발생하는 자료의 소멸을 막기 위해 2~3 ms마다 주기적인 재충전(Refresh)이 필요하다. 동적 메모리의 대표적인 예로 주기억장치에 사용되는 DRAM(Dynamic Random Access Memory)을 들 수 있다.

반면, 정적(Static) 메모리는 전원이 공급되는 한 기억된 내용이 지워지지 않고 유지되는 기억 소자 플립플롭(Flip Flop)을 조합한 메모리이며 재충전이 필요 없어 고속의 메모리로 사용된다.

2. 주기억장치

주기억장치는 내부 기억장치(Internal Storage)라고도 불린다. 인간의 기억 세포에 해당되는데 중앙처리장치와 직접 자료를 교환할 수 있으며 중앙처리장치에서 처리하고자 하는 자료는 반드시 주기억장치에 저장되어 있어야만 처리가 가능하다.

주기억장치의 중요한 조건 중 하나는 중앙처리장치와 직접적으로 자료를 교환하기 때문에 고속으로 자료를 액세스해야 한다는 점이다.

따라서 주기억장치는 반도체 기억 소자를 주로 사용하고 있으며 보조기억장치에 비해

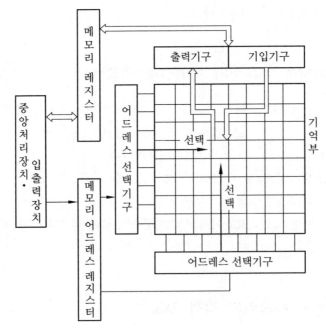

기억장치의 구성

용량이 적다는 특징도 가지고 있다.

주기억장치는 주어진 정보를 기억 유지해 두는 기억부와 그 주변 회로(Peripheral Circuit)로 이루어져 있는데 기억부는 각종 기억 소자나 매체로 구성된다. 주변 회로는 외부로부터 주어진 어드레스 정보를 유지하기 위한 MAR(Memory Address Register)과 지정된 기억 장소를 선택하기 위한 선택 회로(Selection Circuit), 입출력 정보를 기억하기 위한 MBR(Memory Buffer Register), 그리고 각종 제어 신호를 발생하는 제어 회로(Control Circuit) 등으로 구성된다.

2-1　　반도체 기억장치

주기억장치로는 수많은 플립플롭으로 구성된 기억 소자를 칩 속에 대규모로 집적시킨 반도체 메모리(Semiconductor Memory)가 통상 쓰이는데, 바이폴라(Bipolar)형 반도체와 MOS(Metal Oxide Semiconductor)형 반도체가 있다.

바이폴라 반도체는 표준 PN 접합 트랜지스터를 조립한 플립플롭 메모리로, 속도가 빠르고 제어가 간단하다는 장점을 가지고 있으나 고가이면서 높은 소비 전력과 함께 낮은 집적도를 가진다는 단점을 가지고 있어 MOS 반도체를 많이 사용하고 있다.

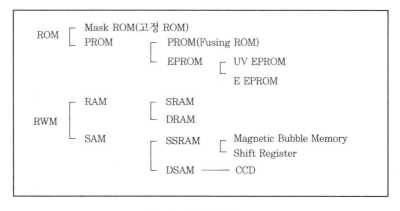

반도체 기억장치의 분류

MOS 반도체는 전원을 공급하는 한 정보가 유지되는 스태틱(Static) MOS와 전원이 공급되어도 일정 시간이 지나면 전하가 방전되어 정보가 소멸되기 때문에 재충전이 필요한 다이내믹(Dynamic) MOS로 나눌 수 있다. 또한, 반도체 기억장치는 기억된 데이터를 읽을 수만 있는 ROM(Read Only Memory)과 읽고 쓰기가 모두 가능한 RWM(Read Write Memory)로 분류할 수도 있다.

(1) ROM (Read Only Memory)

보통 ROM은 고정 ROM(Mask ROM)을 의미하는데 기억된 내용을 읽을 수만 있기 때문에 내용을 변경할 수 없고 전원 공급이 중단되어도 내용이 소멸되지 않는 비휘발성 기억 소자로 대량 생산되는 제어용 기억장치나 변경되지 않는 자료의 기억에 주로 사용된다. 이러한 ROM은 IC(Integrated Circuit) 제조 공장에서 칩(Chip)상에 전기적인 상호 연결을 제어하기 위한 마스크(Mask)를 사용하여 내용을 기억시키며 ROM의 읽기 동작은 해독기라 불리는 디코더(Decoder)에 의해 기억 장소의 주소가 선택되어 수행된다.

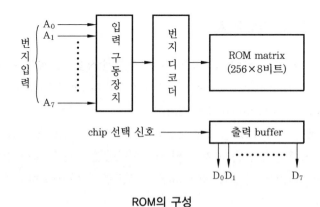

ROM의 구성

다음의 진리표에 따른 ROM 회로의 구성 예를 보여주고 있다.

❶ 진리표

주 소		출 력		
X	Y	A_1	A_2	A_3
0	0	0	1	0
0	1	0	0	1
1	0	1	0	1
1	1	1	1	0

❷ Logic Diagram

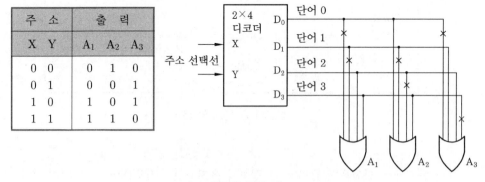

ROM 회로의 구성 예

(2) PROM (Programmable Read Only Memory)

ROM의 단점을 보완한 기억장치로, PROM 프로그램 장치를 통해 사용자가 직접 원하는 논리 기능을 갖도록 프로그램 할 수 있는 기억 소자이다. 적당한 IC 핀에 전류를 흘려 퓨즈(Fuse)를 태움으로써 단선이 된 경우 0을 기억하고 단선되지 않은 경우 1을 기억하도록 하는 원리를 가진 기억 소자이기 때문에 한 번 프로그램된 내용은 다시 변경할 수 없다는 단점을 가지고 있다.

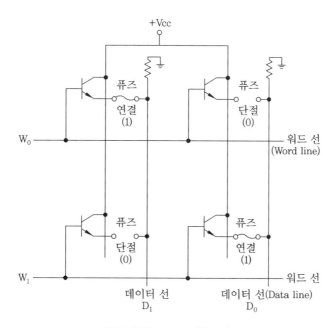

퓨즈 방식 PROM 셀(cell)

(3) EPROM (Erasable PROM)

PROM의 단점을 보완하여 사용자가 반복적으로 기억된 내용을 지우고 다시 프로그램 할 수 있도록 제작된 기억 소자를 EPROM이라 부르며 기억된 내용을 소거하는 방법에 따라 UV EPROM과 EEPROM으로 나누어진다.

❶ UV EPROM (Ultra Violet EPROM)

자외선에 의해 기억된 내용을 지울 수 있는 기억소자로 FET의 부동 게이트를 이용한 FAMOS(Floating Gate Avalanche Injection Metal Oxide Semiconductor)형 EPROM이다. 부동 게이트의 소스(Source)와 드레인(Drain)에 고압을 가하면 부동 게이트에 전자가 축적되어 소스와 드레인 사이의 채널이 도통되는데 도통 상태이면 1을 기억하고 전하가 축적되지 않아 차단 상태인 경우 0을 기억시키는 원리를 가지고 있다. 부동 게이트는 전하가 축적되면 석영 유리창에 자외선이 쪼여져 광전류에 의한 전하가 방출되기 전까지는 기억된 정보를 그대로 유지한다.

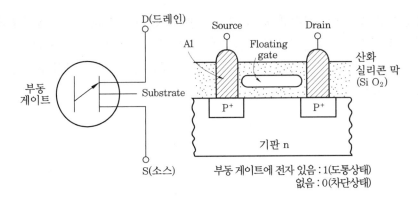

FAMOS 기호

❷ EEPROM(Electrical EPROM)

EAPROM(Electrically Alterable PROM)이라고도 불리는 EEPROM은 전기적으로 기억 내용을 지울 수 있는 기억 소자이다. MNOS(Metal Nitride Oxide Semi-conductor)형과 부동 게이트(Floating Gate Tunnel Oxide)형이 있으며, 내부 승압 회로를 사용하여 5 V로 기억 및 소거가 가능하다.

(4) RAM(Random Access Memory)

RAM은 기억된 내용을 읽어낼 뿐만 아니라 기억 내용을 변경시킬 수 있는, 즉 내용을 기록시킬 수 있는 메모리로 가장 대표적인 전자계산기의 주기억장치이다. 모든 프로그램과 실행을 위한 데이터들은 실행을 위해 이곳에 적재되어야 하므로 RAM의 용량에 따라 전자계산기의 처리능력이 좌우되기도 한다.

또한, RAM은 전원 공급이 중단되면 기억 내용을 상실하는 휘발성 메모리(Volatile Memory)이기 때문에 전자계산기의 전원을 끄기 전에 처리된 작업은 반드시 비휘발성 메모리(Non-Volatile Memory)로 저장해야만 한다.

RAM은 다음 그림과 같이 메모리 셀(Memory Cell)로 구성되어 있으며, 메모리 셀과 어드레스 디코더(Address Decoder)들이 모며 RAM을 형성한다.

메모리 셀은 자료를 저장하는 RS 플립플롭(Flip Flop)과 자료의 입출력을 위한 입력 부분, 출력 부분을 비롯하여 셀을 선택하기 위한 선택선(Select Line), 읽기와 쓰기를 제어하는 R/W(Read & Write) 부분 등으로 구성되어 있다.

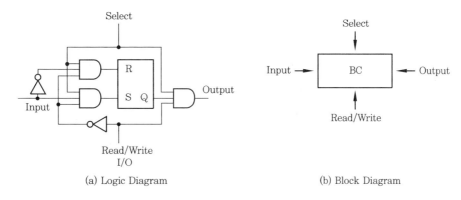

(a) Logic Diagram　　　　　　　　(b) Block Diagram

Memory Cell

다음 그림은 메모리 셀로 구성된 4워드 4비트 RAM의 구성을 보여주고 있다.

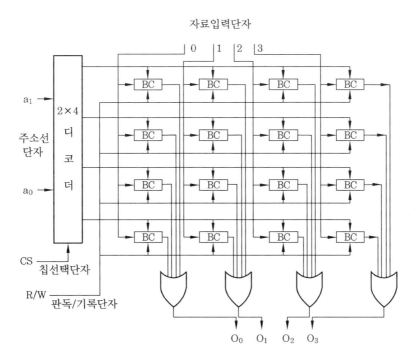

4 Word 4 Bit 반도체 Memory

RAM은 기억 원리나 구조에 따라 정적인 SRAM(Staic RAM)과 동적인 DRAM (Dynamic RAM)으로 구분된다.

❶ SRAM (Static RAM)

전원이 공급되는 한 기억된 내용이 소멸되지 않는 정적 RAM으로, 산화 실리콘과 금속 전극을 이용해서 만든 FET(Field Effect Transistor), 즉 MOS 트랜지스터를 조립한 플립플롭 메모리이다. 이 SRAM은 1비트를 저장하기 위한 플립플롭이 6개의 기억 소자로 구성되기 때문에 칩(Chip)당 저장 비트 수가 적고 가격이 비싸다는 단점을 가지고 있다.

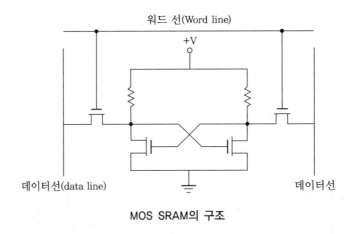

MOS SRAM의 구조

❷ DRAM (Dynamic RAM)

집적 밀도의 한계를 극복하기 위해 플립플롭 대신 IC 칩상에 조립된 미소 축전지에 전하를 충전시켜 정보를 기억하는 메모리이다. 방전으로 인해 2~3 ms마다 정보 재생, 즉 재충전(Refresh)이 필요한데, 이로 인한 재충전용 외부 회로가 메모리에 추가되어야 한다. DRAM은 재충전 시간 때문에 SRAM보다 속도는 느리지만 기억 밀도가 높고, 낮은 전력 소모와 함께 가격이 싸다는 장점을 가지고 있어 대부분의 컴퓨터에 주기억장치로 사용되고 있다.

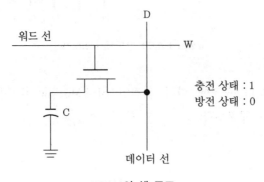

DRAM의 셀 구조

❸ SRAM과 DRAM의 비교

반도체 기억장치의 분류

구　　분	SRAM	DRAM
Memory Cell	Flip Flop으로 구성	Condenser로 구성
Chip당 저장 용량	적　　다	많　　다
소 비 전 력	높　　다	낮　　다
속　　　　도	빠 르 다	느 리 다
재　충　전	불 필 요	필　　요
주 변 회 로	간　　단	복　　잡

2-2　PLA (Programmable Logic Array)

프로그램 가능 논리 배열, 즉 PLA는 PROM과 비슷한 개념을 가진 논리 소자로, ROM의 경우에는 입력이 증가하면 용량의 증가가 필요하지만 PLA는 이러한 단점을 개선하여 입력의 수가 증가하여도 용량의 확대가 요구되지 않도록 만든 기억 소자이다. PLA는 다음 그림과 같이 입력 단자가 연결되어 있는 AND 배열과 출력 단자가 연결되어 있는 OR 배열로 구성되어 있는데 여기서 OR 배열의 수직선들은 하나의 단어에 해당되며 하나의 수직선을 교차하는 수평선의 수는 단어당 비트 수를 의미한다.

PLA가 입력이 증가하여도 용량의 변화가 없는 이유는 PLA의 입력이 AND 배열을 이용하여 코드화되어 OR 배열, 즉 ROM의 주소로 사용되기 때문이다.

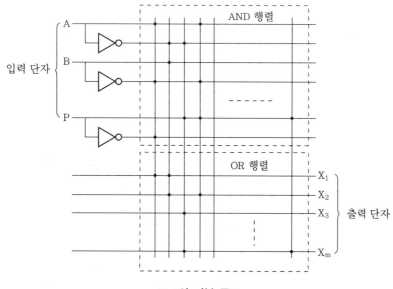

PLA의 기본 구조

2-3　조셉슨 접합(Josephson Junction)

영국의 브라이언 조셉슨(Brian Josephson)에 의해 개발된 미래의 기억 소자로, 0에서 1
로의 상태 변환이 현재의 기억 소자들보다 10배 이상 빠른 초전도 스위치 기억 소자이다.
극저온 헬륨 속에 보관하여야 하는데 이 소자를 만들기 위한 환경이나 조건이 까다롭기
때문에 현재 실용화 단계는 아니지만 많은 연구를 통해 실용화되는 경우 어떠한 기억장치
들 보다 널리 사용되리라 생각된다.

2-4　자기 코어(Magnetic Core)

자기 코어 메모리는 자기적으로 두 개의 안정된 상태를 가지는 기억 소자로, 페라이트
(Ferrite)라는 자성 재료를 이용하여 링(Ring) 모양으로 만들어졌다. 자기 코어는 지름 0.3
~0.5 mm의 크기를 가지며 자성 재료로 만든 도선을 감아서 전류를 흐르게 하면 자화되
는 성질을 이용하여 코어의 중심부 도선에 전류를 흘려 자료를 기억시킨다.

다음 그림과 같이 도선의 오른쪽 방향으로 전류를 흐르게 하면 코어는 오른쪽 방향으로
자화되고 반대 방향으로 전류를 보내면 코어는 왼쪽 방향으로 자화된다. 이때 일단 자화
가 되면 반대 방향으로는 자화 전류가 흐르지 않기 때문에 기억 소자로 사용할 수 있고 자
화 방향이 오른쪽인 경우 1을, 왼쪽인 경우 0을 대응시키면 하나의 코어로 2진 1비트를
저장할 수 있다.

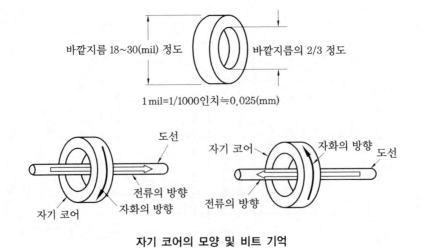

자기 코어의 모양 및 비트 기억

자기 코어의 구성은 두 개의 구동선(Driving Line)과 검출선(Sense Line), 금지선(Inhi-
bit Line) 등으로 구성되는데, 구동선은 다음 그림의 X, Y선이며 자화할 코어를 선택선으

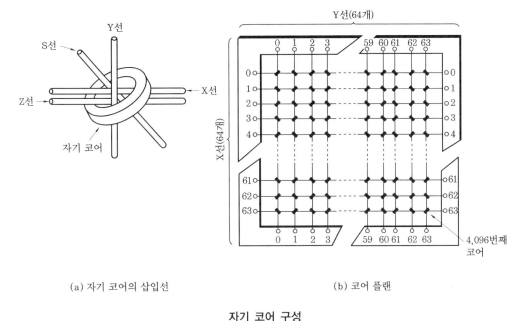

(a) 자기 코어의 삽입선   (b) 코어 플랜

자기 코어 구성

로 전류를 흘려 자화시킨다.

이때 불필요한 코어의 자화가 발생되면 금지선에 전류를 흐르게 하여 불법 자화를 방지하며 검출선에 의해 자화 상태를 감지하도록 만들어져 있다. 코어는 하나의 코어가 1비트만을 저장하기 때문에 보통 여러 개의 코어를 가로 세로로 가지런히 나열해 정보를 기억시키게 하는데, 이것을 코어 플랜(Core Plane)이라고 한다.

코어 플랜의 용량은 한 장의 코어 플랜에 포함된 코어의 수를 워드(Word)라 하고 코어 플랜의 장 수가 워드당 비트 수가 된다. 또한 코어 플랜을 필요한 매수만큼 겹쳐서 기억장치의 한 단위로 사용하는데 이를 코어 스택(Core Stack)이라고 한다.

그러나 자기 코어는 저장된 정보를 읽으면 자화 방향이 변화되어 자료가 소멸되는 파괴(Destructive) 메모리로, 정보를 읽은 후에는 반드시 재저장(Restoration)을 필요로 한다.

따라서 코어 메모리는 재저장을 위한 부수적 제어 기능이 필요하며 액세스 시간(Access Time)에 재저장 시간이 합쳐져 사이클 시간(Cycle Time)을 이루기 때문에 사이클 시간이 액세스 시간보다 길어진다.

2-5   주기억장치의 주변 회로 동작

주기억장치에 데이터가 입출력되기 위해서는 두 개의 레지스터(Register)가 기억장치의 부수 회로로 필요하다. 데이터를 기록 혹은 읽으려면 주소선을 통해 기억 장소의 주소 위치를 가리켜야 하며 해당 자료는 데이터선을 통해 입출력이 이루어진다.

　이때 해당 자료의 주소는 메모리 주소 레지스터(MAR ; Memory Address Register)로 옮겨져야 하고, 입출력되는 자료는 메모리 버퍼 레지스터(MBR ; Memory Buffer Register)에 일시 저장된 후 입출력된다.

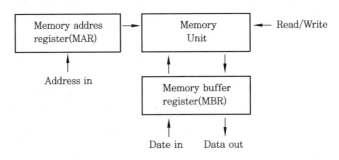

주기억장치와 주변 레지스터의 블록 다이어그램

　다음은 기억장치로부터 데이터를 입출력하는 순서를 나타내고 있다.

(1) 데이터 읽기

① 기억장치로부터 읽고자 하는 자료의 주소를 MAR로 옮기고

② 판독 제어 신호를 발생

③ MAR이 가리키고 있는 기억장치의 내용이 MBR로 출력

④ MBR에 일시 기억된 자료를 읽는다.

(2) 데이터 저장

① 저장하고자 하는 자료의 기억장치 주소를 MAR로 옮기고

② 기억시키고자 하는 자료를 MBR로 옮긴다.

③ 기록 제어 신호를 발생

④ MAR이 가리키고 있는 기억장치로 MBR에 일시 저장된 자료를 저장한다.

3. 보조기억장치

　주기억장치는 처리 속도는 빠르지만 비트당 가격이 비싸기 때문에 용량의 한계가 있어 방대한 양의 자료 보관이 불가능하다. 그러나 실질적으로 많은 양의 자료 처리가 필요한 경우에는 이를 해결하기 위해 전자계산기의 외부에 별도로 용량이 큰 기억장치를 준비하

여 자료를 기억시키고 처리가 필요할 때 주기억장치로 자료를 옮겨 처리한다. 또한, 주기억장치로 사용되는 반도체 기억장치는 휘발성 메모리가 대부분을 차지하고 있기 때문에 전원 공급이 중단되면 정보를 잃어버리므로 비휘발성 메모리를 외부에 설치하여 장기간 자료를 보존한다.

보조기억장치로는 자기드럼, 자기디스크, 자기테이프 등이 대표적인데 최근에는 CCD (Charge Coupled Device), 자기 버블 메모리(Magnetic Bubble Memory), CD ROM (Compact Disk ROM) 등도 사용되고 있다.

3-1   자기드럼(Magnetic Drum)

자기드럼은 표면이 자성체로 피막된 회전 원통과 여러 개의 자기헤드(Magnetic Head)들이 드럼의 표면을 따라 놓여 있는 것으로, 이 헤드들은 드럼 표면에 조그만 자화된 점을 만들어 정보를 기록하고 그 영역을 감지하여 기록되어 있는 정보를 판독한다.

드럼의 표면에 각 헤드가 연속적으로 지나가는 영역을 트랙(Track)이라 하는데 각 트랙들은 섹터로 나누어져 있다.

자기드럼은 보통 3만 개의 자화점을 가진 500개의 트랙으로 구성되고 트랙당 보통 32비트의 섹터를 가지고 있어 트랙과 섹터의 수로 주소를 나타낸다. 직접처리장치인 드럼은 초기에는 주기억장치로도 사용하였으나 차후 보조기억장치로 사용되었다.

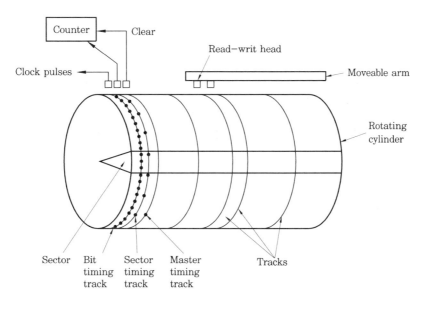

자기드럼 기억장치

드럼은 트랙 수만큼의 헤드를 가지고 있어 자료를 읽거나 기록할 때 헤드가 움직이지 않는다. 따라서 트랙을 찾는 시간인 시크 타임(Seek Time)이 없어 자기디스크보다 액세스 시간이 짧다는 장점을 가지고 있으나 부피에 비해 용량이 적다는 단점도 가지고 있어 현재는 거의 사용하고 있지 않다.

3-2 | 자기디스크(Magnetic Disk)

자기디스크는 레코드 음반과 같은 모양을 가진 얇고 둥근 플라스틱 원판의 표면에 자성체를 입혀 자료를 기억시키는 장치로, 동심 축을 중심으로 몇 장의 디스크 원판을 겹쳐 만들어져 있다.

디스크 원판은 여러 개의 동심원으로 구성되어 있는데 이것을 트랙(Track)이라 부르며 각 트랙은 여러 개의 섹터(Sector)로 나누어져 있고, 디스크가 여러 장 겹쳐져 있는 것을 디스크 팩(Disk Pack)이라 한다.

자기디스크는 액세스 암(Access Arm), 읽기/쓰기 헤드(Read/Write Head), 디스크(Disk) 등의 세 가지 부분으로 구성되어 있다. 헤드를 고정시킨 액세스 암이 움직이면서 해당 트랙을 찾고 디스크 팩이 회전하면서 해당 섹터를 찾는데, 이때 헤드가 위치한 동일 트랙군을 실린더(Cylinder)라 부른다.

트랙과 섹터에 주소를 이용하여 접근하기 때문에 직접 액세스가 가능한 디스크는 현재 가장 널리 사용되고 있는 보조기억장치 중 하나이다.

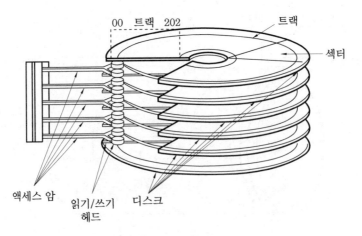

자기디스크 장치의 구성

자기디스크의 액세스 시간(Access Time)은 시크 시간(Seek time), 서치 시간(Search Time), Read/Write 선택 시간, 데이터 전송 시간을 합친 시간을 말한다. 시크 시간이란 헤드를 적절한 트랙상에 위치하게 하는 시간을 말하고, 서치 시간은 회전 대기 시간(rotational delay time)으로 레이턴시 시간(Latency Time)이라고도 불리는데 헤드를 적절한 섹터 위에 위치하게 하는 시간이다.

자기디스크는 고정 헤드 디스크(Fixed Head Disk)와 이동 헤드 디스크(Moving Head Disk)로 나눌 수 있는데 고정 헤드 디스크의 경우에는 트랙을 찾는 시간이 없어 속도는 빠르지만 구성이 복잡하여 보통 이동 헤드 디스크를 주로 사용한다.

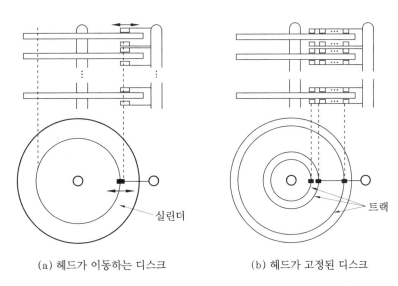

(a) 헤드가 이동하는 디스크   (b) 헤드가 고정된 디스크

고정 헤드 디스크(Fixed Head Disk)와 이동 헤드 디스크(Moving Head Disk)

3-3   자기테이프 (Magnetic Tape)

플라스틱 테이프의 표면에 자성 물질을 얇게 발라서 릴(Reel)에 감아 놓은 형태로, 전원의 변화와 전자석의 작용에 의하여 반영구적으로 자료를 기억시키는 장치이다. 보통 자기테이프의 길이는 800, 1200, 1600, 2400피트(Feet) 등이 있으며 테이프 1인치(Inch)에 저장된 문자(Character) 수 혹은 바이트(Byte) 수를 기록 밀도라 하고 단위는 BPI(Byte Per Inch)를 사용한다. 또한, 1초 동안에 전송할 수 있는 자기테이프의 길이를 나타내는 전송 속도의 단위로 IPS(Inch Per Second)를 사용한다.

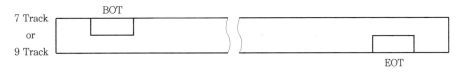

자기테이프의 구성

자기테이프에는 빛을 반사하는 알루미늄 판이 테이프의 데이터 시작 위치와 끝을 나타내기 위해 존재하는데, 이를 BOT(Beginning Of Tape)와 EOT(End Of Tape)라 한다. BOT는 실제 데이터가 저장되기 시작하는 부분을 나타내고 EOT는 데이터의 끝을 나타내는 부분으로, 데이터가 기록되는 위치는 BOT와 EOT 사이에 기록된다. 또한, 자기테이프는 수평으로 트랙을 가지고 있는데 이 트랙의 수에 따라 7트랙용 테이프와 9트랙용 테이프로 구별된다.

7트랙용 테이프는 6개의 데이터 비트를 가진 BCD와 한 비트의 패리티 비트(Parity Bit)로 구성되어 데이터가 저장되고, 9트랙 테이프는 EBCDIC 혹은 ASCII에 한 비트의 패리티 비트가 포함되어 데이터를 저장한다.

자기테이프는 초대용량의 자료를 기억시킬 수 있는 기억장치로, 테이프가 릴에 감겨 있어 순차적으로만 자료를 처리할 수 있고 이로 인해 평균 검색 시간이 늦다는 단점을 가지고 있다. 즉, 자기테이프는 주소의 개념이 없는 기억장치이다.

반면, 대량의 자료를 반영구적으로 보관할 수 있고 가격이 저렴하기 때문에 대부분의 범용 전자계산기에서 많이 사용하고 있다.

자기테이프는 다음 그림과 같은 자기테이프 구동 장치(Magnetic Tape Driver)에 의해 자료를 읽거나 기록한다.

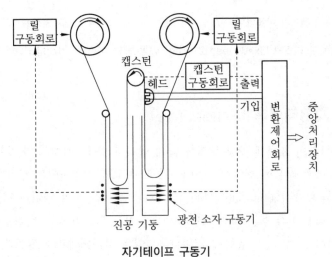

자기테이프 구동기

(1) 논리 레코드(Logical Record)와 물리 레코드(Physical Record)

자기테이프의 자료 입출력은 보통 레코드 단위 혹은 블록 단위로 이루어지는데 전자를 논리 레코드, 후자를 물리 레코드라 부른다.

여기서 논리 레코드란 한 개의 데이터로 취급되는 기본 단위로 사람의 관점에서 본 레코드를 말하고, 물리 레코드는 전자계산기가 한 번에 입출력할 수 있는 단위로 전자계산기의 관점에서 본 레코드이며, 블록(Block)이라고도 불린다.

논리 레코드는 다음 그림과 같이 구성되며 논리 레코드와 논리 레코드 사이에는 테이프의 공회전으로 인해 데이터가 저장되지 않는 부분인 IRG(Inter Record Gap)가 존재한다.

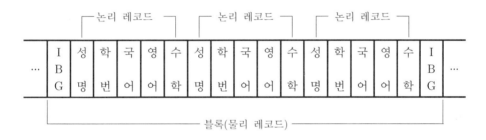

(a) 논리 레코드

(b) Blocking Factor가 3인 물리 레코드

논리 레코드와 물리 레코드

물리 레코드는 논리 레코드의 IRG를 줄이기 위해 다수의 논리 레코드를 묶어 구성하는데 이러한 작업을 블로킹(Blocking)이라 하며, 하나의 물리 레코드에 포함된 논리 레코드의 수를 블록화 인수(Blocking Factor)라 한다. 이렇게 블로킹하는 이유는 논리 레코드와 논리 레코드 사이에 존재하는 IRG를 줄임으로써 테이프를 절약할 수 있고 데이터의 처리속도를 향상시킬 수 있다는 장점 때문이다. 물리 레코드와 물리 레코드 사이에는 IBG(Inter Block Gap)가 존재하며 IBG 역시 데이터가 저장되지 않는 부분이다.

레코드는 보통 고정길이 레코드(Fixed Length Record), 가변길이 레코드(Variable Langth Record), 부정형식 레코드(Undefind Record)로 구분된다.

다음 그림은 블록화 여부가 포함된 레코드들의 형식을 보여주고 있다.

| | 레코드 1 | | 레코드 2 | | 레코드 3 | |

(a) 블록화되지 않은 고정길이 레코드

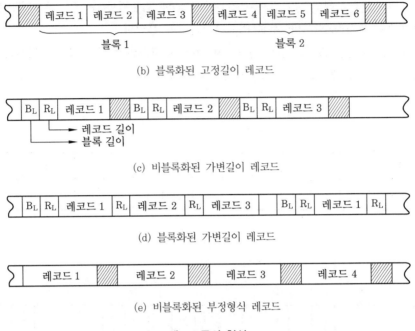

(b) 블록화된 고정길이 레코드

(c) 비블록화된 가변길이 레코드

(d) 블록화된 가변길이 레코드

(e) 비블록화된 부정형식 레코드

레코드들의 형식

(2) 자기테이프의 용량 계산

❶ 언블로킹 레코드(Un-blocking Record)의 용량 계산

블록화되지 않은 테이프에 포함된 레코드 총수를 계산하기 위해서는 테이프의 전체 길이를 하나의 레코드 길이로 나눔으로써 구할 수 있는데 하나의 레코드 길이를 구하기 위해서는 기록 밀도와 레코드당 바이트 수, IRG의 길이가 필요하다.

예를 들어 테이프의 길이가 2400 ft이고 기록 밀도가 1600 BPI이며 논리 레코드의 길이가 200바이트라 할 때, 자기테이프에 포함된 레코드의 총수, 즉 용량을 계산해 보자. (단, 1 ft는 12 inch이고 IRG의 길이는 0.5 inch이다.)

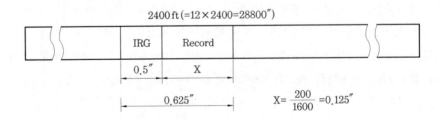

이 문제는 테이프 전체의 길이에서 레코드 하나의 길이를 나누어주면 테이프 내에 포함될 수 있는 총 레코드의 수를 구할 수 있으므로 하나의 레코드 길이를 먼저 구해야 한다. 여기서 하나의 레코드는 IRG와 실제 데이터가 기록된 레코드로 구성되어 있으므로 실

제 데이터가 기록된 레코드의 길이를 구해야 하는데 1인치당 기록할 수 있는 바이트의 수, 즉 기록 밀도가 1600이므로 200바이트를 표현하기 위해서는 0.125인치가 필요하다. 그러므로 하나의 레코드의 길이는 IRG 길이 0.5인치와 실제 데이터의 길이를 합한 0.625인치가 된다.

따라서 테이프의 용량, 즉 총 레코드 수는 28800 ÷ 0.625 = 46080(개)의 레코드를 기록할 수 있다.

$$
(레코드\ 총수) = (테이프\ 길이) \div \left\{ IRG + \frac{(레코드당\ 바이트\ 수)}{(기\ 록\ 밀\ 도)} \right\}
$$

언블로킹 레코드(Un-blocking Record)의 용량 계산 공식

❷ 블로킹 레코드(Blocking Record)의 용량 계산

블록화된 테이프에 포함된 블록의 수와 레코드 총수를 계산해 보자.

블록의 수는 테이프의 전체 길이를 하나의 블록 길이로 나눔으로써 구할 수 있고, 레코드의 총수는 블록의 수에 블록화 인수를 곱한 값으로 구한다.

예를 들어 테이프의 길이가 2400 ft이고 기록 밀도가 3200 BPI이며 100바이트의 길이를 가진 논리 레코드 10개를 묶어 하나의 블록을 구성할 때, 자기테이프에 포함된 레코드의 총수, 즉 용량을 계산해 보자. (단, 1ft는 12 inch이고 IBG의 길이는 0.5 inch이다.)

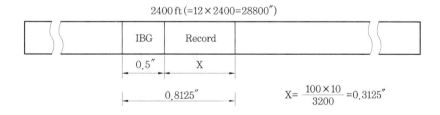

이 문제는 테이프 전체의 길이에서 하나의 블록 길이를 나누어 주면 테이프 내에 포함될 수 있는 총 블록의 수를 구할 수 있고, 이 값에 블록화 인수를 곱하면 레코드의 수를 구할 수 있으므로 하나의 블록 길이를 먼저 구해야 한다.

여기서 하나의 블록은 IBG와 블록화 인수만큼의 논리 레코드들로 구성되어 있으므로 실제 데이터가 기록되어 있는 블록의 길이는 논리 레코드의 바이트 수에 블록화 인수를 곱한 값 100×10 = 1000을 기록 밀도 3200으로 나눈 0.3125인치가 된다.

그러므로 하나의 블록 길이는 IBG 길이 0.5인치와 실제 데이터의 길이를 합한 0.8125인치가 된다.

따라서 총 블록의 수는 28800 / 0.8125 = 35446.153846, 즉 35446개이고, 논리 레코드의 총수는 35446×10 =354460(개)이다.

$$(\text{레코드 총수}) = (\text{테이프 길이}) \div \left\{ \text{IBG} + \frac{(\text{레코드당 바이트 수}) \times \text{BF}}{(\text{기 록 밀 도})} \right\} \times \text{BF}$$

블로킹 레코드(Blocking Record)의 용량 계산 공식

(3) 자기테이프의 입출력

자기테이프는 보통 논리 레코드와 논리 레코드 사이에 존재하는 IRG를 줄임으로써 테이프를 절약할 수 있고 데이터의 처리 속도를 향상할 수 있다는 장점 때문에 블록 단위로 입출력을 행한다.

입력 자료는 PIOCS(Physical Input Output Control System)에 의해 블로킹(Blocking) 작업이 이루어지고 블록화된 레코드는 버퍼 에어리어(Buffer Area)로 입력된다. 버퍼 에어리어로 입력된 블록은 그대로 처리할 수 없기 때문에 LIOCS(Logical Input Output Control System)에 의해 디블로킹(Debloking) 작업, 즉 각각의 논리 레코드로 분리시키는 작업을 수행한다.

이렇게 분리된 논리 레코드는 워크 에어리어로 입력되어 처리되고, 처리된 데이터는 PIOCS에 의해 블로킹 작업이 수행되어 출력된다.

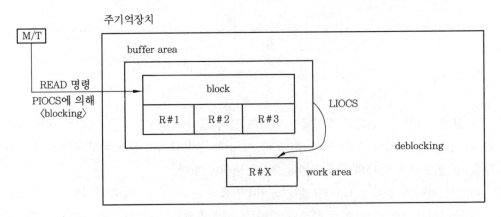

자기테이프의 입출력

3-4 기타 보조기억장치

(1) 자기버블 기억장치 (Magnetic Bubble Memory)

1967년 미국에서 발표된 자기 버블은 비휘발성 보조기억장치로, 자기드럼이나 자기디스크, 자기테이프 등과 같이 매체의 회전이나 헤드 이동 등의 기계적 가동 부분이 존재하지 않고 자기버블의 존재 유무로 한 비트를 기억하는 장치이다. 자기버블은 특수 자성 재료의 단결정막(Wafer)에 자계를 가하여 발생하는 지름이 수 μm의 물거품 모양을 하고 있고, 버블이 존재하는 경우 1을, 존재하지 않는 경우 0을 대응시킨다. 또한 자기버블은 데이터를 빠르게 액세스할 수 있으며, 32 KBit에서 수백만 비트를 저장할 수 있어 고속의 장치로 널리 사용될 전망이다.

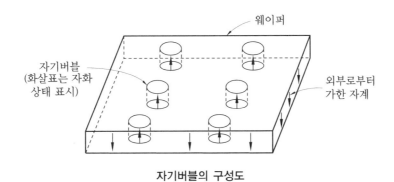

자기버블의 구성도

(2) 전하 결합 소자 (CCD ; Charge Coupled Device)

1970년 미국의 Bell 연구소에서 개발된 기억장치로, 반도체 기판의 내부에 형성된 전위를 억제해서 전기 신호, 즉 전하를 차례로 보내는 구조를 가지고 있다. 아날로그 신호(Analog Signal)를 전기적인 클록 펄스(Clock Pulse)에 의해 전하의 상태로 만들어 시프트 레지스터(Shift Register)와 같이 순차적으로 한 방향 전송을 하는 소자이다.

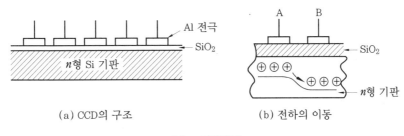

(a) CCD의 구조   (b) 전하의 이동

CCD 기억장치

4. 고속의 버퍼 메모리와 가상기억장치

전자계산기에서 어떠한 프로그램을 처리할 때 큰 용량의 기억장치를 가지고 있어도 실제 액세스하여 처리하는 데이터는 그 기억장치의 일부에 불과한 경우가 많다.

즉, 큰 기억장치에 다양한 내용의 많은 프로그램들 혹은 데이터가 저장되어 있다고 해도 자주 처리하는 내용은 기억된 내용의 극히 일부분이기 때문에 실제 처리에 필요한 기억 장소의 크기는 작아도 관계없는 경우가 많다.

이렇게 기억장치를 사용함에 있어서 기억장치의 참조를 일부분만 하는 현상을 기억장치의 국소성(Locality of Memory Reference)이라 하며, 이러한 현상을 이용하여 고속의 버퍼 메모리(Buffer Memory)인 캐시(Cache) 혹은 가상기억장치(Virtual Memory)를 사용할 수 있다.

4-1   고속의 버퍼 메모리(Cache)

주기억장치로부터 자료를 액세스하는 속도와 중앙처리장치의 처리 속도 차이로 발생하는 전자계산기의 성능 저하를 개선하기 위해 중앙처리장치와 주기억장치 사이에 주기억장치보다 용량은 작지만 액세스 속도가 빠른 고속의 버퍼 기억장치(High Speed Buffer Memory)를 하드웨어적으로 설치하여 처리 속도를 향상시킨다.

이를 캐시 메모리(Cache Memory)라 부르며 속도 면에서 중앙처리장치와 유사하기 때문에 중앙처리장치 내의 레지스터로부터 자료를 액세스하는 것과 유사하다.

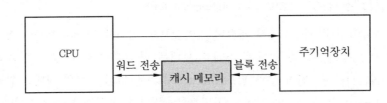

캐시 메모리의 설치 위치

캐시 메모리와 주기억장치는 크기가 작은 유사한 수의 워드로 구성된 페이지(Page) 단위로 나누어져 있으며 상호 간의 정보 교환은 페이지 혹은 블록 단위로 이루어진다.

캐시 메모리는 주기억장치에 기억된 내용의 일부만을 기억하고 있으므로 효율성은 캐시 메모리로부터 수행에 필요한 명령이나 데이터를 바로 읽어 들이는 비율에 의해 좌우된다.

이때 원하는 명령이나 데이터를 캐시에서 찾은 경우를 적중(Hit)했다고 하며 원하는 내용이 캐시에 없는 경우에는 부재(Miss)라 하고 주기억장치로부터 명령이나 데이터를 캐시

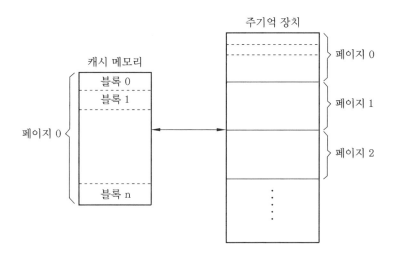

캐시와 주기억장치의 정보 전달

로 읽어 들여야 한다.

　따라서 캐시의 유효 액세스 시간은 캐시로부터 자료를 액세스 시간에 적중률을 곱한 값과 자료의 액세스 시간에 부재율을 곱한 값을 더하면 된다.

　여기서 자료의 액세스 시간은 주기억장치로부터의 액세스 시간과 캐시로부터 액세스시간을 더해야 하는데 이는 캐시에서 자료를 찾는 시간과 자료의 부재로 주기억장치로부터 액세스한 시간을 더한 값이 된다.

　보통 캐시 메모리를 가진 컴퓨터의 성능을 나타내는 척도의 하나로 적중률(Hit Ratio)을 사용하며 0.95~0.99 정도의 적중률을 가진 경우 우수하다고 간주한다.

　다음 식은 캐시의 적중률과 부재율을 구하는 공식이다.

$$\{캐시의\ 적중률(Hit\ Ratio)\} = \frac{(적중된\ 수)}{(메모리\ 참조의\ 전체\ 수)}$$

$$\{캐시의\ 부재율(Miss\ Ratio)\} = 1 - (적중률)$$

캐시 메모리의 적중률과 부재율

　캐시 메모리의 기본구조는 다음 그림과 같으며 캐시의 접근은 프로세서가 참조하는 주소를 이용하여 접근한다. 프로세서가 참조하는 주소는 태그, 세트인덱스, 데이터인덱스로 구성되며 캐시 컨트롤러가 주소에 포함된 태그와 캐시 메모리 내의 캐시 태그와 비교하여 자료를 찾아가는 방식을 사용한다.

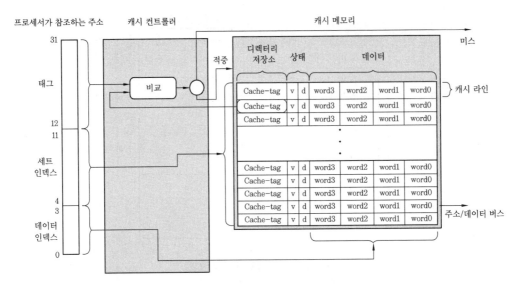

캐시 메모리의 기본구조

캐시 메모리를 설계할 때 고려해야 할 사항으로는 캐시의 크기, 블록의 크기, 캐시 장치의 수, 사상함수(Mapping Function) 등과 함께 프로세서가 쓰기 동작을 수행할 때 데이터를 어디에 저장할 것인지를 결정하는 기입정책(Write Policy)과 캐시 미스가 발생하였을 때 사용 세트 내에 어떤 캐시 라인을 선택할 것인가를 결정하는 교체정책(Replacement Policy)이 있다.

또한 보조기억장치에 저장되어 있는 프로그램이나 데이터를 언제 주기억장치로 적재할 것인가를 결정하는 반입 정책(Fetch Policy), 새로 반입되는 프로그램이나 데이터를 주기억장치의 어느 위치에 위치시킬 것인지를 결정하는 배치 정책(Placement Policy) 등을 고려하여야 한다.

(1) 기입 정책

기입 정책은 연속기입(Write-through) 방식과 후기입(Write-back) 방식으로 나눌 수 있다. 연속기입 방식은 캐시가 적중인 경우 캐시와 주 메모리 모두에 값을 저장하는 방식으로 캐시와 주 메모리 사이에 항상 일관성을 유지하지만 주 메모리의 접근이 많아져 처리 속도가 저하되는 단점을 가지고 있다. 이에 비해 후기입 방식은 유효한 캐시 메모리에만 데이터를 저장하고 주 메모리에는 저장하지 않는 방식으로 추후 일괄적으로 주 메모리를 업데이트 시키는 방식이다. 이 방식은 더티 비트(Dirty Bit)를 사용하여 캐시 메모리와 주 메모리 사이에 데이터 일관성을 유지하며 연속기입 방식에 비해 처리 속도가 **빠른** 장점을 가지고 있다.

(2) 교체 정책

교체 정책에는 의사 랜덤(Pseudo Random) 방식과 라운드 로빈(Round Robin) 방식, LRU(Least Recently Used) 방식 등이 있는데 의사 랜덤 방식은 캐시 컨트롤러가 교체될 세트 안에 있는 캐시 라인을 무작위로 선택하는 방식이며, 라운드 로빈 방식은 캐시 컨트롤러가 캐시 라인을 할당할 때마다 순차적으로 증가하는 카운터를 사용하여 선택하는 방식이다. LRU 방식은 캐시 라인의 사용을 확인하여 가장 오랜 시간 동안 사용되지 않는 캐시 라인을 선택하도록 하는 방식이다.

(3) 반입 정책

반입 전략은 요구반입(Demand Fetch)과 예상반입(Anticipatory Fetch) 정책이 있는데 요구반입 정책은 실행 프로그램의 요구에 따라 현재 필요한 정보만 주기억장치로부터 인출하는 방식이다. 이에 비해 예상반입 전략은 현재 필요한 정보 외에도 앞으로 필요할 것으로 예측되는 정보를 미리 인출하는 방식으로 선인출(Pre-Fetch) 정책이라고도 한다.

(4) 배치 정책

배치 정책으로는 최초 적합(First Fit) 방식, 최적 적합(Best Fit), 최악 적합(Worst Fit) 정책이 있으며 최초 적합 정책은 주기억장치의 사용 가능한 공간을 검색하여 첫 번째로 찾아낸 곳을 할당하는 방식으로 검색을 공간의 첫 부분부터 수행하거나, 지난 번 검색이 끝난 곳에서 시작할 수 있고 충분한 크기의 공간을 찾으면 검색을 끝내는 방식이다.

최적 적합 정책은 사용 가능한 공간들 중에서 가장 작은 것을 선택하는 방식으로, 가용 공간들에 대한 목록이 그 공간들의 크기 순서대로 정렬되어 있지 않다면 최적인 곳을 찾기 위해 전체를 검색해야 하는 단점을 가지고 있는 방식이다.

최악 적합 정책은 사용 가능한 공간들 중에서 가장 큰 것을 선택하는 방식으로 할당해 주고 남는 공간을 크게 하여 다른 프로세스들이 그 공간을 사용할 수 있도록 하는 정책이다. 이 방법 역시 최적 적합과 동일하게 가용 공간들에 대한 목록이 그 공간들의 크기 순서대로 정렬되어 있지 않다면 최적인 곳을 찾기 위해 전체를 검색해야 한다.

(5) 사상 함수

사상 함수란 명령이 수행될 때 주기억장치에 접근하려면 명령에서 사용된 주소를 주기억장치의 실제 주소로 변환하여야 하는데 이때 주기억장치의 실제 주소로 변환해 주는 함수를 말하며, 주소를 조정하는 작업은 매핑(Mapping)이라 한다. 매핑 방식으로는 직접 사상(Direct Mapping) 방식과 연관사상(Associative Mapping) 방식, 집합연관사상(Set-Associative Mapping) 방식이 있다.

4-2 가상기억장치 (Virtual Memory)

가상기억장치는 다중 프로그래밍의 등장으로 발생하는 사용 메모리 공간의 증대를 해결하기 위해 주기억장치에 비해 용량이 큰 보조기억장치를 사용자가 주기억장치인 것처럼 생각하고 프로그래밍할 수 있도록 하는 개념을 도입한 기억장치이다.

1960년 영국의 맨체스터 대학에서 제작된 아틀라스 컴퓨터 시스템에 처음으로 이용되었다.

가상기억장치 개념의 핵심은 현재 진행 중인 프로세서가 참조하는 번지를 실제 주기억장치에서 사용 가능한 번지와 분리시키는 것이다. 즉, 번지 공간과 실제 공간을 구분하여 사용자는 번지 공간에서 프로그래밍을 하며 운영 체제가 이 프로그램과 실제 공간을 연결시켜 준다.

가상기억장치에서 실행하는 프로그램들은 일반적으로 기억 공간보다도 더 큰 공간을 가지고 있으며 프로그램의 가상 번지를 하드웨어상의 실제 번지로 사상(Mapping)시키는 작업이 필요하다.

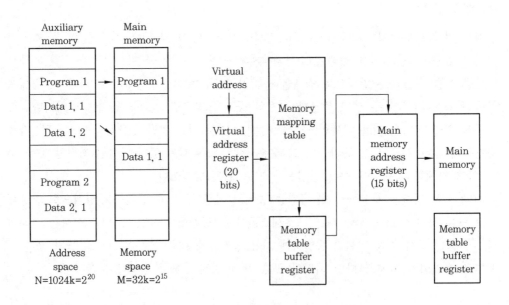

(a) 주소 공간과 기억 공간의 관계   (b) 가상 주소 매핑을 위한 메모리 테이블

가상기억장치의 주소 공간과 메모리 공간

이 방법을 구현하는 방법은 고정된 블록(Block) 크기를 가지며 운영 체제(OS ; Operating System)에 의해 페이지(Page) 단위로 분해되는 페이징 기법(Paging Technique)과, 가변 블록 크기를 가지며 프로그래머(Programmer)가 프로그램에 의해 세그먼트 단위로

분해하는 세그먼트 기법(Segmentation)이 있다.

이러한 가상기억장치를 구현하기 위해서는 보조기억장치는 반드시 직접 처리가 가능한 장치이어야 하는데, 이는 페이지 교체 시 즉시 액세스가 이루어져야 하기 때문이다.

(1) 페이지 교체 이유

가상기억 체계에서는 주기억장치의 크기가 보조기억장치보다 작기 때문에 소수의 페이지만이 주기억장치에 기억되어 있는 상태이다.

이때 새로운 페이지가 프로그램의 요구에 따라 보조기억장치로부터 주기억장치로 전송되어야 한다면 이미 주기억 공간은 꽉 찬 상태이므로 주기억 공간에 저장된 어느 한 페이지가 제거되어야 새로운 페이지가 그 공간에 저장될 수 있다.

이렇게 어느 한 페이지가 제거되고 새로운 페이지가 그 공간에 저장되는 경우 페이지 폴트(Page Fault)가 발생하였다고 한다.

이러한 페이지 폴트가 자주 발생되면 될수록 처리 시간이 늘어나기 때문에 아래의 페이지 교체 알고리즘을 적절하게 선택하여 사용하여야 한다.

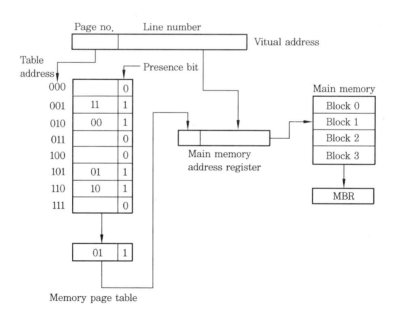

페이지로 구성된 시스템의 메모리 표

(2) 페이지 교체 알고리즘 (Page Replacement Algorithm)

예를 들어 주기억장치의 페이지 프레임(Page Frame) 수가 3이고, 다음과 같은 순서로 페이지가 요구되는 경우 각각의 알고리즘에 대한 페이지 교체는 다음과 같이 수행된다.

254 CHAPTER 8 기억장치

시간의 흐름 ⇒

| 요구 Page Address | 2 | 3 | 1 | 2 | 5 | 3 | 2 | 4 | 6 | 1 |

❶ FIFO(First In First Out) 알고리즘

가장 먼저 입력된 페이지가 가장 먼저 제거되는 알고리즘이다.

| 요구 Page Address | 2 | 3 | 1 | 2 | 5 | 3 | 2 | 4 | 6 | 1 |

Main Memory Frame	2	2	2	2	⑤	5	5	5	⑥	6
		3	3	3	3	3	②	2	2	①
			1	1	1	1	1	④	4	4

위 예에서 페이지 폴트는 총 5회가 원문자에 해당하는 부분에서 일어났다.

❷ 최적 교체(Optimal replacement) 알고리즘

앞으로 가장 오랫동안 사용되지 않을 페이지가 제거되는 알고리즘이다.

| 요구 Page Address | 2 | 3 | 1 | 2 | 5 | 3 | 2 | 4 | 6 | 1 |

Main Memory Frame	2	2	2	2	2	2	2	④	⑥	①
		3	3	3	3	3	3	3	3	3
			1	1	⑤	5	5	5	5	5

위 예에서 페이지 폴트는 총 4회가 원문자에 해당하는 부분에서 일어났다.

❸ LRU(Least Recently Used) 알고리즘

가장 오랫동안 사용되지 않은 페이지가 제거되는 알고리즘으로 가장 널리 사용된다.

| 요구 Page Address | 2 | 3 | 1 | 2 | 5 | 3 | 2 | 4 | 6 | 1 |

Main Memory Frame	2	2	2	2	2	2	2	2	2	①
		3	3	3	⑤	5	5	④	4	4
			1	1	1	③	3	3	⑥	6

위 예에서 페이지 폴트는 총 5회가 원문자에 해당하는 부분에서 일어났다.

❹ MFU(Most Frequently Used) 알고리즘

사용 빈도가 가장 많은 페이지가 제거되는 알고리즘이다.

요구 Page Address

2	3	1	2	5	3	2	4	6	1

Main Memory Frame

2	2	2	2	⑤	5	5	5	⑥	6
	3	3	3	3	3	②	④	4	4
		1	1	1	1	1	1	1	1

위 예에서 페이지 폴트는 총 4회가 원문자에 해당하는 부분에서 일어났다.

❺ LFU(Least Frequently Used) 알고리즘

사용 빈도가 가장 적은 페이지가 제거되는 알고리즘이다.

요구 Page Address

2	3	1	2	5	3	2	4	6	1

Main Memory Frame

2	2	2	2	2	2	2	2	2	2
	3	3	3	⑤	5	5	④	⑥	①
		1	1	1	③	3	3	3	3

위 예에서 페이지 폴트는 총 5회가 원문자에 해당하는 부분에서 일어났다.

❻ NUR(Not Used Recently) 알고리즘

최근에 사용되지 않은 페이지가 제거되는 알고리즘이다.

요구 Page Address

2	3	1	2	5	3	2	4	6	1

Main Memory Frame

2	2	2	2	2	2	2	2	2	①
	3	3	3	⑤	5	5	④	4	4
		1	1	1	③	3	3	⑥	6

위 예에서 페이지 폴트는 총 5회가 원문자에 해당하는 부분에서 일어났다.

4-3 고속의 버퍼 메모리와 가상기억장치의 비교

캐시 메모리와 가상기억장치의 비교

구 분	Cache Memory	Virtual Memory
설치 공간	주기억장치 ⇔ 중앙처리장치	주기억장치 ⇔ 보조기억장치
구현 방법	하드웨어적 방법	소프트웨어적 방법
이용 목적	처리 속도 향상	기억장치의 주소 공간 확대
전송 단위	Block	Page, Segment

5. 특수 기억장치

5-1 연관기억장치 (Associative Memory)

주소에 의해 액세스되는 일반적인 기억장치와는 달리 기억된 정보의 일부분을 이용하여
원하는 정보가 기억되어 있는 위치를 찾아내는 주소의 개념이 없는 특수한 기억장치이다.
자료들이 기억된 위치를 알기 위해 기억장치를 구성하는 모든 단자들을 특정한 조합으로
하여 주어진 특성과 동시에 한 비트씩 병렬 비교한다. 일반적으로 8~16개의 레지스터로
구성되어 각 레지스터는 페이지 번호와 그 페이지가 차지하는 페이지 프레임의 시작 주소
를 기억하고 있다.

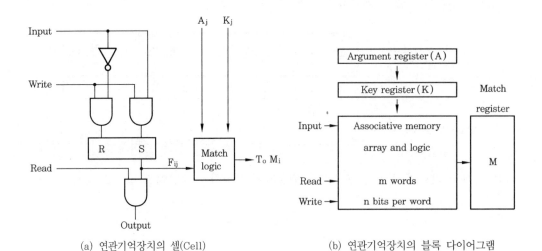

(a) 연관기억장치의 셀(Cell)   (b) 연관기억장치의 블록 다이어그램

연관기억장치

병렬 동작을 수행하기 때문에 많은 논리 회로로 구성되고 복잡한 반면 고속의 검색이 필요한 경우 사용되는데, 특수한 응용으로는 캐시 메모리(Cache Memory)를 예로 들 수 있다. 이 연관기억장치는 CAM(Content Addressable Memory)이라고도 불린다.

연관기억장치에 사용되는 기본 요소로는 내용의 일부가 같은 워드를 찾았는지를 확인하는 일치 지시기, 비교할 비트를 정의하는 마스크 레지스터, 비교할 내용이 들어있는 검색 데이터 레지스터 등이 있다. 이러한 연관기억장치는 주소에 의해서만 접근이 가능한 기억 장치에 비해 정보 검색이 신속하여 캐시 메모리나 가상 메모리 관리 기법에서 사용하는 매핑 테이블(Mapping Table)에 사용된다. 이에 반해 외부의 인자와 내용을 비교하기 위한 병렬 판독 논리회로를 갖고 있기 때문에 하드웨어 비용이 증가한다는 단점을 가지고 있다.

5-2   복수 모듈 기억장치

독자적으로 데이터 저장이 가능한 기억장치 모듈을 다수 가진 기억장치를 복수 모듈 기억장치라 하는데 이는 주기억장치와 중앙처리장치의 속도 차에서 발생하는 문제점을 개선하기 위한 것이다. 기억장치 버스를 시분할하여 사용함으로써 기억장소에 접근을 보다 빠르게 하는 특징을 가지고 있다.

(1) 메모리 인터리빙 (Memory Interleaving)

여러 개의 독립된 모듈로 이루어진 복수 모듈 메모리와 중앙처리장치 간의 주소 버스가 한 개로만 구성되어 있는 경우 같은 시각에 중앙처리장치로부터 여러 모듈들로 동시에 주소를 전달할 수 없기 때문에 중앙처리장치가 각 모듈로 전송할 주소를 교대로 배치한 후 차례로 전송하여 여러 모듈에 병행 접근하는 기법이다. 이는 중앙처리장치가 버스를 통해 주소를 전달하는 속도는 빠르지만 메모리 모듈의 처리 속도가 느리기 때문에 병행 접근이 가능한 것이다. 메모리 인터리빙은 기억장치의 접근 시간을 효율적으로 높일 수 있어 캐시 기억장치, 고속 DMA 전송 등에 많이 사용되고 있다.

(2) 디스크 인터리빙 (Disk Interleaving)

독립된 디스크를 2개 이상으로 나누어 연결하고 독립된 디스크를 번갈아 가면서 연속적으로 액세스하는 구현 방법으로, 주기억장치의 처리 속도에 비해 사이클 타임이 오래 걸리는 디스크에 접근하는 시간을 번갈아 처리함으로써 처리속도를 효율적으로 높이는 방법이다.

연·습·문·제

1. 기억장치의 자료 처리 속도를 나타내는 밴드 폭(Band Width)이란?

  ㉮ 계속적으로 기억장치에서 데이터를 읽거나 기억시킬 때 1초 동안에 사용되는 비트수

  ㉯ 필요에 따라 주기억장치에 사용되는 바이트의 사용량

  ㉰ 1초 동안에 사용되는 워드(Word)의 사용량

  ㉱ 계속적으로 사용되는 데이터의 사용량을 1분 동안에 사용하는 바이트의 수로 표시

2. 8비트 4096 단어로 구성되는 주기억장치를 직접 접근하기 위한 메모리 주소 레지스터의 크기는?

  ㉮ 10 Bit   ㉯ 11 Bit

  ㉰ 8 Bit   ㉱ 12 Bit

3. 어떤 컴퓨터의 메모리 용량이 4096 word이다. 각 32비트라고 하면 MAR(Memory Address Register)과 MBR(Memory Buffer Register)은 각각 몇 비트로 구성되겠는가?

  ㉮ 12, 5   ㉯ 12, 32

  ㉰ 32, 12   ㉱ 5, 12

4. 인스트럭션(Instruction)의 필드(Field)의 구성이 다음 보기와 같은 컴퓨터의 주기억장치 길이가 32K word이며 각 word가 24 Bit라 할 때, 이 컴퓨터의 최대 Operation 수와 PC, MAR, MBR의 Bit 수를 구하면?

1. Operation Bit	2. Indirect Bit(1Bit)
3. 범용 레지스터 선정 Bit(2Bit)	4. 주기억 장소 Address Bit

  ㉮ OP=32, PC=15, MAR=15, MBR=24

  ㉯ OP=64, PC=15, MAR=15, MBR=24

  ㉰ OP=32, PC=15, MAR=15, MBR=21

  ㉱ OP=64, PC=15, MAR=15, MBR=21

5. 한 바이트가 8 bit이고, 1 bit의 패리트 비트를 포함하는 기억장치를 전체 용량 1 MByte로 구성하고자 한다. 128 KBit 용량의 DRAM 칩이 몇 개 필요한가?

  ㉮ 32   ㉯ 36   ㉰ 64   ㉱ 72

6. 어드레스 버스가 10개이고 데이터 버스가 8개일 때 이 메모리 용량의 크기는?

㉮ 1024 × 8 Byte

㉯ 1 KByte

㉰ 256 Byte

㉱ 10×8 Bit

7. 다음 기억장치 중에 Refresh가 필요한 것은?

㉮ Static Memory

㉯ Volatile Memory

㉰ Non-volatile Memory

㉱ Dynamic Memory

8. 메모리 중에서 읽고 쓸 수 있으나 자외선을 이용해서 지우고 특수 회로를 이용해서 정보를 기록할 수 있는 메모리는?

㉮ RAM

㉯ DRAM

㉰ PROM

㉱ UV EPROM

9. 다음 보기에서 Magnetic Tape에 관한 설명 중 적합하지 않은 것은?

㉮ Magnetic Tape는 입출력장치로 사용한다.

㉯ Magnetic Tape에 기록된 정보는 몇 번 읽어도 지워지지 않지만 새 정보를 기록하면 전의 내용은 지워진다.

㉰ Magnetic Tape에서 사용하는 BPI는 전송률을 의미한다.

㉱ IBG는 Magnetic Tape상의 Block과 Block 사이에 데이터가 기록되지 않는 부분이다.

10. 자기테이프의 Record 크기가 80이고 블록(Block)의 크기가 2400자일 경우 블록 팩터(Block Factor)는?

㉮ 40

㉯ 30

㉰ 25

㉱ 20

11. 어떤 시스템에서 자기테이프의 가변 길이의 레코드를 기억시키려면 각 레코드 앞에 4바이트의 레코드 길이가 필요하며 각 블록 앞에도 4바이트의 블록 길이가 필요하다. 최대 250바이트의 레코드를 사용하는데 블록화 인수(Blocking Factor)를 3으로 한다면 블록의 길이는 최소 얼마로 해야 하는가?

㉮ 750 byte

㉯ 762 byte

㉰ 766 byte

㉱ 770 byte

12. 다음 중 주소의 개념이 필요 없고 어떤 특수 데이터를 찾는 데 유용한 메모리 접근 방식은?

㉮ Random Access

㉯ Direct Access

㉰ Associative Access

㉱ Sequential Access

13. 주기억장치로부터 캐시(Cache) 기억장치로 데이터를 전송하는 매핑 절차(Mapping Process)로 가장 빠르고 가장 융통성 있는 방식은?

㉮ Direct Mapping

㉯ Page Mapping

㉰ Associative Mapping

㉱ Set-Associative Mapping

14. 주기억장치의 속도가 중앙처리장치의 속도보다 현저히 늦을 때, 인스트럭션의 수행 속도는 주기억장치의 속도에 의해 제약을 받는다. 이 점을 해결하기 위해, 즉 인스트럭션의 수행 속도를 중앙처리장치의 수행 속도와 같게 하기 위해 주기억장치보다 용량은 적지만 속도가 중앙처리장치와 유사한 기억장치를 쓰게 된다. 이 기억장치는?

㉮ 캐시 기억장치(Cache Memory)

㉯ 환상 기억장치(Virtual Memory)

㉰ 세그먼트 기억장치(Segment Memory)

㉱ 모듈 기억장치(Module Memory)

15. 다음 보조기억장치 중에서 가상 메모리(Virtual Memory)로 사용하려고 할 때 가장 좋은 것은?

㉮ 자기테이프(Magnetic Tape)   ㉯ 자기드럼(Magnetic Drum)

㉰ 자기디스크(Magnetic Disk)   ㉱ 데이터 셀(Data Cell)

16. 가상기억장치에서 주기억장치로 자료의 페이지를 옮길 때 주소를 조정해 주어야 하는데 이것을 무엇이라 하는가?

㉮ Spooling   ㉯ Blocking

㉰ Mapping   ㉱ Buffering

17. Demand Paging을 사용하는 가상기억(Virtual Memory) 체제에서 LRU Replacement 알고리즘을 사용한다고 가정하자. Main Memory의 Page Frame 수를 3이라 할 때 다음과 같은 순서로 Page를 Request할 때 마지막으로 Main Memory에 남아 있는 Page Address는?

시 간	1	2	3	4	5	6	7	8	9	10
Page Address	6	3	2	1	7	3	5	5	3	5

㉮ 6, 3, 2   ㉯ 5, 3, 5

㉰ 1, 2, 7   ㉱ 7, 3, 5

18. 복수 모듈 기억장치에 관한 다음 설명 중 바르지 않은 것은?

㉮ 복수 모듈 기억장치에서 각 모듈은 독자적으로 그 모듈에 자료를 기억시키거나 그것으로부터 자료를 읽을 수 있는 완전한 회로를 갖는 것은 아니다.

㉯ 중앙처리장치 내에 2개의 연산기를 두어 하나는 유효 주소 계산에만 쓰고, 다른 하나는 인스트럭션 수행에만 사용하는 것이 효과적이다.

㉰ 기억장치에 접근할 때 각 모듈에 번갈아가면서 하도록 하는 것을 인터리빙(Interleaving)이라 한다.

㉱ 복수 모듈 기억장치를 사용함으로써 중앙처리장치의 유휴 시간을 줄일 수 있다.

19. 메모리의 Cycle Time을 줄이기 위하여 메모리를 모듈(Module)화하여 연속된 주소를 여러 메모리 모듈에 분산시키는 방식으로 어드레스를 주는 시간과 데이터를 읽는 시간을 오버랩시킴으로써 연속적인 액세스가 있는 경우 CPU에의 데이터 전송(외관상의 액세스 시간)을 고속화시키는 것은?

㉮ Polling   ㉯ Interleaving

㉰ Staging   ㉱ Parallel Processing

20. 다음 중 잘못 연결된 것은?

㉮ Association Memory － Memory Access 속도

㉯ Virtual Memory － Memory 공간 확대

㉰ Cache Memory － Memory Access 속도

㉱ Memory Interleaving － Memory 공간 확대

CHAPTER

9 입출력장치

입출력장치는 전자계산기와 주변 환경 사이의 통신 수단으로 사용자의 요구에 따른 자료의 처리를 위해 전자계산기의 외부로부터 프로그램과 자료를 기억장치 내로 입력시켜야 하며 처리된 결과는 다시 사용자를 위해 외부의 기억장치에 저장되거나 화면 혹은 지면상으로 출력되어야 한다. 이처럼 입출력장치는 사용자와 전자계산기 사이에서 자료 및 정보의 교환을 위해 서로가 처리하고 이해할 수 있는 형태로 바꾸어 주는 기능을 가진 기기로, 주변 장치(Peripheral Equipment)라 한다.

주변 장치는 크게 두 가지 형태로 나눌 수 있는데 카드 판독기(Card Reader), 키보드(Key Board), 프린터(Printer) 등과 같은 입출력 전담 장치, 그리고 주기억장치를 보조하는 보조기억장치인 자기테이프, 자기디스크, 자기드럼 등과 같은 입출력 공용 장치이다. 또한 입출력장치는 프로세서의 직접적인 통제하에 작동되는 온라인 상태의 입출력 기기와 전자계산기와는 독립적으로 작동되는 오프라인 상태의 입출력 기기로 나눌 수 있다.

1. 입력장치

입력장치는 인간이 표현하는 내용들을 전자계산기가 이해할 수 있는 형태로 바꾸어 전자계산기의 내부로 읽어 들이는 장치를 말한다.

1-1　카드 판독기(Card Reader)

카드 판독기는 1880년 홀러리스(Herman Hollerith)에 의해 개발된 천공 카드(Punch Card)에 구멍을 뚫은 형태로 표현된 자료를 전자계산기의 기억장치로 입력시키기 위한 장치를 말한다. 천공 카드는 12개의 행(Row)과 80개의 열(Column)로 구성되어 있으며 정해진 위치를 천공함으로써 자료를 표현한다. 카드를 구성하고 있는 1개의 열에 하나의 문자나 숫자 혹은 특수 문자를 12개의 천공 위치 조합으로 표현하며, 이러한 열을 칼럼 (Column)이라 부르고 하나의 칼럼은 숫자(Numeric) 부분과 존(Zone) 부분으로 나누어 진다.

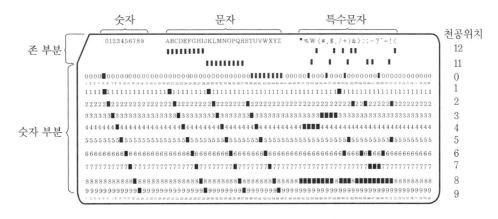

천공 카드 (80칼럼)

천공 카드에는 전자계산기에서 처리하고자 하는 프로그램이나 데이터가 카드 천공기 (Card Punch Machine)라는 기기에 의해 천공되어 기록되는데 카드 천공기의 키보드 (Key Board)에서 해당 문자를 누르면 천공 기구에 의해 카드의 해당 위치에 구멍이 뚫린다. 천공된 카드는 정확한 천공을 확인하기 위해 검공기(Verifier)로 검사한다.

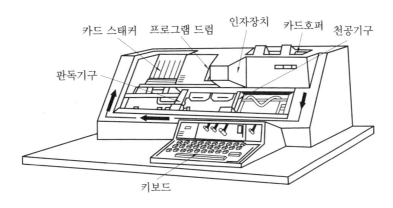

카드 천공기의 구성

카드 판독기(Card Reader)는 이렇게 천공된 카드의 내용을 전자계산기의 주기억장치로 입력시키는 장치이다. 판독하고자 하는 카드를 카드 호퍼(Hopper)에 쌓아 놓고 카드 전송 기구와 롤러(Roller)에 의해 한 장씩 판독 기구를 지나도록 하여 내용을 읽도록 하고 읽혀진 자료는 다시 카드 스태커(Stacker)에 쌓이게 한다. 판독 기구는 크게 기계식이라 불리는 브러시식 판독기와 빛을 이용한 광전식 판독기로 나눌 수 있다. 브러시식 판독기는 금속 브러시를 이용하여 카드가 롤러를 지날 때 브러시와 롤러 사이에 전류 도통 여부로 내용을 판독하고, 광학식 판독기의 경우에는 광원과 광전 소자 사이에 카드를 넣어 빛의 통과 여부로 내용을 판독한다.

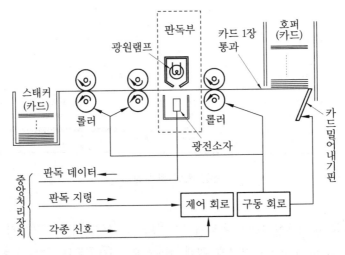

카드 판독기의 구성

1-2　키보드(Key Board)

키보드는 현재 가장 널리 사용되고 있는 입력 기기 중 하나로 타자기와 비슷한 모양을 하고 있으며, 사용자가 키보드상의 문자나 숫자 키를 누르면 해당 키에 따른 전기적 신호가 발생하여 전자계산기로 해당 문자를 입력시키는 역할을 수행한다. 이 키보드는 주로 문자 데이터의 입력을 위한 장치로 사용되는데, 공통적인 자료 입력 작업을 용이하게 하기 위해 기능 키(Function Key)를 가지고 있으며 비디오 모니터상에서의 스크린 커서(Screen Cursor) 이동을 위해 방향 키(Arrow Key)를 가지고 있다. 또한 숫자 데이터의 빠른 입력을 위해 숫자 키패드(Numeric Keypad)가 포함되어 있으며 특수한 경우 트랙볼(Track Ball)을 내장하는 경우도 있다. 키보드를 독립적으로 사용하여 자료를 입력시키는 경우에는 오류가 종종 발생하는데, 이러한 오류를 확인하기 위해 모니터(Monitor)와 연결하여 사용하는 것이 보통이다.

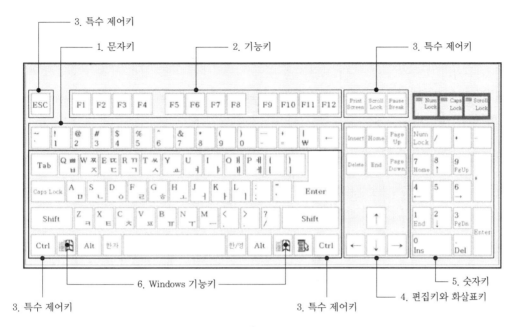

키보드

1-3 광학 문자 판독기(OCR ; Optical Character Reader)

광학 문자 판독기는 잉크와 용지 사이의 명암이 일정한 조건에 부합하는지 여부를 이용하여, 즉 약속된 문자 패턴(Pattern)과의 비교로 문자를 인식하여 전자계산기로 입력시키는 장치이다. 현재는 인쇄된 문자뿐만 아니라 사람이 손으로 기록한 문자 혹은 숫자도 읽어 입력이 가능하다.

ABCDEFGHIJKLM
NOPQRSTUVWXYZ
0123456789
·,;:=+/$*"&|
'-{}%?SH-'
ÜÑÄØÖ£¥¢¥

OCR 문자 형태

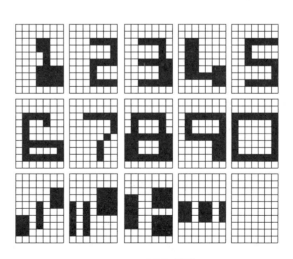

OCR 문자

1-4   광학 마크 판독기(OMR ; Optical Mark Reader)

광학 마크 판독기는 광학 마크 용지에 미리 식별하고자 하는 문자나 숫자 등을 지정해 놓고 그 위치에 연필이나 컴퓨터용 수성 사인펜 등으로 그어진 짧은 직선을 광학적으로 읽어 전자계산기로 입력시키는 장치이다. 현재 각종 시험의 답안 작성 등을 비롯하여 많은 분야에서 널리 사용되고 있다.

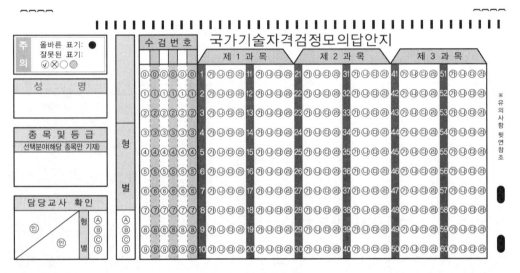

광학 마크 용지

1-5   자기 잉크 문자 판독기(MICR)

자기 잉크 문자 판독기는 자기 성분이 들어 있는 잉크를 이용하여 인쇄된 문자를 인식하기 위한 장치이다. 문자 하나하나가 독특한 모양을 가지고 있으며 기기 자체가 고가라는 단점을 가지고 있으나 얼룩 혹은 다른 잉크에 의해 문자가 지워져도 판독이 가능하고 변조의 위험이 적어 수표의 일련번호나 각종 고지서의 일련번호 등을 인식하는 데 널리 사용되고 있다.

1-6   바코드 판독기(Bar Code Reader)

바코드란 막대 모양을 가진 다양한 굵기의 줄무늬 조합으로 문자 혹은 숫자를 나타내는 코드로, 각각의 상품에 서로 다른 코드를 부여하여 상품명, 가격, 재고 수량 등 상품에 관한 모든 정보를 수록하고 이를 관리하는 데 사용되는 코드이다. 이러한 코드를 전자계산기로 입력시켜 처리하기 편리하도록 만든 기기를 바코드 판독기라 하는데 그 종류로는 이동식과 고정식 두 가지 형태가 있다. 현재 대형 슈퍼마켓 등의 유통업계에서 많이 사용하고 있으며 이용 범위도 점차 넓어지고 있다.

바코드 판독기

1-7   종이테이프 판독기(Paper Tape Reader)

종이테이프 판독기는 종이테이프에 천공 카드와 같이 구멍을 뚫어 기록된 자료를 구멍의 위치에 따라 판독하는 장치로 종이테이프의 폭에 따라 5채널, 6채널, 7채널, 8채널 등으로 나뉜다. 가격이 저렴하고 부피가 작아 보관하기에는 편리하지만 자료의 추가 삭제 등의 변경이 어렵다는 단점도 가지고 있다.

1-8   기타 입력장치

(1) 음성 인식 장치(Voice Recognition Unit)

음성 자체를 전자계산기가 직접 인식할 수 있도록 만든 장치로, 미리 만들어 둔 음성 단어 사전과 입력된 음성을 비교하여 작동하도록 설계되어 있다. 각 음성 단어에 대한 주파수를 이용하며 입력되는 음성의 잡음을 최소화하기 위하여 마이크로 폰(Micro Phone)을 사용한다.

(2) 마우스(Mouse)

담뱃갑 정도의 크기를 가진 마우스는 바닥에 붙어 있는 바퀴나 공을 평면 위에서 움직여 움직인 정도를 인식하고 그 값에 해당하는 만큼 스크린상의 커서를 이동시키는 장치이다. 그래픽(Graphic) 입력에 주로 사용되며 빛을 이용한 광전식과 공의 회전수와 회전 방향을 이용한 볼형 두 가지가 있는데 이러한 볼형 마우스를 뒤집은 형태가 트랙볼(Track Ball)이다.

마우스

(3) 터치스크린 (Touch Screen)

터치스크린은 이름 그대로 스크린상에 손가락 혹은 포인터(Pointer)를 대어 광학적(Optical) 방법, 전기적(Electrical) 방법 혹은 음향(Acoustical) 방법을 통해 스크린상의 좌표를 선택한다. 광학 터치스크린은 스크린의 수직과 수평면의 한쪽에 발광 다이오드(LED ; Light Emitting Diode)를 설치하고 반대쪽에 광선 탐지기를 설치하여 빛의 중단 여부로 좌표를 읽는 장치이고 전기 터치스크린은 전도체와 저항체로 만들어진 투명판을 약간의 거리를 두고 설치하여 두 투명판이 만나는 위치를 좌푯값으로 입력시키는 기기이다. 음향 터치스크린은 유리판의 수직과 수평 방향으로 높은 주파수의 음파를 발생하도록 하여 음파의 반사 시간 측정으로 좌푯값을 입력하는 장치이다.

(4) 디지타이저 (Digitizer)

그래픽스 타블렛(Graphics Tablets)이라고도 불리는 디지타이저는 스크린상에 위치를 선택하기 위해 핸드 커서(Hand Cursor)나 스타일러스(Stylus)를 이용한다. 핸드 커서의 경우 교차선(Cross Hair)이 표시되어 있어 위치를 정확히 표시해 주고 스타일러스는 연필 형태의 장치로 타블렛상의 한 지점을 선택한다.

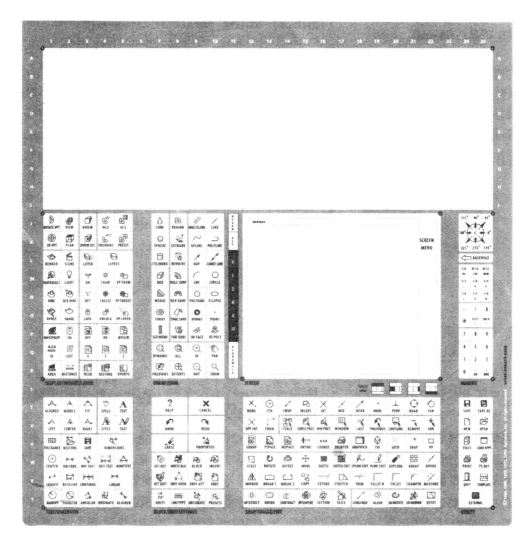

디지타이저

(5) 라이트 펜(Light Pen)

　라이트 펜은 대화형 컴퓨터에서 많이 사용되는 입력장치로 스크린상의 점으로부터 발생되는 빛을 감지하여 스크린상의 위치를 선택하는 장치이다.

라이트 펜

(6) 조이스틱 (Joystick)

조이스틱은 판 위에 장착된 스틱이라 불리는 수직 막대를 움직여 스크린상의 커서 (Cursor)를 이동시키는 장치로, 위치 측정기(Potentiometer)에 의해 움직인 거리와 방향을 감지하는 조이스틱과 압력을 감지하는 조이스틱이 있다. 현재 비디오 게임용으로 널리 사용되고 있으나 초기에는 그래픽(Graphic)용으로 개발되었다.

조이스틱

(7) QR 코드 리더

QR(Quick Response) 코드는 흰색과 검정색을 가로 세로 패턴으로 엮은 2차원 바코드로, 숫자뿐만 아니라 알파벳 등의 문자 데이터도 담을 수 있다. 종전에 많이 사용되던 세로 바코드의 용량 제한을 극복하고 그 형식과 내용을 확장한 2차원 바코드이다.

QR 코드의 예

QR 코드는 숫자만 사용할 경우 최대 7089자, 영어와 숫자는 최대 4296자, 문자는 최대 2953바이트까지 담을 수 있으며 3 KB 정도의 동영상 및 음성도 바이너리 데이터로 저장할 수 있다.

또한 오류복원 기능을 통해 코드의 일부가 손상된 경우에도 데이터를 복원할 수 있으며, 코드 안에 3개의 위치 찾기 심벌이 있어 배경 모양이나 방향의 영향을 받지 않고 안정적인 고속 인식이 가능한 코드이다.

QR 코드는 디지털 카메라나 휴대폰 카메라, 전용 스캐너 등을 QR 코드 리더로 사용하며 생산, 물류, 판매, 쿠폰, 광고 등 다양한 분야에서 활용되고 있다.

2. 출력장치

출력장치는 전자계산기 내부에서 처리된 정보를 전자계산기의 외부로 표현하기 위한 장치를 말하는데 크게 하드 카피(Hard Copy)와 소프트 카피(Soft Copy)로 구분할 수 있다. 여기서 하드 카피란 인쇄용지 등에 출력 내용을 인쇄하는 것과 같이 출력장치와 별도로 분리해서 볼 수 있도록 출력하는 것을 말하며, 소프트 카피는 스크린 등을 통해 문자나 그래픽 등의 출력 내용을 볼 수 있도록 출력하는 것을 의미하는데 이때 전원 공급이 중단되면 그 출력 내용은 소멸되는 출력 형태를 말한다.

2-1   모니터(Monitor)

대표적인 소프트 카피형 출력장치인 모니터는 대화식 시스템에서 주로 사용되는데 대부분은 표준형 음극선관(CRT ; Cathode Ray Tube)을 사용한다. CRT는 전자총에서 발산되는 전자빔을 형광 스크린상에 쏘아 그 지점의 형광체가 조그만 점의 빛을 발하게 하는 장치인데 형광체가 계속 빛나게 하기 위해서는 전자빔을 같은 지점에 빠른 속도로 반복하여 쏘아 형태를 유지시킨다. 또한 컬러(Color)를 표현하기 위해 서로 다른 색을 발광하는 여러 개의 형광체를 사용하는데, 이때 서로 다른 형광체에서 발하는 빛을 섞어 여러 가지 형태의 색을 만들 수 있다. 스크린상에 화상을 유지하는 방법에는 앞에서 설명한 것과 같이 재생(Refresh) 방법도 있지만 화상 정보를 CRT 내에 저장하여 유지하는 DVST (Direct View Storage Tubes)도 있다. 여기서 DVST는 두 개의 전자총을 이용하여 하나는 화상을 저장하고 다른 하나는 화상을 계속 보이도록 하는데 쓰이며, 재생형에 비해 고해상도를 유지할 수는 있으나 색을 표현할 수 없다는 점과 화상의 어느 한 부분만을 지울 수 없다는 단점을 가지고 있다. 이 외에도 LED(Light Emitting Diodes) 혹은 LCD(Liquid Crystal Displays) 모니터가 있으며 이들은 다이오드나 크리스탈로부터 발하는 빛을 사용한다.

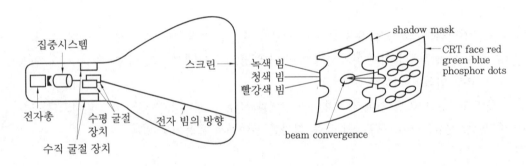

CRT의 내부구조

2-2 프린터 (Printer)

프린터는 가장 널리 사용되고 있는 하드 카피 출력장치로, 본래 문서 출력용으로 설계된 것이지만 현재는 고화질의 그래픽 역시 출력이 가능하게 되었다. 프린터는 출력 방식에 따라 충격식 프린터(Impact Printer)와 비충격식 프린터(Non-impact Printer)로 나누어진다.

(1) 충격식 프린터

충격식 프린터는 활자면 혹은 핀을 이용하여 잉크가 묻은 리본을 때림으로써 리본 뒤의 종이에 문자 혹은 점들로 이루어진 선과 그림들을 나타내도록 하는 프린터이다.

❶ 활자식 프린터

활자식 프린터는 인쇄 방식에 따라 크게 직렬 프린터(Serial Printer)와 라인 프린터(Line Printer) 두 종류로 나눈다. 직렬 프린터는 출력 버퍼가 필요 없이 한 자씩 인쇄하는 장치이고 라인 프린터는 출력 버퍼를 가지고 있어 전자계산기에서 처리한 결과를 한 행씩 연속하여 인쇄하는 장치이다. 보통 휠(Wheel)이나 드럼(Drum), 체인(Chain) 등에 이미 만들어진 활자를 리본과 종이에 충격을 가함으로써 인쇄를 하는 프린터로 활자의 종류가 고정되어 있어 정해진 문자만을 인쇄할 수 있다는 단점을 가지고 있으나 인쇄 문자가 선명하다는 장점도 가지고 있다.

㈎ 데이지 휠 프린터(Daisy Wheel Printer)

데이지 휠 프린터는 바퀴살 모양의 휠 끝에 양각된 글자가 한 자씩 나열되어 있어 휠이 회전할 때 해당 바퀴살을 종이와 리본 뒤의 작은 망치 모양을 한 부속 기기가 충격을 줌으로써 인쇄를 하는 프린터이다. 시리얼 프린터로 대표적인 데이지 휠 프린터는 한글이나 한자처럼 하나의 글자가 조합을 이루는 문화권에서보다 영자와 같은 독립 문자를 가진 문화권에서 주로 사용된다.

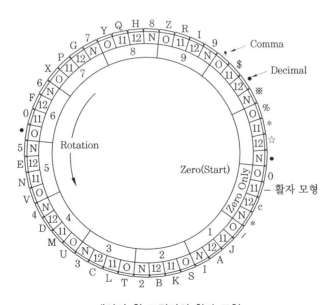

데이지 휠 프린터의 활자 모형

㈏ 드럼 프린터(Drum Printer)

일정한 속도로 회전하는 원통의 표면에 원주 방향으로 동일한 활자가 한 행에 130여 개 양각되어 있고 행의 글자 수만큼의 작은 해머가 설치되어 있어 드럼의 회전 시 원하는 문자를 종이와 리본 뒤의 해머가 때리는 형태로 인쇄하는 장치이다. 이 드럼 프린터는 한 번에 한 행씩 인쇄하는 라인 프린터로, 보통 분당 300~3000행을 인쇄할 수 있다.

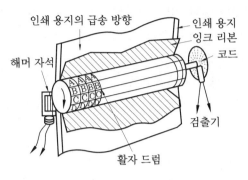

드럼형 프린터의 구조

㈐ 체인 프린터(Chain Printer)

연속으로 회전하는 문자 벨트(Character Belt)를 사용하여 인쇄하고자 하는 문자가 정해진 위치에 도달하면 해머를 이용해 문자를 인쇄하는 장치이다. 하나의 벨트에 여러 벌의 문자가 배열되어 있어 분당 300~3000 정도의 빠른 인쇄 속도를 가지며 한 줄에 보통 120~140자 정도를 인쇄한다.

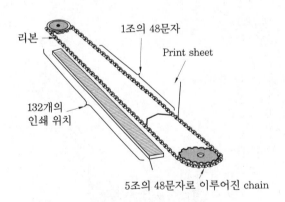

체인형 프린터의 구조

❷ 도트 매트릭스 프린터(Dot Matrix Printer)

정방형 혹은 직사각형의 7~24개의 점들이 행렬의 형태로 구성되어 인쇄하고자 하는 영상을 글자나 부호, 그림 등으로 다양하게 나타내는 장치로, 충격식과 비충격식 모두 존재한다. 충격식 도트 매트릭스 프린터의 경우는 정방형 혹은 직사각형의 여러 개의 점들이 가는 철 핀으로 구성되어 있는데 하나의 문자를 인쇄하기 위해 여러 핀들이 조합을 이루어 리본을 때림으로써 인쇄되기 때문에 문자뿐 아니라 점들의 행렬로 나타낼 수 있는 모양을 인쇄할 수 있어 그래픽 인쇄도 가능하다. 해상도는 장치가 만들 수 있는 1인치당 구별할 수 있는 줄의 수로 나타내는데 점의 크기에 영향을 받으며 높은 해상도를 가질수록 문자의 정밀도가 높아지고 글씨체의 다양한 표현이나 그래픽 표현 역시 정교해질 수 있다. 이러한 도트 매트릭스 프린터는 인쇄를 위해 출력 버퍼가 필요하고 인쇄 속도가 늦다는 단점을 가지고 있으나 현재 개인용 컴퓨터에 널리 이용되고 있다.

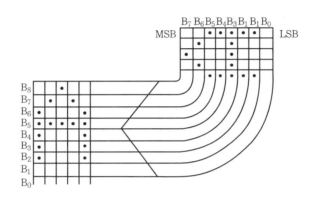

(a) 도트 매트릭스 프린팅 과정

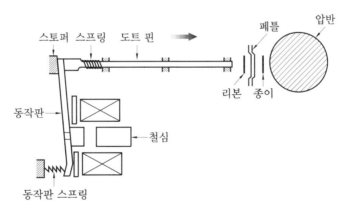

(b) 도트 매트릭스 프린트 구조

도트 매트릭스 프린터

(2) 비충격식 프린터 (Non-impact Printer)

비충격식 프린터는 해머에 의한 충격으로 인쇄하지 않고 열이나 정전기, 전자 화학적 과정 등을 이용하여 인쇄하는 프린터로, 충격식 프린터에 비해 소음이 적고 보통 글자 혹은 라인 단위로 인쇄를 하지만 기기에 따라 페이지 단위로도 인쇄가 가능하다.

❶ 감열식 프린터(Thermal Transfer Printer)

열에 의해 변화되는 특수 용지인 감열지의 원하는 부분에 순간적으로 열을 가함으로써 인쇄하는 프린터로, 펄스상의 전류에 의하여 프린터 헤드에 붙어 있는 핀에 열을 주거나 냉각시켜 용지 위에 점으로 문자 혹은 그림을 표현한다. 도트 매트릭스 프린터의 일종으로 열에 의해 인쇄를 하기 때문에 소음이 적다는 장점을 가지고 있으나 감열지와 리본의 가격이 비싸고 용지의 보관이 어렵다는 단점을 가지고 있다.

❷ 정전기 프린터(Electrostatic Printer)

정전기적인 전기량을 감전지(Conductive Paper) 위에 작은 도트(Dot)로 전달하는 인쇄 장치이다. 도트로 구성된 헤드가 전기적으로 감전되게 하여 인쇄를 하기 때문에 소음은 적지만, 색을 표현할 수 없고 특수 재질인 감전지의 가격이 비싸며 일단 표현된 문자나 그림 위에 추가로 보완할 수 없다는 단점을 가지고 있다.

❸ 잉크젯 프린터(Ink Jet Printer)

프린터의 헤드에 잉크 분사기가 설치되어 잉크를 종이에 뿜어서 문자나 그림을 형성하는 잉크 분사 방식의 프린터이다. 대부분의 잉크젯 프린터는 각 점에 대해 접속과 차단을 제어하는데 전기적으로 부하된 잉크가 도트 매트릭스 형태를 만들기 위하여 전자장에 의해 편향되는 방식을 사용한다. 잉크젯 프린터는 여러 가지 색의 잉크를 분사해 천연색의 영상을 나타낼 수 있으며 1인치당 500개 이상의 점을 표현할 수 있어 높은 해상도를 가지고 있다.

❹ 레이저 프린터(Laser Printer)

레이저 프린터는 셀레늄(Selenium)으로 덮어 회전하는 양전하를 가진 드럼에 레이저 광선을 쪼여 그 부분의 전하를 잃어버리게 하고 양전하가 남아 있는 부분에 음전하를 가진 토너를 묻혀 종이에 인쇄하는 프린터이다. 보통 페이지 단위로 인쇄를 하며 해상도가 높고 인쇄 속도가 빠르다는 장점을 가지고 있다.

(3) 마이크로필름 (COM ; Computer Output Microfilm)

COM은 전자계산기에서 처리된 자료를 문자나 도형으로 변환하여 마이크로필름에 기록하는 장치로 계수형 자료(Digital Data)를 직접 마이크로필름에 기록할 수 있을 뿐만 아니라 분당 20000줄을 인쇄할 수 있는 고속의 출력장치이다. 또한 마이크로피시(Micro fiche ; 4 × 6인치 마이크로필름) 한 장에 11 × 4인치 270페이지를 축소시켜 인덱스(Index)와 함께 보관할 수 있어 기록 밀도 면에서 자기테이프나 자기디스크의 25~100배 정도 더 조밀하다.

2-3   플로터(Plotter)

프린터가 문자를 인쇄하기 위해 개발되었다면 플로터는 그래프나 도형 등의 선 그리기를 위해 개발된 기기이다. 보통 펜을 사용하여 선을 그리는데 기술의 발달로 레이저 빔, 잉크젯 방식, 정전기 방식 등도 사용하고 있으며 XY 플로터가 가장 대표적이다. 펜 플로터는 한 개 이상의 펜을 운반대(Carriage)나 횡막대(Crossbar)에 설치하여 사용하며 인쇄용지를 펼쳐서 사용하는 플랫베드 플로터(Flatbed Plotter)와 인쇄용지를 드럼에 감아서 사용하는 드럼 플로터(Drum Plotter), 플랫베드 플로터와 드럼 플로터의 복합 형태인 벨트베드 플로터(Belt-bed Plotter) 등으로 나눌 수 있다.

플랫베드 플로터는 횡 막대가 플로터의 한쪽 끝에서 다른 끝으로 이동하고 펜은 횡 막대의 상하 방향으로 움직이면서 그림을 그리는데 크기는 12 × 18인치에서부터 6 × 8인치까지 다양하다. 드럼 플로터는 펜 운반대가 고정되어 있는데 인쇄용지가 드럼 위에서 전후로 움직이고 펜은 운반대의 좌우로 움직여 그림을 그린다.

플로터는 프린터와 달리 응용 프로그램에서 플로터 출력을 지시하는 또 다른 명령이 존재하여야 하는데 이러한 명령은 별도의 마이크로프로세서에 의해 수행되며 펜이 들려 있는 동안 펜이 움직이는 거리를 최적화하는 작업이 수행된다. 이 작업을 보다 효율적으로 수행하기 위해 앤더슨(Anderson)은 알고리즘을 개발하였는데 출력 프리미티브(Primitive)를 8개의 기본 방향 중 한 개의 가상적인 펜 운동으로 분해하고 위치 감지기와 서보 모터(Servomotor)에 의해 동작 명령과 전자기적인 펜의 올림과 내림을 구현하였다.

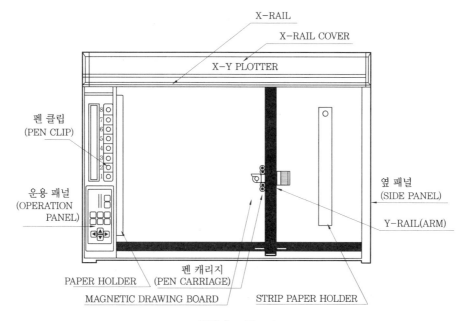

플랫베드 플로터

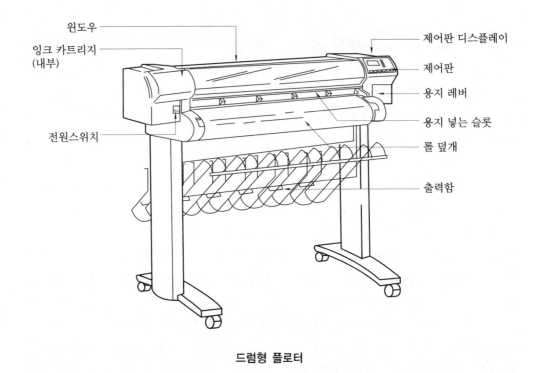

윈도우

잉크 카트리지
(내부)

전원스위치

제어판 디스플레이

제어판

용지 레버

용지 넣는 슬롯

롤 덮개

출력함

드럼형 플로터

3. 입출력 시스템의 제어방식

3-1 입출력장치와 기억장치의 비교

입출력장치와 기억장치 사이에는 수많은 자료의 전송이 이루어지는데 입출력장치는 전기 기계적 장치(Electromechanical Device)이고, 중앙처리장치나 기억장치는 전자적 장치(Electronic Device)이므로 두 장치 간에는 여러 가지 차이점이 존재한다. 이러한 차이점으로는 크게 동작 속도의 차이, 정보의 전송 단위 차이, 동작 방법의 차이, 착오 발생률의 차이 등을 들 수 있으며, 이러한 차이점은 반드시 해결되어야 할 문제이다.

(1) 동작 속도

입출력장치는 전기 기계적인 동작을 수행하기 때문에 속도가 저속인 반면, 주기억장치는 동작 속도 면에서 입출력장치에 비해 고속으로 데이터의 입출력을 수행한다. 이러한 문제를 해결하기 위해 주기억장치와 입출력장치 사이에 데이터 버퍼(Data Buffer)와 그 버퍼의 상태를 나타내는 플래그(Flag)를 두어 두 장치 간의 동작 속도로 인한 차이를 해결하고 있다.

(2) 전송 정보의 단위

입출력장치는 문자(Character) 단위로 처리하지만 주기억장치의 입출력은 워드(Word) 단위로 입출력이 수행된다. 따라서 입출력장치로부터 입력되는 바이트 단위의 자료는 결합 레지스터(Assembly Register)에 의해 워드 단위로 바뀌어 입력이 이루어지고 기억장치로부터 입출력장치로 출력되는 워드 단위의 정보는 분해 레지스터(Disassembly Register)에 의해 문자 단위로 변환되어 출력된다.

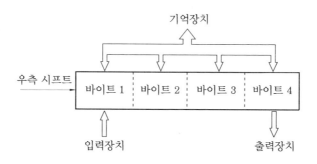

분해 / 결합 레지스터

(3) 착오 발생률

입출력장치와 매체 사이 혹은 전달 회선상의 착오는 중앙처리장치와 주기억장치 사이의 데이터 전송 착오보다 크다. 그 이유는 데이터가 전송되는 과정에서 신호가 약해지거나 잡음으로 인한 찌그러짐 현상 등에 의해 발생하는 착오 발생률이 크기 때문이다. 따라서 이러한 착오의 발생을 줄이기 위한 방법으로 입출력하는 정보의 단위마다 하나 이상의 비트를 추가시켜 정보를 나타내는 비트 열과 동시에 송·수신함으로써 착오를 식별하는데, 패리티 검사 회로(Parity Checking Circuit)를 이용하거나 착오 검출 코드(Error Detecting Code)를 이용하여 착오를 검출한다. 또한 수신 측에서 수신된 정보를 그대로 송신 측으로 다시 반송하여 송신된 자료와 비교하여 착오를 식별하는 방법을 에코 백 체크(Echo Back Check)라 하며, 키보드로부터 입력한 문자를 화면에 전시하여 문자가 올바로 입력되었는지를 확인하도록 하는 것이 대표적인 예라 할 수 있다.

(4) 동작의 동기화

주기억장치의 동작은 중앙처리장치 내의 제어 신호인 클록 펄스에 동기를 맞추어 동작하는 반면, 입출력장치는 필요한 입출력 동작의 수행을 자율적으로 처리한다. 따라서 주기억장치와 입출력장치 사이에서 발생하는 동작 타이밍(Timing)의 차이는 인터럽트와 같은 방법을 이용하여 해결한다.

3-2 | 입출력 제어 처리 방식

중앙처리장치와 입출력장치는 서로 다른 시간 체계하에서 제어되고 있으므로 두 장치 간의 데이터 교환 시에는 상호 동작 타이밍(Timing)을 조정해 주어야 한다. 데이터 교환 시 두 기기 간의 동작 타이밍을 조정하는 방식에는 프로그램에 의해서 프로세서가 조정하는 중앙처리장치 제어 방식과 별도의 제어 장치를 두어 조정하는 전용 장치 제어 방식 등이 있다.

중앙처리장치 제어 방식은 입출력 시점을 프로그램 시행 타이밍, 즉 중앙처리장치 동작 타이밍에 맞추는 동기 방식과 입출력장치의 동작 타이밍에 맞추는 비동기 방식으로 구분할 수 있으며, 비동기식 방식은 다시 입출력장치의 준비 상태를 중앙처리장치가 직접 검사하는 플래그(Flag) 검사 방식과 입출력장치에서 하드웨어적인 외부 신호를 발생시켜 중앙처리장치에 알리는 인터럽트 제어 방식으로 나눌 수 있다. 반면 전용 장치 제어 방식은 전용 장치의 종류에 따라 DMA 제어 방식과 채널(Channel) 제어 방식으로 구분된다.

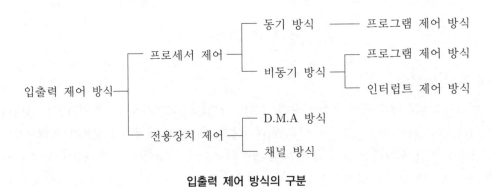

입출력 제어 방식의 구분

(1) 프로그램 제어 방식 (Programmed I/O)

프로그램 제어 방식은 중앙처리장치가 입출력 제어 프로그램에 따라 입출력장치와의 데이터 교환을 제어하는 방식으로, 입출력장치와의 데이터 교환은 프로그램상의 입출력 명령 실행에 의해 이루어지게 된다. 입력의 경우에는 입력장치로부터 중앙처리장치 내 레지스터, 특히 누산기로의 전송을 의미하고 출력의 경우에는 중앙처리장치의 레지스터, 특히 누산기로부터 출력장치로의 전송을 의미한다. 이러한 프로그램에 의한 제어 방식은 입출력의 시점을 어디에 맞추느냐에 따라 동기 방식과 플래그 검사 방식으로 구분한다.

❶ 동기 방식

동기 방식은 가장 간단한 입출력 제어 방식으로, 입출력의 시점이 중앙처리장치가 프로그램을 실행하는 타이밍에 동기하여 이루어지는 방식이다. 따라서 데이터 교환이 이루어지기 전 입출력장치는 중앙처리장치와의 데이터 교환을 위해 준비가 완료되어 있어야 한다. 즉 입력 명령을 수행하는 시점에서는 입력장치에서 데이터 송신 준비가 완료되어 있어야 하며 출력 명령을 수행하는 시점에서는 데이터의 수신 준비가 완료되어 있어야 한다. 이렇게 입출력장치의 상태를 확인하고 나서야 입출력이 가능한 제어 방식이 프로그램 제어 방식이다.

❷ 플래그 검사 방식

플래그 검사 방식은 입출력의 시점을 입출력 동작 타이밍에 맞추는 비동기식 방식으로, 입력장치는 입출력 준비의 완료를 나타내는 플래그(Flag)라는 플립플롭을 가지고 있다. 입력 명령을 수행하는 시점에서 입력장치는 데이터 송신의 준비가 완료되면 플래그를 세트(Set)하여 중앙처리장치에 알리고 중앙처리장치는 그동안 계속적으로 입력장치의 상태를 검사하여 플래그가 세트됨을 확인한다. 출력 명령을 수행하는 시점에서 출력장치는 수신 준비가 완료되면 플래그를 세트하여 중앙처리장치에 알리고 중앙처리장치는 그동안 계속적으로 출력장치의 상태를 검사하여 플래그가 세트됨을 확인한다. 입출력장치의 준비 완료 상태를 중앙처리장치가 확인한 후 비로소 입출력장치와 중앙처리장치 내 레지스터, 특히 누산기와의 데이터 교환이 이루어지게 된다.

이러한 플래그 검사 방식은 중앙처리장치가 대상이 되는 입출력장치의 플래그 상태를 조사해서 입출력을 행하는 방식으로, 가장 간단하고 저렴한 비용으로 시스템을 구성할 수 있으며 어떠한 입출력 상황에서도 적용할 수 있는 장점을 가지고 있다. 그러나 이 방식에

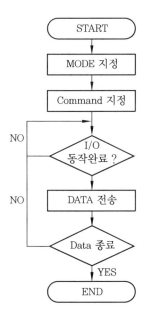

프로그램에 의한 I/O 제어 방식

서는 입출력장치의 상태를 중앙처리장치가 계속적으로 검사하고 있어야 하므로 그동안 다른 작업을 처리할 수 없다. 따라서 입출력장치의 데이터 교환을 위한 준비 완료 동작까지의 중앙처리장치의 대기 시간 발생은 중앙처리장치의 처리 효율을 감소시킨다.

(2) 인터럽트 제어(Interrupt Control) 방식

인터럽트 제어 방식은 인터럽트 기능을 가진 하드웨어에 의해 입출력장치와의 데이터 교환을 제어하는 방식이다. 여기에서는 플래그 검사 방식과는 달리 중앙처리장치가 입출력장치의 상태를 항상 검사하고 있을 필요가 없다. 입출력장치가 입출력을 위한 준비 동작을 하고 있는 동안 중앙처리장치는 주어진 다른 작업을 수행한다. 이때 입출력장치가 입출력을 위한 준비 동작을 완료하게 되면 인터럽트 요청 신호를 중앙처리장치에 보내고, 중앙처리장치는 이 신호를 확인하여 현재 수행 중인 다른 작업의 처리를 중단하고 입출력장치와의 데이터 교환을 행한다.

인터럽트 제어 방식에서는 플래그 검사 방식과는 달리 처리를 위한 별도의 하드웨어 비용이 추가되고 좀 더 복잡해지지만, 중앙처리장치가 입출력장치의 상태를 계속적으로 감시하고 있을 필요가 없어 정상적인 작업 수행 중 필요한 경우에만 입출력 동작을 수행하므로 중앙처리장치를 유효하게 사용하여 처리 효율을 증가시킨다.

(3) 전용 장치 제어 방식

전용 장치에 의한 제어 방식은 전용 장치가 무엇이냐에 따라 DMA 컨트롤러에 의한 DMA 방식과 채널에 의한 채널 방식으로 구분할 수 있는데 각각의 방식에 대한 설명은 다음 절의 채널 장치와 DMA 부분에서 다룬다.

3-3 입출력 인터페이스(I/O Interface)

입출력장치는 입출력 매체에 따라 입출력 형식과 제어 신호(Control Signal) 등이 매우 다르며, 데이터 전송 외에도 독자적인 조작기능을 가지고 있다.

이러한 여러 가지 입출력 조작명령을 모두 다르게 설계한다면 중앙처리장치는 대부분의 시간과 대부분의 명령을 입출력 조작에 할당하여야 하며, 만약 새로운 입출력장치를 부착하여 사용하고자 한다면 중앙처리장치 내의 내장 프로그램을 수정해야 하는 등 중앙처리장치의 효율을 떨어뜨리는 요인이 된다.

따라서 전자계산기와 외부 주변 장치 간의 전기적 신호, 코드, 제어 방식 등의 조건을 서로 적응시키기 위한 표준화가 필요하며, 이를 위해 표준 논리 회로와 입출력 채널을 포함하는 하드웨어로 구성한 것을 입출력 인터페이스(I/O Interface) 혹은 표준 인터페이스(Standard Interface)라 한다.

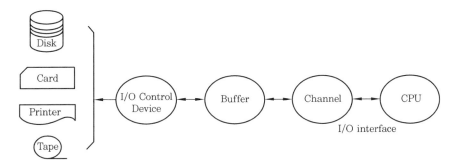

입출력 인터페이스(I/O Interface)

여기서 인터페이스라 함은 장치와 장치 사이의 경계를 말하는데, 예를 들어 중앙처리장
치와 주변 장치를 연결하고 정확한 정보의 교환이 필요하다면 각각의 장치가 주고받기 위
한 전기적 신호나 코드 및 제어 방식의 일치가 필요하다.

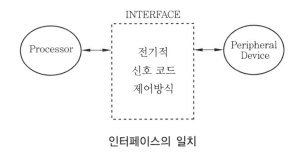

인터페이스의 일치

(1) 입출력 포트(I/O Port)

중앙처리장치에 연결된 여러 개의 입출력장치를 구분하기 위해 중앙처리장치가 부여한
논리적인 주소로 I/O Mapped I/O와 Memory Mapped I/O로 구분된다.

❶ I/O Mapped I/O

고립형 I/O(Isolated I/O)라고도 불리는 I/O Mapped I/O 방식은 기억장치의 주소공
간과 I/O가 별개의 주소 공간을 갖는 방식으로 분리된 입출력 포트 형태를 가지고 있어
I/O 포트를 사용해도 메모리 용량에는 변화가 없다.

중앙처리장치의 입장에서는 메모리와 I/O를 구분하여 취급해야 하므로 이들을 액세스
하기 위해 Read, Write 신호 이외에 추가적으로 I/O에 접근하기 위한 신호가 필요하다.
소프트웨어적으로도 메모리에 대한 데이터의 액세스와 I/O에 대한 데이터 입출력이 서로
다른 것으로 간주되기 때문에 메모리에 대한 액세스는 Load, Store에 의해 수행되고, I/O
입출력은 Input이나 Output 등의 명령에 의해 수행된다.

이 방식의 장점은 어드레싱 능력이 제한된 중앙처리장치를 사용할 때이며 입출력 접근을 메모리 접근과 분리하기 때문에 메모리 전체를 입출력과 무관하게 사용할 수 있다.

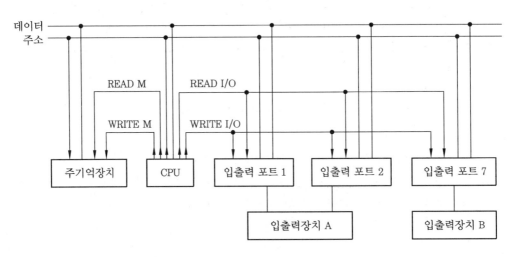

I/O Mapped I/O에 의한 입출력

❷ Memory Mapped I/O

Memory Mapped I/O 방식은 입출력 포트가 기억장치 주소 공간의 일부인 형태로 메모리와 I/O가 하나의 연속된 어드레스 영역에 할당되는 방식이다. 따라서 전체 메모리 용량 중 I/O가 차지하는 만큼의 메모리 용량은 감소하게 된다. 중앙처리장치의 입장에서는 메모리와 I/O가 동일한 외부기기로 간주되기 때문에 이들을 액세스하기 위하여 같은 신호를 사용한다. 즉, 소프트웨어적으로도 메모리에 대한 액세스나 I/O에 대한 데이터 입출력이 동일한 것으로 간주되므로 Load, Store 명령 등에 의해 수행된다.

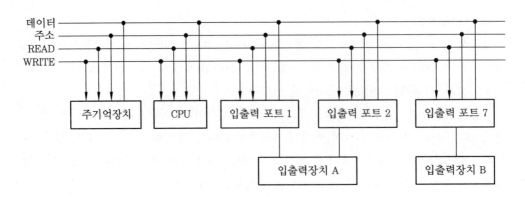

Memory Mapped I/O에 의한 입출력

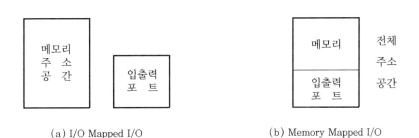

(a) I/O Mapped I/O   (b) Memory Mapped I/O

I/O Mapped I/O와 Memory Mapped I/O Block도 비교

이 방식의 장점은 포트 입출력을 구현하기 위한 중앙처리장치 내부 로직이 간단하여 저렴하고 처리 속도가 빠른 CPU를 만들 수 있게 한다. 반면 메모리 주소 지정과 해당 데이터를 전송하기 위한 데이터 버스를 많이 사용하기 때문에 매핑된 I/O 장치에 접근하는 속도가 느리다는 단점을 가지고 있다.

(2) 인터페이스 기능 및 역할

인터페이스는 데이터 버퍼 레지스터(Data Buffer Register)를 이용하여 처리 속도를 변환함으로써 입출력장치와 주기억장치 사이의 속도 차이를 해결하여 주며 중앙처리장치로부터의 제어 신호와 입출력 제어 장치 내부의 상태를 조합하여 별도의 제어 신호로 변환하여 주는 역할을 수행한다.

또한, 패리티 체크(Parity Check) 등에 의하여 착오를 검출한 경우 이 착오를 중앙처리장치에 통보하거나 입출력장치를 선택하는 기능 등도 가지고 있다.

4. 채 널 (Channel)

입출력 채널은 입출력 명령을 해독하고 입출력 명령의 실행 및 제어를 담당하는 장치로, 중앙처리장치의 별다른 도움 없이 입출력을 수행할 수 있기 때문에 서브 컴퓨터(Sub Computer)라고도 불린다. 이러한 입출력 채널은 중앙처리장치의 입출력 개시 명령에 의해서 동작을 시작하고 입출력이 끝난 경우 입출력 인터럽트를 요구해 중앙처리장치에 입출력의 종료를 알린다.

입출력 채널은 주기억장치 내에 기억되어 있는 채널 프로그램의 명령을 해독한 후 해당 입출력장치를 제어하면서 입출력을 수행하는데, 이때 채널 프로그램의 명령, 즉 각 스텝을 커맨드(Command)라 부른다.

보통 전자계산기는 중앙처리장치 이외에 여러 개의 입출력 프로세서(IOP ; Input Output Processor)를 가지고 있는데 입출력장치와 직접 데이터를 전송하는 프로세서를 채널이라 부르며, 이 채널은 하나의 명령으로 다수의 블록을 입출력할 수 있다는 특징을 가지고 있다.

또한 채널은 중앙처리장치와 동시에 동작할 수 있으며, 중앙처리장치는 입출력 동작의 수행 시 많은 시간을 소비하지 않아도 된다.

4-1 채널 프로그램(Channel Program)

채널에 의한 입출력은 주기억장치 내의 채널 프로그램이 수행되어 동작하는데, 이는 채널 제어기가 입출력하고자 하는 블록들에 관한 정보를 가지고 있는 채널 명령어(CCW ; Channel Command Word)의 수행을 의미한다.

이러한 채널 프로그램은 다수 개의 채널 명령어로 구성되며 채널 명령어의 수행을 위해 채널 상태어(CSW ; Channel Status Word)와 채널 주소어(CAW ; Channel Address Word)가 존재한다.

(1) CCW(Channel Command Word)

채널 명령어는 아래와 같이 네 개의 필드(Field)로 구성되어 있으며 명령 필드는 입출력 명령을 나타내고 위치 필드는 입출력할 첫 번째 단어의 주소를 나타낸다. 크기 필드는 단어의 수를 나타내며, 상태 필드는 다음 수행할 명령의 주소를 기억한다.

Command Field	Address Field	Flag Field	Count Field
명 령	위 치	상 태	크 기

채널 명령어의 구성

채널 명령어에는 데이터 전송 명령, 분기 명령, 제어 명령 등이 있으며, 데이터 전송 명령은 입력, 출력, 상태 정보 읽기 등을 위한 명령으로, 지정한 주기억장치 영역과 선택된 입출력장치 사이에 명령에 명시된 바이트 개수만큼의 자료를 전송한다.

분기 명령은 채널이 다음 채널 명령어에 접근하기 위한 명령으로, 보통 채널 명령어는 순차적으로 기억장치에 저장되지 않고 링크드 리스트(Linked List) 형태로 저장되기 때문에 무조건 분기하는 명령을 이용해야 한다.

제어 명령은 입출력장치를 제어하기 위한 명령으로, 직접 입출력장치에 전송되고 데이터 전송 동작을 제외한 다른 기능을 수행하는 경우에 사용된다. 예를 들어, 자기테이프의 되감기 명령이 이에 해당되는 명령이다.

(2) CSW (Channel Status Word)

채널 상태어는 채널 명령어의 수행을 위한 채널과 부 채널(Sub-Channel)의 상태와 더불어 입출력장치의 상태를 가지고 있는 단어이다.

(3) CAW (Channel Address Word)

채널 주소어는 채널 명령어의 주소를 기억하고 있는 단어이다.

4-2 채널의 종류

채널의 종류는 연결 형태에 따라 고정 채널과 가변 채널로 구분할 수 있으며, 정보의 취급 방법에 따라 멀티플렉서 모드(Multiplexer Mode)와 버스트 모드(Burst Mode)로 구분할 수 있다. 또한 입출력장치의 성질에 따라 셀렉터 채널(Selector Channel), 바이트 멀티플렉서 채널(Byte Multiplexer Channel), 블록 멀티플렉서 채널(Block Multiplexer Channel)로 구분할 수 있다.

(1) 연결 형태에 따른 분류

❶ 고정 채널

고정 채널은 채널 제어기가 특정한 I/O 장치들의 전용 전송 통로를 지닌 형태로, 간단하다는 장점과 함께 이용 효율이 낮다는 단점을 가진 채널이다.

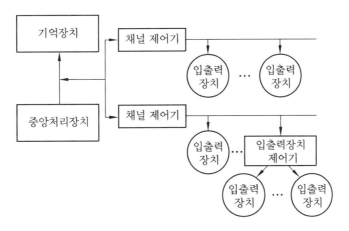

고정 채널 제어기

❷ 가변 채널

가변 채널은 특정한 I/O 장치의 전용 전송 통로가 존재하지 않는 형태로, 채널의 이용 효율은 높지만 회로가 복잡하고 설치비용이 많이 소요된다는 단점을 가지고 있는 채널이다.

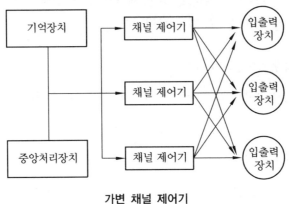

가변 채널 제어기

(2) 정보 취급 방법에 의한 분류

❶ 멀티플렉서 모드(Multiplexer Mode)

멀티플렉서 모드는 여러 개의 I/O 장치가 채널의 기능을 공유하여 시분할적으로 데이터를 전송하는 형태로, 저속의 I/O 장치 여러 개를 동시에 동작시키는 데 적합하다.

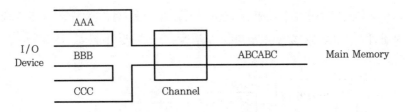

멀티플렉서 모드(Multiplexer Mode)

❷ 버스트 모드(Burst Mode)

하나의 I/O 장치가 데이터 전송을 행하고 있는 동안에는 채널의 기능을 완전히 독점하여 사용하는 방법으로, 대량의 데이터를 고속으로 전송하기에 적합한 형태이다.

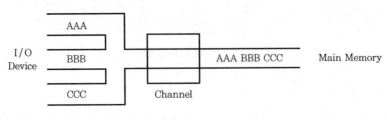

버스트 모드(Burst Mode)

(3) 입출력장치의 성질에 따른 분류

❶ 셀렉터 채널(Selector Channel)

셀렉터 채널은 채널의 제어가 임의의 시점에서 볼 때 마치 어느 하나의 입출력장치를 독점하여 운영하는 형태를 가지고 있으며 일반적으로 속도가 빠른 자기테이프, 자기디스크, 데이터 셀(Data Cell)과 같은 보조기억장치의 입출력 제어에 사용된다.

셀렉터 채널은 하나의 입출력장치와 기억장치가 접속되어 있으면 그 접속이 논리적으로 차단되기 이전에는 그 채널에 연결된 다른 입출력장치의 입출력이 불가능하다.

❷ 바이트 멀티플렉서 채널(Byte Multiplexer Channel)

바이트 멀티플렉서 채널은 키보드(Keyboard)나 프린터(Printer)와 같이 비교적 입출력 속도가 저속인 다수의 입출력장치가 채널의 단일한 데이터 경로를 공유하면서 데이터를 입출력하는 채널로 모든 입출력장치마다 입출력에 필요한 데이터 블록의 위치와 크기 등의 정보를 나타내는 하드웨어가 필요하다.

이러한 기능이 수행되려면 하드웨어가 커지며 융통성이 적어진다는 단점이 발생한다. 따라서 이러한 기능을 채널에서 분리하여 많은 종류의 서브 채널(Sub Channel)을 갖도록 하고 입출력장치들은 채널을 시분할 공유(Time Share)하게 한다.

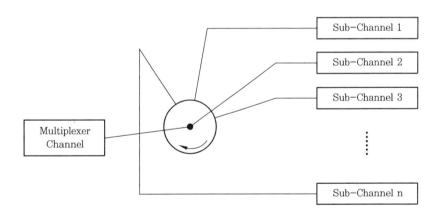

Multiplexer Channel과 Sub Channel 의 관계

❸ 블록 멀티플렉서 채널(Block Multiplexer Channel)

블록 멀티플렉서 채널은 하나의 데이터 경로를 경유한다는 점과 고속의 입출력장치를 취급한다는 점에서 멀티플렉서 채널과 셀렉터 채널과 결합한 형태의 채널이다.

따라서 블록 멀티플렉서 채널은 동시에 여러 개의 고속 입출력장치를 공유하여 데이터를 입출력하기 때문에 1회의 데이터 전송량이 많다는 장점을 가지고 있다.

5. DMA (Direct Memory Access)

중앙처리장치로부터 하나의 입출력 명령을 받아 중앙처리장치의 계속적인 간섭 없이 DMA 독자적으로 주변 장치와 주기억장치 사이에서 데이터 입출력을 수행하는 방법으로 마이크로컴퓨터나 소형 컴퓨터에서 사용되는 진보된 입출력 방식이다.

DMA에 의한 입출력은 입출력 명령에 의해 수행되는 주기억장치와의 직접적인 데이터 전송을 위해 버스를 제어할 수 있는 능력을 가지고 있어야 하는데 이렇게 DMA에 의해 입출력이 일어나면 DMA 제어기가 중앙처리장치로부터 버스의 사용권을 일시적으로 빼앗아 DMA 인터페이스가 사용하도록 하는 사이클 스틸(Cycle Steal)이 발생한다.

사이클 스틸이 발생되면 중앙처리장치는 그 사이클 동안 유휴 상태가 되고 DMA에 의한 입출력 종료 시 동작을 재개하게 되는데, 이때 중앙처리장치의 상태는 보존할 필요가 없다.

이와 같이 DMA에 의한 입출력 수행은 자기디스크와 같이 속도가 빠른 장치의 입출력에 사용되어야 하며 프로그램이 수행되는 동안 인터럽트의 발생을 최소화하여 전자계산기의 효율을 높이기 위한 목적으로 사용된다.

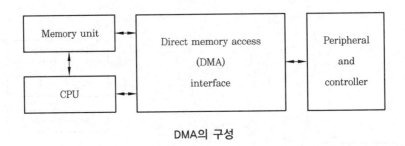

DMA의 구성

5-1 DMA에 필요한 하드웨어적 기능

(1) 기억장치에 접근을 요청하는 기능

입출력할 데이터가 데이터 버퍼 내에 존재하고 있거나 데이터 버퍼에 새로운 출력 데이터를 받아들일 준비가 되어 있을 때 기억장치에 접근을 요청하는 기능으로, 데이터 버퍼의 상태를 나타내는 D 플래그를 이용한다.

이때 중앙처리장치와 DMA 사이에 기억장치의 사이클 타임을 동시에 사용하려는 현상이 발생하게 된다. 이러한 경우 앞서 설명한 바와 같이 사이클 스틸이 발생하여 DMA 인터페이스가 먼저 기억장치의 사이클 타임을 사용하도록 한다.

(2) 입출력 선택 기능

입력과 출력 중에서 어느 동작을 할 것인가를 나타내는 기능으로, DMA 내에 하나의 F 플립플롭을 두어 그것의 상태로 입력 혹은 출력을 선택하도록 한다.

(3) 입출력 위치와 양을 나타내는 기능

어디에 있는 데이터를 입력하여 어디로 옮길 것인가와 얼마만큼의 데이터를 입출력할 것인가를 나타내는 기능으로, 주소 레지스터, 단어 계수기, 매체 주소 레지스터를 사용한다. 여기서 주소 레지스터는 입출력에 필요한 기억장치의 주소를 기억하고 있는 계수기이며 단어 계수기는 DMA 전송에 필요한 블록의 단어 수를 기억한다. 또한, 매체 주소 레지스터는 보통의 레지스터로 입출력장치의 선택에 이용된다.

(4) 입출력 완료 시 중앙처리장치에 통보하는 기능

원하는 데이터의 입출력이 완료되었을 때 그 사실을 인식하고 중앙처리장치에 보고하는 기능이다. 단어 계수기가 0을 나타낼 때, 즉 블록의 입출력이 완료되었을 때 인터럽트를 걸어 중앙처리장치에 입출력의 종료를 알린다.

5-2 DMA의 동작

DMA 방식에 의한 입출력에서는 한 블록을 입출력하기 위해 다음과 같은 과정을 필요로 한다. 먼저 기억장치와 입출력장치 사이에서 데이터 입출력이 일어나기 때문에 중앙처리장치는 DMA 제어기에 블록에 관한 정보, 입력 혹은 출력 등의 동작의 종류, 입출력장치의 번호 등을 알려주어야 한다. 이때 블록에 관한 정보는 기억장치 내에서 블록이 시작하는 곳의 주소와 블록의 크기, 즉 단어 수를 의미한다. 이렇게 전달된 정보는 해당 레지스터에 저장되며 중앙처리장치로부터 전달되는 정보는 프로그램에 의한 출력 방식으로 DMA 제어기에 전달된다.

이상과 같은 작업에 의해 DMA에 의한 입출력이 개시되면 중앙처리장치는 입출력에 관여할 필요가 없으므로 입출력과 무관한 명령을 수행할 수 있다. 입출력과 무관한 명령을 수행할 수 없는 경우, 즉 기억장치의 접근을 요구하는 명령을 수행하는 경우에는 기억장치의 사이클 타임을 우선순위가 상대적으로 높은 DMA 제어기에 빼앗겨 그 사이클 타임 동안 중앙처리장치는 유휴 시간을 가지게 된다.

이러한 현상을 사이클 스틸(Cycle Steal)이라 하며 중앙처리장치는 입출력의 완료 시까지 기다려야 한다. 블록 입출력이 완료되면 DMA 제어기는 중앙처리장치에 인터럽트를 걸어 입출력의 종료를 알린다.

5-3 사이클 스틸(Cycle Steal)과 인터럽트(Interrupt)의 차이

사이클 스틸은 앞서 설명한 바와 같이 주기억장치의 사이클 타임을 중앙처리장치로부터 DMA가 일시적으로 빼앗기 때문에 중앙처리장치가 명령어를 수행하는 도중에 그 명령의 수행을 잠시 보류하고 DMA에 의한 입출력을 수행하게 하고, 입출력이 종료되면 중단된 프로그램을 계속 수행한다. 따라서 중앙처리장치는 유휴 시간이 생겨 그 사이클 동안 잠시 쉬는 상태가 되기 때문에 상태 보존이 필요 없다.

반면, 인터럽트는 인터럽트가 발생하면 현재 수행 중인 명령을 완전히 끝내고 중앙처리장치의 상태를 보존한 후 인터럽트 처리 루틴을 수행하므로 중앙처리장치는 쉬지 않고 계속적으로 다른 명령을 수행한다. 따라서 실행이 중단된 프로그램으로 복귀하기 위해 중앙처리장치의 상태 보존이 필요하다.

5-4 채널과 DMA 제어기의 비교

채널과 DMA 제어기는 모두 입출력을 위한 전용 장치이지만 채널은 하나의 입출력 명령으로 다수의 블록을 전송할 수 있고 DMA 제어기는 하나의 명령으로 하나의 블록만을 전송한다는 차이를 가지고 있다.

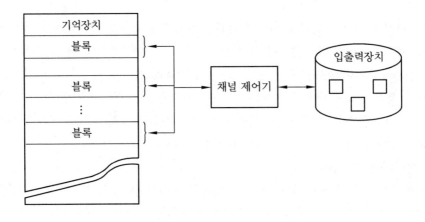

(a) 채널 제어기에 의한 입출력

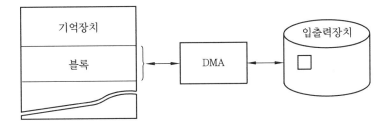

(b) DMA에 의한 입출력

채널과 DMA 제어기의 차이

연·습·문·제

1. 다음의 인쇄 장치 중에서 인쇄되는 문자가 보통 활자체로 되지 않고 점에 의해 나타나는 인쇄기는?

㉠ 프린트 휠 인쇄기(Print Wheel Printer)

㉡ 매트릭스 인쇄기(Matrix Printer)

㉢ 체인 인쇄기(Chain Printer)

㉣ 바 인쇄기(Bar Printer)

2. 컴퓨터의 계산 처리와 데이터 입력 시간과의 차이로 인해 어느 한쪽에 대기 시간이 생기는 것을 무슨 시간이라 하는가?

㉠ 간격 시간(Gap Time)

㉡ 유휴 시간(Idle Time)

㉢ 홀딩 시간(Holding Time)

㉣ 수작업 시간(Handing Time)

3. Interface의 역할을 설명한 것이 아닌 것은?

㉠ 컴퓨터에서 주변 장치로 정보를 보낼 때 이 정보를 주변 장치에 맞는 형태로 변환한다.

㉡ 주변 장치에서 컴퓨터로 정보를 보낼 때 이 정보를 컴퓨터에 맞는 형태로 변환한다.

㉢ 컴퓨터와 주변 장치 사이에 처리 시간이 다른 것을 조화시킨다.

㉣ CPU를 경유하지 않고 메모리와 주변 장치 간에 정보를 전달한다.

4. 다음 중 CPU의 효율은 좋으나 하드웨어적인 부담이 있고 예측할 수 없는 입·출력 제어 시에 적합한 입·출력 방식은?

㉠ Programmed I/O   ㉡ Isolated I/O

㉢ Interrupt I/O   ㉣ DMA

5. CPU가 입·출력 데이터 전송을 메모리에서의 데이터 전송과 같은 명령으로 수행할 수 있는 입·출력 제어 방식은?

㉠ Programmed I/O   ㉡ Memory-mapped I/O

㉢ Interrupt I/O   ㉣ Isolated I/O

6. 다음 중 Memory Mapped I/O를 가장 잘 설명한 것은?

㉮ 입·출력 Port를 어드레스하는 인스트럭션이 따로 있다.

㉯ 입·출력 Port에 대해서도 Memory Location과 똑같이 액세스된다.

㉰ 입·출력 Port가 Memory Location과는 상관없이 독립적인 주소 공간(Address Space)을 갖는다.

㉱ 입·출력을 하기 위해서는 데이터를 주소 레지스터에 넣어 주고 채널(Channel)을 부르기만 하면 된다.

7. 컴퓨터와 주변 장치 사이에 데이터 전송을 수행할 때 입·출력의 준비나 완료를 나타내는 신호가 필요한 비동기식 입·출력 시스템에 널리 쓰이는 방식은?

㉮ Polling   ㉯ Interrupt

㉰ Paging   ㉱ Handshaking

8. 시스템 내부의 기능 간에 상호 통신을 위해 필요한 연속 신호로, 각각의 신호가 입·출력을 완료했다는 반응이 필요한 비동기식 입·출력 시스템에 널리 쓰이는 방식은?

㉮ 폴링   ㉯ 페이징

㉰ 스테이징   ㉱ 핸드셰이킹

9. 비동기적인 데이터 전송에서 스트로브 제어 방법의 설명으로 적당하지 않은 것은?

㉮ 전송의 시간을 동기화시키기 위해 하나의 제어선을 사용한다.

㉯ 수신 장치는 일반적으로 하강 모서리(Falling Edge)를 사용한다.

㉰ 송신 장치에서 발생하는 스트로브 제어 방식은 수신 장치가 데이터를 받아들였는지 알 수 없다.

㉱ 핸드셰이킹 방법보다 더 신뢰성이 있다.

10. 컴퓨터와 주변 장치 사이에 Data 전송을 할 때 입·출력의 준비나 완료를 나타내는 신호(RDY, $\overline{STB}$)를 사용하는 Data 입·출력을 하는 방식은?

㉮ Polling 방식   ㉯ Interrupt 방식

㉰ X On/Off 방식   ㉱ Handshaking 방식

11. 마이크로컴퓨터의 병렬 입·출력 인터페이스가 아닌 것은?

㉮ PIO   ㉯ UART   ㉰ PPI   ㉱ PIA

12. 다음 중 마이크로컴퓨터의 직렬 입·출력 인터페이스가 아닌 것은?

㉮ SIO   ㉯ USART   ㉰ ACIA   ㉱ PPI

13. 입출력 채널(I/O channel)에 관한 다음 설명 중 바른 것은?

㉮ Channel은 입출력장치가 작동 중일 때 중앙처리장치를 쉬게 한다.

㉯ Multiplexer Channel에는 속도가 빠른 자기디스크나 자기테이프를 부착한다.

㉰ Selector Channel에는 속도가 느린 카드리더나 라인 프린터를 부착하게 된다.

㉱ Channel은 처리 속도가 빠른 중앙처리장치에 비해 속도가 느린 입출력장치 간에 발생하는 작업상의 낭비를 줄여준다.

14. 다음의 채널 중에서 속도가 비교적 빠른 장치에 연결되는 채널은 어느 채널인가?

㉮ 멀티플렉서 채널   ㉯ 셀렉트 채널

㉰ 블록 멀티플렉서 채널   ㉱ 블록 채널

15. I/O 장치와 메모리 간에 CPU를 통하지 않고 고속으로 직접 Data를 주고받는 입출력 제어 방법을 무엇이라 하는가?

㉮ CAM(Content Access Memory)   ㉯ Interrupt

㉰ DMA(Direct Memory Access)   ㉱ Time sharing

16. 다음 D.M.A.(Direct Memory Access)의 설명 중 옳지 않은 것은?

㉮ DMA는 기억장치와 주변 장치 사이에 직접적인 자료 전송을 제공한다.

㉯ 자료 전송에 CPU의 레지스터를 직접 사용한다.

㉰ DMA는 주기억장치에 접근하기 위해 사이클 스틸링(Cycle Stealing)을 한다.

㉱ 속도가 빠른 장치들과 입출력할 때 사용하는 방식이다.

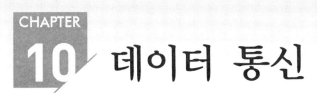

CHAPTER

10 데이터 통신

1. 데이터 통신 개요

인간은 수세기 이전부터 호리병, 봉화, 심지어 새 등을 이용하여 멀리 떨어진 타인과의 의사 교환을 위해 부단한 노력을 경주해 왔으며, 이러한 노력의 결과로 우편이나 전자 기술이 가미된 전화, 전신 등이 개발되었다. 이러한 통신의 발달은 오늘날 눈부신 과학 문명의 발전과 더불어 전자계산기와 기존의 통신 기술이 합쳐진 데이터 통신 시대로 변모해 왔다. 이는 전자계산기가 널리 보급되면서 사람들이 전자계산기로 처리한 내용이나 처리가 필요한 자료를 좀 더 정확하고, 비밀의 보장과 함께 고속으로 교환하기를 희망하게 되었기 때문이다.

데이터 통신을 위해서는 수신 측과 송신 측 모두에 전자계산기를 비롯한 통신 제어 기기들이 설치되어 자료의 처리 및 전송을 제어할 수 있어야 하며, 이렇게 처리된 자료는 통신 회선을 통해 상호간의 데이터 전송이 가능해진다.

1-1   데이터 통신의 정의

과거에 인간들은 무수히 많은 방식으로 통신을 해 왔지만 그 일련의 과정들을 데이터 통신이라 부르지 않는다. 그 이유는 먼저, 통신이라 함은 상대방과 내가 가급적 빠른 시간 내에 정확하게 서로의 의사를 주고받아야 하는 것인데 과거에는 통신 대상은 있었지만 이런 정보를 빠르게 전송하는 데 필요한 매체가 불분명했기 때문이다.

반면 오늘날의 통신은 전자계산기에서 처리한 많은 양의 자료, 즉 데이터를 전화 회선이나 특수 회선 등을 이용해 고속으로 전송하고 있다. 이때 전송되는 자료를 우리는 데이터(Data)라 부르는데, 데이터란 산재해 있는 모든 언어 표현들을 주석을 달아서 비슷한 내용끼리 묶어 놓은 소집단을 의미한다. 입에서 아무 뜻 없이 나오는 말이 아닌 함축적인 언어 내에 전달하고자 하는 정확한 의사를 실은 언어 집단인 것이다.

데이터(Data)는 두 가지 형태로 나눈다. 첫 번째는, 주로 사람의 음성으로 표현되는 아날로그(Analog)와 두 번째로 전자계산기 내에서 표현되는 디지털(Digital)이다. 그중에서 우리가 데이터 통신으로 말하는 신호는 일반적으로 2진 부호 형태의 디지털(Digital) 신호를 뜻한다.

데이터 통신은 원격지의 컴퓨터 상호간에 전기통신 매체를 통하여 통신규약에 따라서 데이터를 송수신하는 것이라 정의할 수 있다. 또한 전기 통신 및 데이터 통신의 표준화 연구 기관인 국제 전신전화자문위원회(CCITT ; Consultative Committee on International Telegraphy and Telephony)는 "데이터 전송이란 기계에 의하여 처리되거나 처리된 정보의 전송"이라고 정의하고 있다. 이와 같이 데이터 통신이란 전자계산기의 데이터 송·수신에 사용되는 2진 부호인 디지털 신호를 통신하는 시스템이라 요약할 수 있다.

1-2 통신 시스템의 구성

통신 시스템의 구성은 크게 세 가지의 구성 요소를 가지고 있는데 그중 첫 번째는 정보원(Source)으로 송신 측을 의미하며, 널리 산재되어 있는 데이터를 수집하여 전송하기 위한 곳이다. 둘째는 정보 목적지(Destination)로 수신 측을 의미하며 정보원으로부터 수집된 자료가 도착되는 목적지인 셈이고 셋째는 전송 매체를 들 수 있는데 전송 매체는 다시 유선과 무선으로 구분할 수 있다.

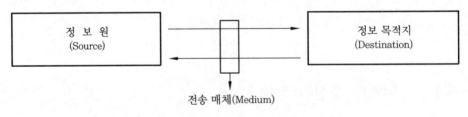

데이터 통신 시스템의 기본 구성

1-3 데이터 통신 시스템의 발전

데이터 통신 시스템의 눈부신 발전이 시작된 시기는 IC(Integrated Circuit)가 등장한 3세대부터이다. IC가 개발되면서 이를 본격적으로 데이터 통신에 이용하기 시작했는데 이러한 데이터 통신 시스템을 제일 먼저 도입한 곳은 군사용 시스템으로, 1958년 미국 공군에 의해 구축된 반자동 방공망 시스템(SAGE ; Semi-Automatic Ground Environment)이다. 이 시스템은 미국과 캐나다 및 북아메리카 전역을 적의 공격으로부터 방어하기 위해 레이더망과 중앙의 전자계산기를 온라인(On-Line) 통신망으로 연결한 군사용 시스템이다. 이 시스템은 한 치의 오차도 없이 레이더망에 나타난 적의 항공기를 정확하게 중앙의 군사망 전자계산기에 즉시 보내어 처리하는 온라인 실시간 처리(On-Line Real Time Processing) 방식이다. 이 밖에도 MTDS(Marine Tactical Data System), NTDS(Navy Tactical Data System) 등이 개발되었다.

이 시스템은 차후 민간 분야에 도입되어 아메리칸항공사의 좌석 예약 시스템 SABRE (Semi-Automatic Business Research Environment)에 응용되었다. 이렇게 군사용 데이터 통신 시스템의 개발은 현재의 데이터 통신 시스템의 발전에 지대한 공헌을 하였으며 점차 최신 첨단 기기의 발전과 더불어 꾸준히 성장해 가고 있다.

1-4　온라인 시스템과 오프라인 시스템

(1) 온라인 시스템(On Line System)

각종 기기들이 중앙연산처리장치의 제어하에 직접 연결되어 동작하는 처리 방식으로, 입력 데이터가 그 발생원에서 직접 전자계산기에 입력되고 출력 데이터 역시 그것을 사용하는 곳에 직접 전송되는 데이터 전송 시스템을 말한다. 이 시스템에는 데이터의 전송, 데이터의 처리, 피드백(Feedback) 등이 일관된 체계하에 조직되어 있으며, 데이터가 최초로 수집된 때부터 전자계산기에 의해 최종 처리될 때까지 사람이 필요 없다. 이러한 온라인 시스템은 자료 처리 시점을 기준으로 하여 실시간 처리(Real Time Processing)와 일괄 처리(Batch Processing)로 구분할 수 있다.

❶ 온라인 실시간 처리 시스템(On Line Real Time Processing System)

데이터의 발생 현장에 설치된 단말기와 원격지의 중앙 전자계산기가 전용 회선을 통해 직접 연결되어 있는 온라인 시스템과 데이터를 수신하여 그 처리 결과를 즉시 반송해 줌으로써 즉시 응답을 받아볼 수 있는 실시간 시스템의 기능을 함께 가지고 있는 시스템이다. 이 시스템은 중앙의 전자계산기가 대용량의 기억장치를 가지고 있어야 하며 고속의 자료 처리와 함께 신뢰성을 갖춘 프로그램 기술이 구비되어야 한다.

온라인 실시간 처리 시스템은 처리 방식에 따라 조회(Inquiry) 방식, 거래 데이터 처리 (Transaction Data Processing) 방식, 메시지 교환(Message Switching) 방식 등으로 구분할 수 있다.

❷ 온라인 일괄 처리 시스템(On Line Batch Processing System)

데이터의 발생 지점과 중앙의 전자계산기를 직렬로 연결하여 데이터의 발생과 동시에 전자계산기가 그 내용을 자기테이프나 자기디스크 같은 보조기억장치에 저장하고, 일정량이 되거나 일정 시간이 경과한 후에 정리하여 일괄 처리하는 시스템이다.

(2) 오프라인 시스템(Off Line System)

전자계산기에 부속되어 있는 입력장치, 출력장치 등이 중앙연산처리장치의 제어를 벗어나 독립적으로 기능을 발휘하는 장치로, 온라인 시스템과는 반대의 개념을 가지고 있다.

2. 데이터 통신 시스템의 기본구성

데이터 통신은 크게 데이터 전송계와 처리계로 구분되는데, 데이터 전송계는 주로 데이터의 이동을 담당하고 데이터 처리계는 데이터의 가공, 처리를 담당한다. 여기서 데이터 전송계 장치는 일반적으로 단말장치(Terminal), 통신회선(Communication Line), 통신 제어장치(Communication Control Unit)를 말한다. 데이터 처리계 장치는 전자계산기 내의 소프트웨어를 의미하는데 통신용 특수 목적 소프트웨어인 프로토콜(Protocol)을 말한다. 프로토콜이란 서로 다른 시스템 간의 원활한 통신을 하기 위한 일종의 통신 규약이라 할 수 있으며 통신 소프트웨어의 가장 중요한 기능이다.

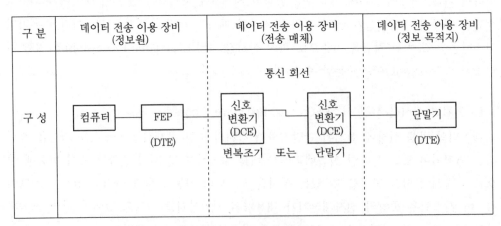

DTE ; Data Terminal Equipment
DCE ; Data Communication Equipment
DSU ; Digital Service Unit
FEP ; Front End Processor

데이터 통신 시스템의 기본 구성

2-1 단말장치 (DTE ; Data Terminal Equipment)

단말장치란 단순히 CRT(Cathode-Ray Tube)만을 말하는 것이 아니라 통신을 위하여 전자계산기와 연결되는 모든 주변 장치를 의미한다. 즉 통신 회선에 정보를 전송하기에 앞서 통신에 적합한 형태로 정보를 바꾸어 주는 장치이다.

단말장치의 주요 기능으로는 입출력 기능, 전송 제어 기능, 기억 기능 등을 들 수 있다. 입출력 기능은 외부로부터 정보를 받아들이고 데이터 통신 시스템에서 처리된 자료를 외부로 출력하는 기능으로, 종이테이프나 카드 등의 매체를 통하여 입출력하는 간접 입출력과 인간이 직접 단말기를 통하여 입출력시키는 직접 입출력으로 나눌 수 있다.

전송 제어 기능은 컴퓨터와 단말장치 간에 정확한 데이터의 송수신을 행하기 위한 전송 제어 절차를 수행하는 기능으로, 단말장치를 데이터 전송 회선에 연결되게 하며 컴퓨터의 통신 제어 장치와 유사하다.

데이터 전송 회선으로부터 비트 열을 수신하여 문자로 조립하거나 전송 제어 문자를 검출하여 수신 데이터를 검사한 후 단말장치에 필요한 동작을 취하는 송수신 제어 기능과 에러 제어 기능이 이에 해당된다.

기억 기능은 단말장치에 디스크나 소용량 자기테이프 장치를 부가하여 송수신 데이터의 일시기억이나 정보의 로컬 처리를 행하는 기능이다.

2-2 통신 회선 (Communication Line)

송·수신 간의 데이터를 주고받으려면 마땅히 전송 회선이 있어야 하는데 데이터 통신 회선은 전용 회선(Leased Line)과 교환 회선(Switched Line)으로 구분된다.

전용 회선은 송·수신 간을 직접 연결한 것이고, 교환 회선은 교환기를 거쳐 서로 송·수신하는 것을 말한다.

데이터 통신 회선은 무선과 유선으로 구분하며 나선(Open Wire), 전화선(Telephone Line), 동축 케이블(Coaxial Cable), 광섬유(Optical Fiber), 마이크로웨이브(M/W ; Microwave), 통신 위성(Satellite) 등이 이용되고 속도, 정확성, 안정성 등을 고려하여 통신 회선을 선택적으로 사용하고 있다.

2-3 통신 제어 장치 (CCU ; Communication Control Unit)

통신 제어 장치는 전자계산기의 전단에 위치하여 다수의 통신 회선을 교통 정리하는 장치, 즉 통신 회선을 통하여 송·수신되는 자료를 제어 감독하는 역할을 수행하는 장치이다.

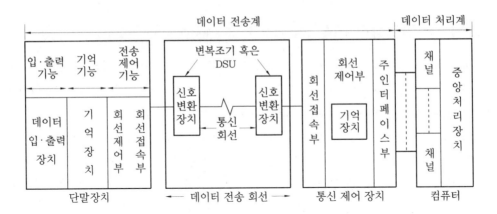

DSU ; Digital Service Unit

데이터 통신 회선의 구성

이러한 통신 제어 장치의 주된 기능은 자료 전송 회선과의 전기적 결합, 문자 및 메시지 (Message)를 조립 혹은 분해, 버퍼링(Buffering), 전송 제어, 착오(Error) 검출 및 제어, 회선의 감시 및 접속 제어 등의 기능을 수행한다.

통신 제어 장치의 작업은 크게 회선 접속부의 작업과 회선 제어부의 작업으로 구분할 수 있다. 회선 접속부의 작업은 신호의 형식을 맞추어 접속조건을 갖추게 하는 것과 수신 데이터의 비트 샘플링(Bit Sampling)을 수행한다. 회선 제어부의 작업은 수신한 비트들을 문자로 조립하고 이에 대한 에러 여부를 검사하며 다시 문자를 모아서 블록을 만들고 이에 대한 에러를 검사한 후 메시지를 조립하여 컴퓨터로 전송하는 일을 수행한다.

2-4 모뎀(MODEM)

모뎀이란 변조(Modulation)와 복조(Demodulation)의 합성어로 변복조기, 데이터 세트 (Data Set), A/D 변환기(Analog / Digital Convertor)라고도 불리며, 전자계산기에서 사용되는 디지털 신호를 그대로 전송하는 경우에 발생되는 착오를 줄이기 위해 사용하는 기기이다.

즉 전자계산기에서 사용하는 디지털 신호는 통신 회선상의 잡음과 유도 전류 등에 의한

Digital 신호   Analog 신호   Digital 신호

모뎀의 신호 변환

착오 발생률이 높기 때문에 통신 회선상의 착오 발생률이 적은 아날로그 신호로 변환하여 전송하고, 수신 측에서는 수신된 아날로그 신호를 다시 디지털 신호로 바꾸어 전자계산기에 입력함으로써 통신 회선상의 착오를 줄이기 위한 기기이다.

내장형 모뎀과 외장형 모뎀

3. 데이터 전송 방식

송·수신 측 사이, 즉 단말기와 전자계산기 혹은 전자계산기와 전자계산기 사이에 데이터 통신을 행할 때, 정보의 흐름 방향에 따라 단향 통신(Simplex)과 이중 통신(Duplex)으로 구분할 수 있다. 여기서 이중 통신은 다시 반이중 통신(Half-duplex)과 전이중 통신(Full-duplex)으로 나눌 수 있다.

3-1   단향 통신(Simplex Communication)

단향 통신이란 데이터의 진행 방향이 일정한 한 방향으로만 진행되는 통신 방법으로, 이는 송신 측이 수신 측으로 데이터를 전송하면 수신 측은 오로지 데이터를 수신할 뿐 어떠한 응답도 할 수 없는 통신 방식이다. 이러한 단향 통신은 일방향 통신, 반방향 통신, 일반 통신이라고도 불리며 방송국으로부터 송신된 라디오(Radio)의 음향 신호나, TV의 음향 영상 신호 등이 대표적이라 할 수 있다.

또한, 키보드로부터 입력되는 신호나 전자계산기로부터 프린터나 화면으로 출력되는 정보 역시 단향 통신의 한 부류라 할 수 있다.

단향 통신

3-2 이중 통신(Duplex Communication)

이중 통신은 앞서 기술한 바와 같이 송신과 수신이 모두 가능한 통신을 의미하며 송·수신의 동시 가능 여부에 따라 반이중 통신과 전이중 통신으로 구분된다.

(1) 반이중 통신(Half-duplex Communication)

반이중 통신 방식은 무전기를 이용한 통신과 같이 데이터를 양방향으로 전송할 수는 있으나 한쪽이 자료를 송신할 때 다른 한쪽은 반드시 수신만을 해야만 하는 통신 방식이다.

이렇게 반이중 통신은 양방향으로 동시 데이터 전송이 불가능하기 때문에 상호간의 자료 교환을 위해서는 교대로 데이터를 전송하여야 하는데 이러한 이유로 양방향 교대 통신이라고도 불린다.

2선식 회선에 적합한 반이중 통신 방식은 단말기로부터 데이터를 입력하여 처리된 결과가 다시 단말기로 응답되는 형식으로 데이터의 교환이 이루어지기 때문에 회수 시간(Turnaround Time)이 필요하다는 단점을 가지고 있다.

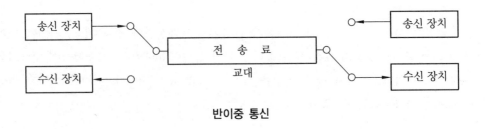

반이중 통신

(2) 전이중 통신(Full-duplex Communication)

전이중 통신 방식은 4선식 회선을 사용하여 송신 회선과 수신 회선을 분리함으로써 동시에 양방향 송수신이 가능하도록 만든 통신 방식이다. 따라서 양방향 동시 통신이라고도 불리며 회수 시간이 필요 없기 때문에 데이터 전송 속도가 가장 빠르다는 장점이 있다. 이러한 전이중 통신 방식은 일반적으로 데이터 통신에 가장 널리 사용되는 통신 방식이다.

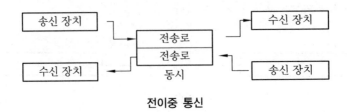

전이중 통신

4. 전송 형태 및 속도

전송 회선을 이용하여 데이터를 전송하는 방식에는 직렬 전송(Serial Transmission) 방식과 병렬 전송(Parallel Transmission) 방식이 있으며 각기 서로 다른 특징을 가지고 있다.

4-1   직렬 전송과 병렬 전송

(1) 직렬 전송

직렬 전송 방식은 데이터를 일정 순서에 따라 순차적으로 일렬 전송하는 전송 방식으로, 송신 측에서 부호화된 문자 등의 정보를 비트 단위로 송신하고 수신 측에서는 수신된 비트들을 원래의 정보로 조합하는 전송 방식이다. 이러한 직렬 전송에 의한 통신 방식은 통신 회선 비용이 저렴하고 다른 회선의 대역폭을 유효하게 사용할 수 있다는 장점을 가지고 있어 장거리 통신에 널리 사용되고 있지만 병렬 전송에 비해 전송 속도가 느리다는 단점도 가지고 있다.

직렬 전송

(2) 병렬 전송

병렬 전송 방식은 전송하고자 하는 부호화된 코드의 코드 비트를 한 묶음으로 하여 동시에 전송하는 방식으로, 속도 면에서는 직렬 전송보다 상당히 빠르다는 장점을 가지고 있으나 많은 수의 통신 회선을 필요로 함과 동시에 그 설치비용이 비싸 근거리 통신망에서 많이 채택하고 있는 통신 방식이다.

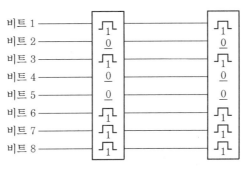

병렬 전송

> **4-2** | **비동기식, 동기식, 혼합형 동기식**

(1) 비동기식 전송

일명 스타트-스톱(Start-Stop) 방식이라고도 불리는 비동기 전송 방식은 데이터의 전송을 7비트 혹은 8비트의 문자 단위로 전송하는 것으로, 문자의 앞뒤에 1~2개의 시작 비트(Start Bit)와 정지 비트(Stop Bit)를 추가하여 자료를 전송한다.

따라서 8비트로 구성된 문자를 전송하는 경우에는 보통 11비트의 데이터 전송이 이루어지는데, 비동기 동작 방식의 경우에는 단말기에서 문자 단위로 입력되는 경우에 사용되며 수신되는 단말기에는 기억장치가 없어도 된다.

약 1200 BPS 정도의 비교적 저속의 통신에 적합하며 문자 사이의 불규칙적인 유휴 시간(Idle Time)이 존재한다는 특징을 가지고 있다.

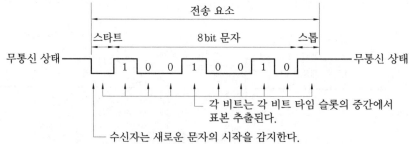

(a) 비동기식 전송 문자 형태

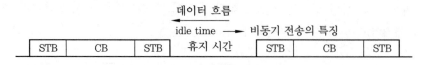

(b) 비동기식 전송 형태

비동기식 전송 문자 형태와 전송 형태

(2) 동기식 전송

동기식 전송은 블록(Block)이나 프레임(Frame) 단위로 데이터를 전송하는 방식으로, 비동기 전송과 달리 시작 비트와 정지 비트가 없이 클록(Clock)에 의해 동기를 맞추어 데이터를 전송한다.

통신 선로의 양쪽 끝에 클록을 두어 송신 측의 클록은 데이터 비트의 송신 시점을 알려
주고, 수신 측의 클록은 수신된 데이터의 샘플링(Sampling) 시점을 알려주어 송신 측에서
전송한 데이터의 비트 패턴(Bit Pattern)을 수신 측이 올바르게 해석할 수 있도록 한다.
이때 송신 측과 수신 측의 클록 주기는 동일해야 하며 만약 송신 측과 수신 측의 클록 주
기가 서로 다른 경우에는 수신 측의 입력 비트들을 올바르게 해석할 수 없다.

동기식 전송 방식은 전송 속도 2000 BPS 이상의 고속 통신에 사용되는 통신 방식이며,
데이터 전송 회선을 통하여 전달되는 속도와 출력하는 속도를 맞추기 위해 버퍼(buffer)
기억장치가 반드시 필요하다. 동기의 형태에 따라 문자 동기 방식과 비트 동기 방식으로
나눌 수 있다.

❶ 문자 동기 방식

문자 동기 방식은 전송 제어 문자를 이용하여 전송하는 방식으로 정확한 동기를 맞추기
위하여 SYN 문자를 전송하는데, 이러한 문자 이외에도 전송 내용에 맞게 전송 제어 문자
를 사용할 수 있으며 문자 동기 방식의 대표적인 프로토콜(Protocol)로는 BSC(Binary
Synchronous Character)가 있다.

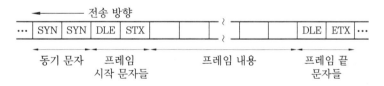

(a) 문자 동기 방식의 프레임 포맷

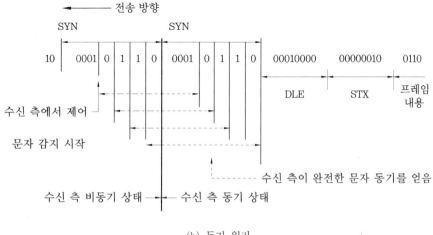

(b) 동기 원리

문자 동기 방식의 프레임 포맷 및 동기 원리

전송 제어 문자의 종류와 그 기능

분류	기호	명칭	의미
전송 제 어 문 자	SOH	start of heading	정보메시지 헤더의 첫 번째 글자로 사용
	STX	start of text	본문의 개시, 정보메시지 헤더의 종료
	ETX	end of text	본문의 종료
	EOT	end of transmission	전송의 종료, 데이터 링크를 초기화
	ENQ	enquiry	상대국에 데이터 링크의 설정 및 응답 요구
	ACK	acknowledge	수신한 정보메시지에 대한 긍정 응답
	DLE	data link escape	뒤따르는 연속된 몇 개의 글자들의 의미를 바꾸기 위하여 사용되며 주로 보조적 데이터 전송 제어 기능을 제공하기 위해 사용
	NAK	negative acknowledge	수신한 정보 메시지에 대한 부정 응답
	SYN	synchronous idle	문자를 전송하지 않는 상태에서 동기를 취하거나 또는 동기를 유지하기 위하여 사용
	ETB	end of transmission block	전송 블록의 종료를 표시

❷ 비트 동기 방식

비트 동기 방식은 문자 동기 방식이 전송 속도나 전송 효율 면에서 뒤처지는 것을 보완하기 위해 개발된 것으로, 프레임(Frame)의 시작과 끝에 플래그(Flag)를 두어 상대방으로 하여금 데이터의 시작과 끝을 알려준다. 플래그의 형태는 일반적으로 "01111110"이 이용되지만 가변성은 있다. 비트 동기 방식은 다음과 같은 구성을 지닌다.

Flag	Address	Control	Data	FCS	Flag

시　작　　　　　　　　　　　　　　　　　　　　　　　　　　종　료

비트 동기 방식의 구성

비트 동기 방식은 비트 스터핑(Bit Stuffing)이란 기능이 있는데, 이는 프레임 내에 플래그와 비슷한 비트 열을 가지고 있는 경우에 수신 측이 종료 플래그로 착각하여 데이터가 중단되는 착오를 방지하는 방법으로, 연속된 "1"이 5개 있으면 송신 측에서는 무조건 "0"을 삽입하고, 반대로 수신 측은 수신 후 5개의 연속된 "1" 뒤의 "0"을 제거하는 일련의 과정을 말한다. 비트 동기 방식의 대표적인 프로토콜로는 "SDLC, HDLC, ADCCP, X.25" 프로토콜 등이 있다.

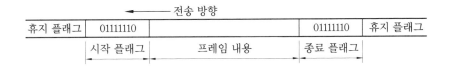

(a) 비트 동기 방식의 프레임 포맷

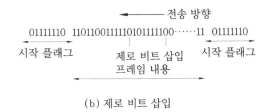

(b) 제로 비트 삽입

비트 동기 방식의 프레임 포맷과 제로 비트 삽입

❸ 혼합형 동기식 전송

비동기식과 동기식의 장점만을 살려 만든 방식으로 시작 비트와 정지 비트를 가지고 있지만 문자와 문자 사이에 규칙적인 휴지 시간(Time Interval)을 가지고 있어 비동기식보다 고속 통신을 할 수 있다.

4-3 전송 속도

데이터 통신의 가장 기본적인 전송 속도의 단위는 BPS(Bit Per Second)로, 1초 동안 전송된 비트(bit)수를 의미하며 가장 널리 사용되는데 그 밖에도 한 문자 단위 전송, 즉 1초 동안 전송된 문자수를 의미하는 CPS(Character Per Second)도 있다. 또한 데이터의 변조 속도를 나타내는 보(Baud)란 단위가 있는데 이 보는 1초 동안 몇 번의 상태 변화가 있었는지를 알아보는 신호 속도의 단위이다. 보에는 다음과 같이 네 가지 종류가 있다.

첫 번째 Baud = BPS   : 전송 속도와 보가 동일

두 번째 Baud × 2 = BPS   : 더블 비트(Double Bit)
 00, 01, 10, 11 등 네 가지 형태로 전송

세 번째 Baud × 3 = BPS   : 트리 비트(Tri Bit)
 2^3가지 상태인 8가지 상태를 전송

네 번째 Baud × 4 = BPS   : 쿼드 비트(Quad Bit)
 2^4가지 상태인 16가지 상태를 전송

예를 들어 변조 속도가 1200 Baud이고 전송 형태가 트리 비트라면, 1200 × 3 = 3600의 비트가 초당 전송됨을 나타낸다.

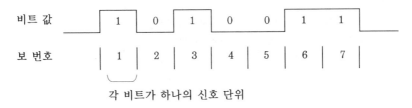

2개의 코드 상태 0과 1, 보 속도는 비트 속도와 동일

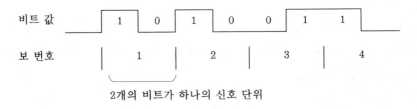

4개의 코드 상태 00, 01, 10, 11

보 속도는 비트 속도의 1/2

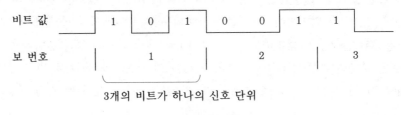

8개의 코드 상태 000, 001, 010, 011, 100, 101, 110, 111

보 속도는 비트 속도의 1/3

비트와 보의 대응

5. 데이터 통신 네트워크

5-1   통신망의 형태

(1) 성형 네트워크(Star Network)

통신망의 형태 중 가장 기본이 되는 네트워크(Network)의 구성 방식으로, 중앙에 대형

전자계산기가 있고 각 단말들을 단말기로 연결시키는 "중앙 집중 제어식" 연결 방식의 통신망 형태이다. 우리나라 초창기 온라인 시스템(On - Line System)의 전형적인 구성 형태인 이 형태는 단말기와 전자계산기를 포인트 투 포인트(Point To Point)로 연결하는 구성 형태를 가지고 있다. 이렇게 성형으로 통신망을 구성한 경우 만일 중앙의 전자계산기가 고장이 나면 전체 시스템의 운영이 불가능 상태에 빠지는 단점을 가지고 있어 장비의 전체 또는 일부의 이중화가 필요하다.

　성형의 통신망 형태는 여러 개의 로컬 컴퓨터(Local Computer)들을 주 컴퓨터(Master Computer)에 연결하여 또 다른 성형 네트워크를 구성할 수 있다. 이를 분산 성형 네트워크(Distributed Star Network)라 부르며, 전자계산기의 기능을 여러 곳으로 분산시켜 데이터의 처리를 수행할 수 있게 한다.

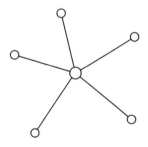

성형 네트워크

(2) 환형 네트워크(Ring Network)

　우리나라 근거리 통신망(LAN ; Local Area Network)에서 채택하고 있는 통신망 형태로, 데이터의 방향은 단방향이며 루프(Loop)형이라고도 불린다. 환형 통신망의 경우에는 주 컴퓨터와 단말장치들이 횡적으로 연결되어 있기 때문에 단말과 주 컴퓨터와의 거리가 먼 경우 많은 회선 경비가 소요되어 잘 사용되지 않으며 단일 건물 내와 같이 국부적인(Local) 통신에 주로 사용된다.

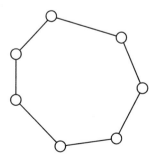

환형 네트워크

(3) 계층형 네트워크(Hierarchical Network)

트리 네트워크(Tree Network)라고도 불리는 계층형 통신망 형태는 중앙에 전자계산기가 있고 그 하부에 통신 회선을 연장하여 하나 이상의 전자계산기를 설치하는, 즉 중간 노드(Node)에 하위의 전자계산기들을 연결하는 방식의 통신망 형태로, 많은 종류의 전자계산기들을 계층을 이루어 연결한다. 계층형 통신망은 기능의 중요성과 데이터의 처리 능력에 따라 계급상의 우선순위가 정해져 있으며 최하위의 우선순위를 가진 전자계산기가 업무를 처리하여 한 단계 높은 레벨의 전자계산기에 보고하는 형태의 구조를 가지고 있다. 모든 망의 형태 중 총 경로 길이가 가장 짧다는 특징을 가지고 있는 계층형 통신망 형태는 업무를 분산시키는 분산 데이터 처리 시스템(Distributed Data Processing System)에서 주로 이용되는 통신망 형태이기도 하다.

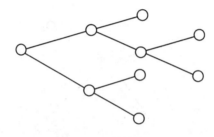

계층형 네트워크

(4) 망형 네트워크(Mesh Network)

통신망의 형태가 그물처럼 단말들 서로 간에 촘촘하게 연결되어 있는 통신망 형태로, 공중 통신 네트워크에 이용된다. 많은 수의 단말들을 연결할 수 있고 마스터 컴퓨터(Master Computer)의 중계 없이도 단말장치 간에 직접적으로 통신이 가능하며, 하나의 송신 측이 두 개 이상의 통신로를 사용할 수 있는 장점을 가지고 있어 통신망의 효율이 높은 형태이다.

반면 총 경로 길이가 가장 길어 통신 회선의 경비가 많이 소요된다는 단점과 함께 망형 구조를 구성하는 데이터베이스 설계가 어렵다는 단점도 가지고 있다.

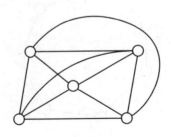

망형 네트워크

(5) 버스형 네트워크(Bus Network)

버스형 통신망은 하나의 통신 회선에 다수의 단말기를 동시에 연결하여 정보를 전송하는 통신망 형태로, 통신 회선이 하나이므로 간단하고 단말기의 변경이 용이하며 특정 단말기에서 장애가 발생하여도 나머지 통신망에 영향을 주지 않는다는 장점을 가지고 있다. 반면 통신 회선의 길이에 한계가 있으며 모든 단말기에 정보가 노출되어 정보의 비밀성이 낮다는 단점을 가지고 있다.

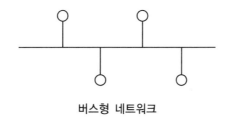

버스형 네트워크

6. LAN과 VAN

6-1   LAN(Local Area Network)

근거리 정보 통신망(LAN ; Local Area Network)은 근거리 또는 동일 건물 내에 설치된 고속 정보 통신망으로, 다수의 독립된 전자계산기들이 단일 기관에서 사용되고 좁은 지역 내에서 사용되는 경우에 적합한 통신망이다. 이러한 LAN의 이용은 같은 건물 내에서 혹은 제한된 지역 내에서 다수의 전자계산기를 통신 회선을 이용하여 연결하고 데이터를 공유하게 함으로써 종합적인 정보 처리 능력을 갖게 하는 통신망이다.

예를 들어 모든 업무가 분업화, 전문화되면서 사람들이 자신의 맡은 일을 신속, 정확하게 처리하기 위하여 전자계산기를 이용하게 되었는데 그 업무 수행 결과를 과거와 같이 개개인별로 결재 혹은 지시하도록 하는 경우 업무 처리 내에 별도의 결재 혹은 지시 업무를 동반하게 된다. 그러나 처리된 정보를 LAN을 이용해 전송하면 필요한 사람이 개인용 컴퓨터(PC ; Personal Computer)를 이용해 처리 내용을 파악할 수 있고 또 다른 업무에 즉시 적용할 수 있게 된다. 따라서 LAN을 이용하면 각각의 전자계산기를 통신 회선으로 연결하여 여러 가지 정보들을 공유하게 함으로써 복잡한 정보 전송의 절차를 간소화시킬 수 있고 이로 인해 업무의 간소화는 물론 인력의 감소도 가능해진다.

LAN은 근래에 동축 케이블에서 광케이블로 바뀌고 있는 추세이며 문자뿐 아니라 영상전송도 가능한데 멀리 떨어진 지점의 LAN을 서로 통신하기 위해서는 중간에 게이트웨이(Gate Way)를 설치하여야 한다. LAN의 구성 형태에는 성형, 환형, 버스형의 세 가지 형태가 있으며, 전송 형태는 초기 유선 형태에서 현재 무선 형태의 LAN도 보편화되고 있다. LAN의 전송 거리는 수 km 이내이고, 전송 속도는 10 MBPS에서 현재는 수 GBPS 단위로, 장거리 통신망에 비해 전송 비용이나 착오율에서 월등한 우위를 지키고 있다.

6-2   VAN (Value Added Network)

부가 가치 통신망이라고 불리는 VAN은 통신 회선을 직접 보유하거나 전기 통신 사업자로부터 임차한 통신 회선에 불특정 다수의 전자계산기나 터미널을 연결시켜 정보의 변환, 축적, 처리를 하는 기능을 가진 네트워크로, 기능에 따라 기본 통신 계층, 네트워크 계층, 통신 처리 계층, 정보 처리 계층 등의 4계층으로 분류할 수 있다.

기본 통신 계층은 신호 전달을 담당하고, 네트워크 계층은 교환 기능과 다른 통신망과의 접속 기능을 담당하며, 정보 처리 계층은 재고 관리, 급여 계산 등 정보 처리 서비스 및 데이터베이스(DB ; Data Base) 서비스 등의 정보 제공 서비스를 수행하는 계층이다.

VAN이 제공하는 통신 처리 기능을 보면 전송 기능, 교환 기능이 있고, 축적 기능으로 전자 사서함 기능, 데이터 교환 기능, 동보 통신 기능, 정시 집시·배신 기능 등이 있다. 또 변환 기능으로는 프로토콜 변환, 미디어 변환, 속도 변환의 기능을 제공한다.

VAN의 이용 분야로는 유통 VAN, 금융 VAN, 철강 VAN, 정보 처리 제공 VAN 등이 있으며, 철도나 항공의 예약 서비스와 각 은행에서의 금융 서비스를 VAN을 이용하여 확대 보급하고 있다.

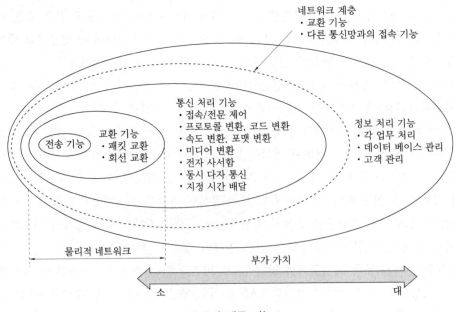

VAN의 제공 기능

7. OSI (Open System Interconnection)

    국제 표준화 기구(ISO ; International Standards Organization)에서 제정한 OSI(Open System Interconnection)는 개방형 상호 시스템 간의 통신을 의미한다. 통신에서 하드웨어 통신 장비는 어느 정도 완벽하게 구축되었으나 그것을 이용하는 통신 소프트웨어가 서로 달라 통신하는 불편을 겪는바 서로 다른 통신 매체 사이에도 통신을 가능하게 한 것이 OSI이다. 여기서 Open이란 기준 모델과 연결에 관련된 표준에 따르는 2개의 시스템이 열려 있다는 것을 나타낸다. 이러한 OSI는 계층(Layer) 구조를 지니며 다음과 같이 모두 7계층이 있다.

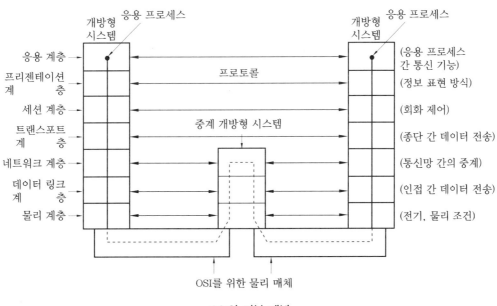

OSI의 기본 개념

OSI 계층 구조

계 층	구 분		기 능	비 고
제1계층	물리 계층 (Physical Layer)	하위계층	물리층의 서비스 정의는 전송 매체로의 전기적 신호 전송으로서 DTE/DCE 간의 기능을 제공한다.	데이터의 하드웨어적 전송기능을 담당한다.
제2계층	데이터 링크 계층 (Data Link Layer)		인접 개방형 시스템 간의 정보 전송, 전송 오류 제어 기능을 제공한다.	
제3계층	네트워크 계층 (Network Layer)		정보 교환 및 중계 기능, 경로 선택 등을 제공한다.	
제4계층	트랜스포트 계층 (Transport Layer)		송수신 시스템 간의 논리적 안정과 균일한 서비스 제공을 하여준다.	
제5계층	세션 계층 (Session Layer)	상위계층	데이터의 송신권 및 동기 제어를 담당한다.	통신 시 회화적인 부분을 담당한다.
제6계층	표현 계층 (Presentation Layer)		정보의 형식 설정과 코드변환, 암호화, 압축 등을 담당한다.	
제7계층	응용 계층 (Application Layer)		응용 프로세스 간(통신의 주체)의 정보교환 역할을 담당한다.	

연·습·문·제

1. 다음은 정보 통신의 정의를 말한 것이다. 관계가 먼 것은?

㉮ 디지털 부호와 2진 신호 방식을 통해 기계와 기계 간에 통신하는 것을 말한다.

㉯ 기계적으로 처리되는 정보의 전송을 목적으로 하는 전기 통신의 일분야이다.

㉰ 보통의 전화선을 이용하는 모든 통신을 말한다.

㉱ 컴퓨터와 연결하여 부호화, 변조, 전송, 복조, 수신, 기록의 과정을 행하는 것을 말한다.

2. 정보 통신 시스템이 갖추어야 할 기능에 대한 설명이다. 옳지 못한 것은?

㉮ 통신 회선의 효율적 사용과 통신망의 운영 관리

㉯ 통신망에서 발생하는 에러 발견 및 교정

㉰ 정보 처리 기기 사이의 처리 속도 차이에서 오는 데이터 유통 흐름의 조절

㉱ 목적지 주소의 정확한 인식과 아날로그 데이터의 시작과 끝 감지 능력

3. 세계 최초의 본격적인 데이터 통신 시스템은?

㉮ ENIAC

㉯ 인간의 달착륙

㉰ SAGE(Semi Automatic Ground Environment)

㉱ SABRE(Semi Automatic Business Research Environment)

4. 독립된 기능을 가진 복수의 컴퓨터가 하드웨어, 소프트웨어 및 데이터 등의 자원을 공용할 수 있도록 통합된 시스템을 말하는 것은?

㉮ Time Sharing System

㉯ Remote Batch System

㉰ Real Time System

㉱ Computer Network System

5. 온라인 실시간 처리 시스템의 처리 방식에 해당되지 않는 것은?

㉮ 조회(Inquiry) 방식

㉯ 일괄 처리(Batch Processing) 방식

㉰ 거래 데이터 처리(Transaction Data Processing) 방식

㉱ 메시지 교환(Message Switching) 방식

6. 컴퓨터를 시간적으로 분할하여 많은 이용자가 여러 프로그램을 독립적으로 실행할 수 있는 시스템을 무엇이라 하는가?

㉮ Punch Card System
㉯ On-Line System
㉰ Real Time System
㉱ Time Sharing System

7. 중앙의 컴퓨터를 완전히 2중화하여 두 개의 컴퓨터가 동시에 동일한 업무를 수행하고 그 처리결과를 비교하여 그 결과가 동일한 경우에만 그 수행 결과를 이용하는 방식은?

㉮ 단일 방식　　　　　　　　㉯ 대기 예비 방식
㉰ 이중화 방식　　　　　　　　㉱ 다중 프로세서 방식

8. 장치 상호간의 데이터 통신을 위한 회선 접속, 절단 순서, 신호의 형태, 의미, 각종 제어 방법에 대하여 미리 규정한 규약은?

㉮ T.S.S　　　　　　　　㉯ C.A.I
㉰ Protocol　　　　　　　　㉱ LAN

9. 다음 중 대부분의 데이터 전송 시스템에 채용되고 있는 전송 방식은?

㉮ 병렬 전송　　　　　　　　㉯ 대역 전송
㉰ 직렬 전송　　　　　　　　㉱ 직·병렬 전송

10. 한쪽 방향으로만 전송이 가능한 경우로서 수신 측에서는 송신 측에 대답할 수 없는 통신 방식은?

㉮ 단향 통신　　　　　　　　㉯ 이중 통신
㉰ 반이중 통신　　　　　　　　㉱ 전이중 통신

11. 동시에 2개 이상의 프로그램을 컴퓨터에 로드(Load)시켜 처리하는 방법은?

㉮ Double Programming　　　　㉯ Multi Programming
㉰ Multi-accessing　　　　　㉱ Real-time Processing

12. 변조 속도는 신호의 변조 과정에서 1초간 몇 회의 변조가 행하여졌는가를 나타내는 것으로, 단위는 다음 중 어느 것인가?

㉮ Baud　　　　　　　　㉯ LPM
㉰ BPS　　　　　　　　㉱ Protocol

13. 컴퓨터와 터미널 간의 비동기 직렬 정보 전송에서 초당 20자를 그림과 같은 형식으로 취한다고 할 때 정보 전송 속도는?

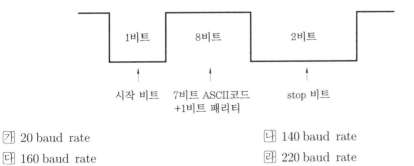

	1비트	8비트	2비트

시작 비트   7비트 ASCII코드   stop 비트
　　　　　+1비트 패리티

    ㉮ 20 baud rate   ㉯ 140 baud rate

    ㉰ 160 baud rate   ㉱ 220 baud rate

14. 컴퓨터의 클록 펄스가 2 Mhz이고, 16 bit 레지스터를 가지고 Data를 직렬 전송할 때 Bit 시간과 Word 시간은 얼마인가?

    ㉮ 0.5μs, 8μs   ㉯ 1μs, 8μs

    ㉰ 2μs, 16μs   ㉱ 2μs, 32μs

15. 동일한 구내에서와 같이 제한된 지역 내에 분산 설치하는 계산기 워크스테이션(Workstation)으로, 각종 사무기기 등을 상호간에 접속하는 자료 전송과 파일을 공동으로 행하고 공중 전기 통신망을 이용하지 않는 통신망은?

    ㉮ VAN   ㉯ WAN

    ㉰ LAN   ㉱ OSI

정답 및 해설

1장

1. 시스템 성능 평가를 위한 요소로는 처리능력(Throughput), 신뢰도(Reliability), 경과시간(Turn-around Time), 가용도(Availability) 등이 있다.

정답 라

2. 프로그램 내장(Stored Program) 기법은 폰 노이만이 주창한 것으로, 처리될 프로그램을 주기억장치에 적재하여 처리한다는 개념이며, 현재까지 이 방식으로 컴퓨터시스템이 개발되고 있다.

정답 가

3. • Digital Computer : 이산적 데이터 취급
• Analog Computer : 연속적 데이터 취급

정답 가

4. 펌웨어(Firmware)는 마이크로컴퓨터의 발달과 더불어 최근에 많이 개발되고 있는 것으로, 특정 하드웨어에 포함된 소프트웨어를 말한다.

정답 가

5. • Accumulator : 계산 결과를 일시적으로 기억하고 있는 레지스터
• Program Counter : 다음 수행할 명령의 주소를 일시 기억하는 레지스터
• Instruction Register : 명령의 동작코드(Operation Code)를 일시적으로 기억하는 레지스터

정답 라

6. 문제 5. 해설 참조

정답 나

7. 문제 5. 해설 참조

   정답 다

8. 그래픽 프로그램은 응용프로그램이다.

   정답 라

9. 기계어(Machine Language)란 0과 1로만 구성되어 컴퓨터가 직접 이해할 수 있는 언어로, 하드웨어에 의해 판독되어 주어진 기능을 행하며 기계마다 고유의 기계어가 존재한다.

   정답 나

10. 프로그램이란 어떤 일을 해결하기 위해 컴퓨터에서 일어날 일련의 명령을 순서적으로 나열한 것으로, 문제 해결의 설계서(Specification)이다.

   정답 다

11. Cross Assembler는 시행 중인 Program을 사용 중인 컴퓨터보다 큰 기종을 사용하여 번역하는 언어 번역 Program으로, Micro Computer의 Assembly Program을 대형 혹은 미니 Computer에서 번역하여 실행하여야 하는 경우 이용한다.

   정답 나

12. 고급언어로 작성된 원시 프로그램은 컴파일러에 의해 기계어로 번역되어 목적프로그램이 되고 로더에 의해 연계편집되어 실행 가능한 로드 모듈이 된다.

   정답 다

2장

1. 불 대수의 정의

$$A+0=A \qquad A \cdot 0 = 0$$
$$A+1=1 \qquad A \cdot 1 = A$$
$$A+A=A \qquad A \cdot A = A$$
$$A+\overline{A}=1 \qquad A \cdot \overline{A} = 0$$
$$\overline{\overline{A}}=A$$

   정답 라

2. 드모르간의 정리

$$\overline{(A + B)} = \overline{A} \cdot \overline{B}$$

$$\overline{(A \cdot B)} = \overline{A} + \overline{B}$$

정답 다

3.

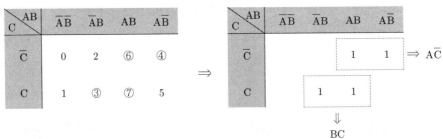

$$\therefore F = A\overline{C} + BC$$

정답 나

4. 문제의 진리표는 XOR Gate의 진리표로, 논리식은 $T = A \cdot \overline{B} + \overline{A} \cdot B$ 이다.

정답 가

5.

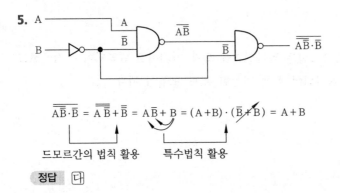

$$\overline{\overline{A\overline{B}} \cdot \overline{B}} = \overline{\overline{A\overline{B}}} + \overline{\overline{B}} = A\overline{B} + B = (A+B) \cdot (\overline{B}+B) = A+B$$

드모르간의 법칙 활용   특수법칙 활용

정답 다

6. 조합 논리 회로(Combinational Circuit)는 입력값에 의해서만 출력이 결정되는 회로로, 입력과 출력을 가진 여러 가지의 논리 게이트들로 구성되며 기억 능력이 없다는 특징을 가지고 있다. 반면 순서 논리 회로(Sequential Logic Circuit)는 회로의 출력이 입력값과 회로의 내부 상태에 의해 결정되는 논리 회로로, 조합 논리 회로와는 달리 기억능력을 가지고 있으며 논리 게이트와 함께 플립플롭과 같은 기억 논리 소자로 구성되어 있다.

정답 라

7. 반가산기 진리표는 아래와 같다.

입력 변수		출력 변수	
A	B	S	C
0	0	0	0
0	1	1	0
1	0	1	0
1	1	0	1

반가산기 논리식은

$S(합) = \overline{A}B + A\overline{B} = A \oplus B$ 이고, $C(자리올림) = AB$ 이다.

정답 ㉮

8. 반감산기 회로의 진리표는 아래와 같다.

입력 변수		출력 변수	
A	B	D	B_0
0	0	0	0
0	1	1	1
1	0	1	0
1	1	0	0

정답 ㉯

9. 전가산기는 문제의 회로와 같이 9개의 NAND Gate로 구성이 가능하다.

정답 ㉰

10. • **부호기(Encoder)** : 문자, 숫자, 기호 등 입력 자료의 종류에 따라 이에 상응하는 2진 부호를 만드는 회로로, 2^n개 이하의 입력이 있는 경우 n비트의 코드가 생성되는 회로이다.
- **해독기(Decoder)** : 2진 코드 형식의 정보를 다른 코드 형식으로 변환하는 회로로, 중앙처리장치 내에서는 명령의 해독, 번지의 해독 등에 사용되며 n개의 입력을 받아 2^n개의 출력을 가진다.
- **멀티플렉서(Multiplexer)** : 2^n개의 입력 선들 중에서 하나를 선택하여 출력하는 조합회로로, n개의 선택선에 의해 출력선이 결정되는 회로이다.
- **디멀티플렉서(Demultiplexer)** : 한 개의 선으로 정보를 받아들여 n개의 선택선에 의해 2^n개의 출력 중 하나를 선택하여 출력하는 회로로, Enable 입력을 가진 디코더와 등가인 회로이다.

정답 ㉰

11. 문제 10. 해설 참조

정답 가

12. 3×8 디코더 두 개에 이를 선택할 수 있는 선택선을 입력으로 두면 4×16 디코더의 역할을 수행한다.

정답 나

13. $2\,\mathrm{bit}$ 승산기 연산은 아래와 같이 이루어진다.

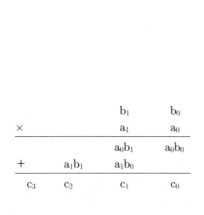

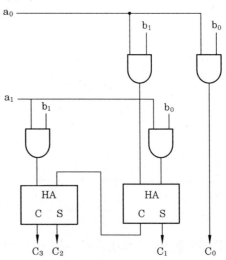

정답 다

14. 문제의 진리표는 JK F/F의 진리표를 나타낸 것이다.

정답 라

15. JK F/F의 여기표는 아래와 같다.

$Q_{(t)}$	$Q_{(t+1)}$	J	K
0	0	0	X
0	1	1	X
1	0	X	1
1	1	X	0

정답 라

16. JK F/F의 입력을 하나로 묶으면 입력되는 값이 J와 K의 입력값이 0,0 혹은 1,1이 되므로 0인 경우 현 상태 유지, 1인 경우 반전되는 T F/F의 역할을 수행한다.

정답 다

3장

1. Nibble은 4비트의 모임으로 16진수 한 자리를 나타낸다.

정답 다

2. 8진에서 16진으로의 변환은 8진수를 2진수로 변환 후 16진으로 변환해야 하며, 이때 소수점을 기준으로 8진수는 3자리, 16진은 4자리로 표현하면 된다.

8진	3		6		1		1		5		2		7		4	
2진	0	1	1	1	1	0	0	0	1	0	0	1	1	0	1	0	1	0	1	1	1	1	0	0
16진	7			8			9			A			B			C		

정답 가

3.

	+10	−10
2의 보수 표현	00001010	11110110

정답 다

4. 음수를 표현하는 방법에는 부호와 절댓값(Singed Magnitude) 방식, 1의 보수(1's Complement) 방식, 2의 보수(2's Complement) 방식이 있다.

정답 라

5. 2의 보수 표현 방식은 −0 표현 없이 +0만을 유일하게 표현한다.

구 분	n Bit 수의 표현 범위	0의 표현 여부
부호와 절댓값 방식	$-(2^{n-1}-1) \le N \le 2^{n-1}-1$	+0, −0 모두 표현 가능
1의 보수 방식	$-(2^{n-1}-1) \le N \le 2^{n-1}-1$	+0, −0 모두 표현 가능
2의 보수 방식	$-2^{n-1} \le N \le 2^{n-1}-1$	+0만 표현 가능

정답 다

6. 문제 5. 해설 참조

정답 나

7.

구 분	11010110
부호와 절댓값 방식	-86
1의 보수 방식	-41
2의 보수 방식	-42

정답 다

8. 자보수 코드(Self Complement Code)는 10진 자보수 코드와 16진 자보수 코드로 구분된다. 10진 자보수 코드는 Excess-3 Code, 2421 Code, 51111 Code 등이 있으며, 16진 자보수 코드는 8421 Code가 있다.

정답 라

9. 3초과 코드는 8421 코드에 10진수 3(2진수 0011)을 더한 코드로 코드 내에 반드시 1이 포함되어 0과 무신호를 구분하기 위한 코드이며, 대표적인 자보수 코드(Self Complement Code)이다.

정답 라

10. Gray Code는 인접한 숫자들의 비트가 한 비트만 변화되어 만들어진 코드로 산술 연산에는 부적당하지만, 이 코드를 입력 코드로 사용하면 에러(Error)가 적어진다는 이점을 가지고 있어 입출력장치의 코드, A/D 변환기에 응용되어 사용된다.

정답 라

11.

binary to gray circuit

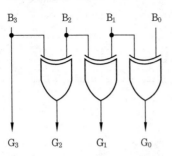

gray to binary circuit

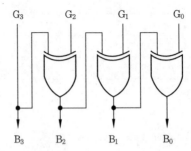

정답 라

12. 그레이 코드는 직접연산이 불가능하므로 2진으로 변환 후 연산을 수행하고 다시 결과를 그레이 코드로 변환하여야 한다.

정답 라

13. 해밍 코드는 한 비트의 착오를 검출하고 자동으로 교정까지 해주는 코드로, 7개 비트의 배열은 C_1, C_2, 8, C_3, 4, 2, 1이다.

　정답　 나

14. A 부분은 패리티 발생기 부분이고 B 부분은 패리티 체커이다.

　정답　 나

15. EBCDIC 코드로 숫자를 표현하기 위한 Zone 영역의 표현은 F, 즉 1111이다.

　정답　 라

16. 문제 13. 해설 참조

　정답　 라

4장

1. 2의 보수는 연산에서 발생하는 순환자리올림(End Around Carry)을 무시하므로 1의 보수 연산에 비해 속도가 빠르며 수의 표현 범위도 넓다.

　정답　 라

2. 나눗셈은 감산의 반복연산으로 피제수에서 제수를 몇 번 감산했는지가 몫이 되고, 더 이상 감산이 불가능할 때 피제수가 나머지가 된다.

　정답　 라

3. 시프트 레지스터의 내용을 오른쪽으로 한 번 시프트하면 원래 Data의 1/2배가 되고, 왼쪽으로 한 번 시프트하면 원래 Data의 2배가 된다.

　정답　 가

4. 1의 보수 표현의 수에서 부호와 반대되는 비트의 의미는 홀수를 의미하며, 홀수를 우측으로 1비트 시프트하면 양수의 경우 2로 나눈 것보다 0.5가 작고 음수의 경우는 0.5가 큰 결과를 갖는다.

　정답　 나

5. 오버플로 발생 조건은 부호 비트 밑에서 부호 비트로 올라온 캐리와 부호 비트로부터 생긴 캐리가 서로 다른 경우 발생하므로 XOR Gate를 이용하여 오버플로를 검출할 수 있다.

　정답　㉮

6. A+B의 결과는 ①00100000이고 결과는 10진수 32이다. 이는 33+(−1)을 연산한 것으로 오버플로가 아니고 0도 아니며 양수의 값을 갖는다. 이때 캐리는 발생하지만 무시된다.

　정답　㉰

7. 부동소수점 수치의 가산에서 지수가 다른 경우 지수가 큰 쪽으로 통일시켜야 정규화 혹은 표준화 과정을 줄일 수 있다.

　정답　㉮

8. ADD, SUBTRACT, MULTIPLY, DIVIDE는 수치연산이다.

　정답　㉮

9. 연산자 우선순위는 산술 → 관계 → 논리 연산 순이다.

　정답　㉮

10. • AND 연산 : 특정 비트 삭제 연산(Mask 연산)
 • OR 연산 : 특정 비트 삽입 연산
 • XOR 연산 : 특정 비트 반전 연산

　정답　㉯

11. MSD(Most Significant Digit)는 최상위 비트로, 8비트의 경우 0×80을 AND 연산하면 된다.

　정답　㉰

12.　1100000111000　　좌측 입력
　　　1111111100000　　우측 입력
　　　───────────　　　AND
　　　1100000100000　　출　　력

　정답　㉱

5장

1. 어드레스 필드가 9비트이므로 $2^9 = 512$개의 메모리 영역을 지정할 수 있다.

정답 ㄷ

2. 연산자의 기능은 산술적 연산과 논리적 연산을 수행하는 함수 연산 기능을 비롯하여 중앙처리장치와 기억장치 간의 정보를 교환하는 전달 기능, 명령의 수행 순서를 결정하는 제어 기능, 주변 장치와의 정보 교환을 위한 입출력 기능이 있다.

정답 ㄹ

3. Load : Memory $\rightarrow$ CPU

Store : CPU $\rightarrow$ Memory

정답 ㄴ

4. OP Code의 bit 수가 4 bit이므로 $2^4 = 16$가지의 MRI 동작이 가능하다.

정답 ㄱ

5. Memory의 Address 지정 비트수

65536 Word $= 2^{16}$ Word

OP Code	I	R	AD
5	1	2	16

$\longleftarrow$ 24 bit $\longrightarrow$

$\therefore$ 최대 Operation 수는 $2^5 = 32$

정답 ㄴ

6. 문제 2. 해설 참조

정답 ㄴ

7. 문제 3. 해설 참조

정답 ㄴ

8. 예를 들어 A의 입력 값이 5(0101)이라 가정하면 그 결과는 4(0100)이 된다. 따라서 문제의 병렬가산기는 A−1, 즉 Decrement 연산을 수행한다.

정답 ㄴ

9. 2의 보수에 의한 감산이므로 감수에 보수를 취하고 1을 더하는 2의 보수 변환 후 피감수와 가산하면 된다.

정답 ④

10. 0 주소 : 스택 구조
  1 주소 : 누산기 구조
  2, 3 주소 : 범용 레지스터 구조

정답 ④

11. 문제 10. 해설 참조

정답 ②

12. ① **즉치 주소 지정 방식(Immediate Addressing Mode)** : 오퍼랜드 부분에 실제 데이터가 기록되어 있어 메모리 참조를 하지 않고 데이터를 처리하는 방식으로, 주소 지정 방식들 중 가장 빠르지만 오퍼랜드 길이가 한정되어 있어 실제 데이터의 길이에 제약을 받는다.
  ② **직접 주소 지정 방식(Direct Addressing Mode)** : 기억장치를 직접 지정하는 방식으로, 오퍼랜드에 실제 데이터가 저장된 기억장치의 주소가 기록되어 있다.
  ③ **간접 주소 지정 방식(Indirect Addressing Mode)** : 명령의 오퍼랜드가 지정하는 부분에 실제 데이터가 저장된 부분의 주소를 기록하고 있는 방식으로, 짧은 길이의 오퍼랜드로 긴 주소에 접근할 수 있다.
  ④ **레지스터 지정 방식(Register Addressing Mode)** : 명령의 오퍼랜드 부분이 실제의 데이터를 기억하고 있는 레지스터를 지정하는 방식으로, 2~3비트의 오퍼랜드의 길이만으로 특정 레지스터를 지정 가능하며, 전체 명령의 길이가 짧고 레지스터로부터 자료를 가져오기 때문에 처리 속도를 줄일 수 있다.
  ⑤ **레지스터 간접 주소 지정 방식(Register Indirect Addressing Mode)** : 레지스터 주소 지정 방식과 간접 주소 지정 방식을 합쳐 놓은 형태로, 오퍼랜드는 레지스터를 지정하고 레지스터는 실제 데이터를 기억하고 있는 기억 장소의 주소를 지정하는 방식이다. 대용량 기억장치의 주소를 나타낼 수 있으며 간접 주소 지정 방식보다 속도 면에서 빠르다.
  ⑥ **상대 주소 지정 방식(Relative Addressing Mode)** : 명령의 오퍼랜드 부분의 주소 값과 프로그램 카운터(PC ; Program Counter)의 내용이 더해져 실제 데이터가 저장된 기억장치의 주소를 지정한다.
  ⑦ **인덱스 레지스터 주소 지정 방식(Index Register Addressing Mode)** : 명령의 오퍼랜드

부분의 주소 값과 인덱스 레지스터(XR ; Index Register) 지정부에 의해 지정된 인덱스 레지스터의 내용이 더해져 실제 데이터가 저장된 기억장치의 주소를 지정한다.

정답 나

13. 문제 12. 해설 참조

정답 가

14. 문제 12. 해설 참조

정답 라

15. 문제 12. 해설 참조

정답 다

16. 문제 12. 해설 참조

정답 가

6장

1. 마이크로프로그램은 전형적인 처리 루틴을 하드웨어 형태의 프로그램으로 만든 것이다.

정답 가

2. 마이크로프로그램은 소프트웨어로 구성되어 있다.

정답 다

3. 제어함수를 발생시키는 하드웨어 제어 네트워크
- 상태 도표(State Diagram) 이용
- 일련의 연속적 타이밍 신호(Sequence Timing Signal) 이용
- 제어 메모리(Control Memory) 이용

정답 라

4. 하드웨어적으로 처리하는 것이 소프트웨어적으로 처리하는 것보다 속도 면에서는 빠르다.

정답 나

5. 자료의 전송형태는 직렬 전송, 병렬 전송, 버스 전송 등이 있다.

　정답　나

6. 동기 고정식은 모든 마이크로 오퍼레이션 중 수행시간이 가장 긴 마이크로 오퍼레이션의 사이클 타임을 중앙처리장치의 클록 주기로 정하는 방식으로, 마이크로 오퍼레이션 수행시간의 차이가 크지 않은 경우 사용한다. 제어는 간단하지만 중앙처리장치의 효율이 저하된다는 단점을 가지고 있다.

　반면 동기 가변식은 마이크로 오퍼레이션들 중 수행시간이 유사한 마이크로 오퍼레이션들끼리 모아 집합을 이루고 각 집합에 대해서 서로 다른 마이크로 오퍼레이션 사이클 타임을 정의하며, 그 시간을 중앙처리장치의 클록 주기로 정하는 방식으로, 수행시간의 차이가 큰 경우에 사용한다. 제어는 복잡하지만 중앙처리장치의 처리시간을 단축시켜 효율을 높일 수 있다.

　정답　가

7. Computer 내부에서 시스템의 매순간의 상태를 나타내는 것은 PSW(Program Status Word) 혹은 PSR(Program Status Register), Flag Register 등으로 불리는 상태 레지스터이다.

　정답　나

8. 매크로는 주로 어셈블리 언어에서 사용되며 프로그램의 블록이 프로그램 곳곳에 반복적으로 쓰일 때 반복적으로 사용되는 부분을 정의하고, 이를 필요로 하는 부분에서 호출하여 사용하며, 호출된 위치에 반복 사용되는 일련의 프로그램 문장들을 대치하여 사용하는 것을 말한다.

　정답　나

9. Macro Operation을 Micro Instruction Address로 변환하는 것을 매핑(Mapping)이라 한다.

　정답　라

10. 독립 제어점은 입력 게이트(In Gate)와 출력 게이트(Out Gate)처럼 서로 다른 신호를 필요로 하는 제어점을 말한다.

　정답　다

11. Program Counter는 다음 수행할 명령의 주소를 일시 기억하는 레지스터로, 이 레지스터를 수정하여 프로그램의 흐름을 변경할 수 있다.

　정답　라

12.

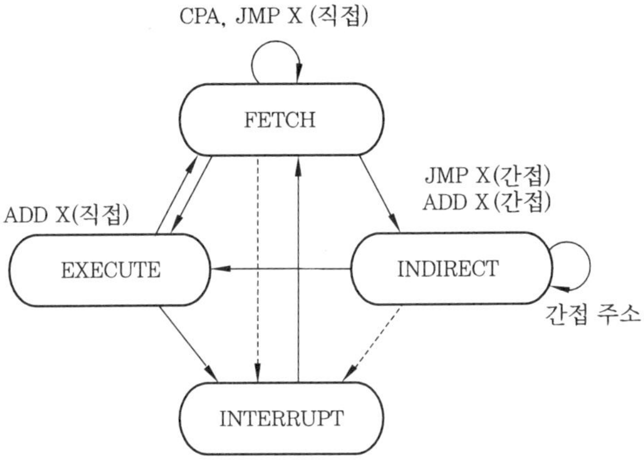

　정답　나

13. 문제 12. 해설 참조

　정답　가

14. Fetch State는 명령을 기억장치로부터 읽어 들이고(Read Instruction) 명령어 중 동작 코드 부분을 해독(Decode)하는 작업과 함께 모드 비트를 판정하여 다음 분기될 사이클을 결정한다.

　정답　나

15. Fetch State의 Micro Operation
① MAR ← PC
② MBR ← M(MAR), PC ← PC+1
③ IR ← MBR(OP), I ← MBR(I)
④ Go to Indirect or Execute State

　정답　가

16. 문제 15. 해설 참조

　정답　라

17. 인터럽트 스테이트는 하드웨어로 실현되는 서브루틴과 같다.

  정답 라

18. 실시간 처리를 위해서는 예외처리를 하여야 하므로 인터럽트 스테이트의 설계가 중요하다.

  정답 라

19. • **파이프라인 처리기** : 시간적 병렬성
  • **배열 처리기** : 공간적 병렬성
  • **다중 처리기** : 비동기적 병렬성

  정답 가

7장

1. 인터럽트는 컴퓨터가 정상적인 업무를 수행하는 도중에 발생하는 예기치 않은 일들에 대하여 컴퓨터의 작동중단 없이 계속적으로 업무를 수행할 수 있도록 하는 기능이다.

  정답 라

2. 인터럽트의 종류
  1. 하드웨어
    ① 전원이상(Power Fail) ⇒ 정전
      ↑ 우선순위가 높다.
    ② 기계착오(Machine Check)
    ③ 외부(External) ⇒ Operator 조작, Timer
    ④ 입출력(Input/Output) ⇒ I/O
  2. 소프트웨어 인터럽트
    ① 잘못된 명령 사용(Use Bad Command)
    ② 프로그램(Program) ⇒ Overflow 등
    ③ 제어감시 프로그램 호출(SVC)

  정답 다

3. 문제 2. 해설 참조

  정답 나

4. Computer 내부에서 시스템의 매순간의 상태를 나타내는 것은 PSW(Program Status Word) 혹은 PSR(Program Status Register), Flag Register 등으로 불리는 상태 레지스터이다.

> **정답** 다

5. 문제 2. 해설 참조

> **정답** 가

6. 인터럽트 동작원리

① 인터럽트가 발생하면 현재 수행 중인 명령을 완전히 끝내고

② 프로그램의 상태를 보존하기 위해 그 상태를 안전한 장소에 기억시킨 후

③ 장치식별을 통해 인터럽트를 요청한 장치에 대해 서비스를 수행한다.

④ 서비스가 종료되면 보존된 프로그램의 상태를 복구하여

⑤ 프로그램이 중단된 곳으로부터 계속적으로 프로그램을 수행한다.

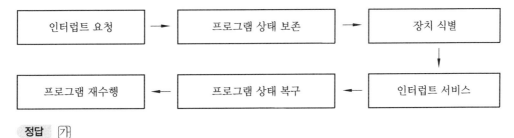

> **정답** 가

7. 문제 6. 해설 참조

> **정답** 라

8. 특별한 조건이나 신호가 컴퓨터에 인터럽트되는 것을 방지하는 것을 인터럽트 마스크(Mask)라 하며 마스크 가능 인터럽트(Maskable Interrupt)이다.

> **정답** 가

9. 인터럽트 처리가 끝나면 반드시 Fetch Cycle로 분기한다. 이는 이전 명령의 실행이 완료된 상태이기 때문이다.

> **정답** 가

10. 단일 인터럽트 요청 신호 회선 체제의 인터럽트 처리 마이크로 오퍼레이션

① MBR(AD) ← PC, PC ← 0 : PC값을 Memory 0번지에 저장하기 위해 MBR에 PC를

넣고 PC를 0번지로 만듦

② MAR ← PC, PC ← PC + 1 : PC(0번지)를 MAR에 넣고 PC를 하나 증가

③ M(MAR) ← MBR, IEN ← 0 : Memory에 복귀 주소를 보관하고, 인터럽트 요청을 금지시키기 위해 IEN(Interrupt Enable)을 Clear

정답 〔다〕

11. 고유 인터럽트 요청 신호 회선 체제의 인터럽트 처리 마이크로 오퍼레이션

① SP ← SP + 1 : PC값을 Stack에 저장하기 위해 Stack pointer를 하나 증가

② M[SP] ← PC : Memory Stack 영역에 PC 저장

③ INTACK ← 1 : 인터럽트 인증신호(Interrupt Acknowledge) 발생

④ PC ← VAD : 프로그램 카운터에 VAD(Vector Address)를 전송하여 인터럽트 서비스 루틴의 시작주소를 알린다.

⑤ IEN ← 0 : 인터럽트 요청을 금지시키기 위해 IEN(Interrupt Enable)을 Clear

정답 〔라〕

12. 인터럽트 장치식별 방법

• S/W : 폴링(Polling)

• H/W : Device Code Bus

정답 〔가〕

13. 인터럽트를 요청한 I/O 장치에 대한 서비스 루틴 주소는 Interrupt Vector에 저장되며 이를 Vectored Interrupt라 한다.

정답 〔다〕

14. 인터럽트의 우선순위 제어방법

① 하드웨어적 방법

• **데이지 체인(Daisy Chain)** : 직렬로 연결

• **병렬 우선순위 인터럽트** : 개별적으로 세트되는 레지스터 위치 이용

② 소프트웨어적 방법 : 폴링(Polling) 방식

정답 〔다〕

15. 문제 14. 해설 참조

정답 〔나〕

16. 문제 14. 해설 참조

> 정답 　나

17. 문제 14. 해설 참조

> 정답 　가

18. Computer의 주행 상태
- **Kernel Mode(Supervisor Mode)** : OS가 실행되는 특권 모드
- **User Mode(Problem Mode)** : 사용자 Program이 수행되는 모드

> 정답 　라

8장

1. 밴드 폭이란 단위 시간당 기억장치로부터 입출력할 수 있는 정보의 양을 나타낸다.

> 정답 　가

2. 4096 Word $= 2^{12}$

> 정답 　라

3. 4096 Word $= 2^{12}$이므로 12 Bit의 MAR을 가지며 입출력 비트 수가 32비트이므로 MBR의 크기는 32비트가 된다.

> 정답 　나

4. Address Bit 수(MAR, PC 의 Bit 수)

32 K word = 32768 word $= 2^{15}$ word

24 Bit word 의 구성

OP Code	I	R	Address
?	1	2	15
24			

이때 OP Code는 6 Bit이므로 최대 Operation 수는 $2^6 = 64$가지가 된다.

> 정답 　나

5. 1 Mega Byte $= 2^{10}$ KByte $= 2^{10}$K$\times 8$ Bit $= 2^{13}$ KBit

∴ 2^{13} KBit $\div 2^7$ KBit $= 2^6$이므로 64개의 DRAM Chip이 필요하다. 이때 1비트의 패리티 비트를 포함해야 하므로 8개의 DRAM이 더 필요하다.

정답 ㉣

6.

$2^{10} \times 8 = 1024 \times 8 = 1\text{K} \times 8 = 1\text{KByte}$

Address 신호선의 수 ---┐

Data Line 수 ----┘

정답 ㉡

7. DRAM(Dynamic RAM)은 IC 칩(Chip)상에 조립된 미소 축전지에 전하를 충전시켜 정보를 기억시키는 휘발성 메모리로, 방전으로 인해 2~3 ms마다 정보 재생, 즉 재충전(Refresh)이 필요한 메모리이다. 재충전 시간 때문에 SRAM보다 속도는 느리지만 기억밀도가 높고 전력 소모가 낮으며 가격이 싸다.

정답 ㉣

8. UV EPROM(Ultra Violet EPROM)은 대표적인 RMM(Read Mostly Memory)으로, 자외선에 의해 기억된 내용을 지울 수 있고 ROM Writer에 의해 다시 프로그램할 수 있는 메모리이다.

정답 ㉣

9. Magnetic Tape에서 사용하는 BPI(Byte Per Inch)는 기록밀도를 의미한다.

정답 ㉢

10. 블록 팩터(Block Factor)는 1블록 내의 논리레코드 수를 나타내므로 2400/80 = 30이 된다.

정답 ㉡

11. R_1, R_2, R_3 = 250 Byte $\times$ 3 = 750 Byte

레코드 길이 = 4 Byte $\times$ 3 = 12 Byte ∴ Block의 최소길이는 766 Byte가 된다.

Block 길이 = 4 Byte $\times$ 1 = 4 Byte

정답 ㉢

12. 주소의 개념이 필요 없는 방식은 Associative Access 방식과 Sequential Access 방식이 있다. 이 중 Sequential Access 방식은 순차적으로 자료에 접근하기 때문에 검색에는 부적합하며, 기억 내용의 일부를 이용하여 액세스하는 Associative Access 방식이 특수 데이터를 찾는 데 유용한 메모리 접근 방식이다.

　정답　다

13. 주기억장치와 캐시 메모리 매핑 방법
① **Associative Mapping** : 가장 빠르고 유연성이 높은 구조로, 주기억장치에 위치한 데이터의 주소와 내용을 모두 저장하는 방식이다.
② **Direct Mapping** : 캐시의 주소 영역을 태그(Tag)와 인덱스(Index) 영역으로 나누어 Associative Mapping의 단점을 개선한 방법이다.
③ **Set-Associative Mapping** : Direct Mapping의 단점인 동일 인덱스 필드의 메모리 영역 데이터를 함께 공유할 수 없다는 점을 보완하기 위해 마련된 것으로, 동일한 인덱스 필드를 여러 쌍 갖도록 한 방식이다.

　정답　다

14. 캐시메모리(Cache Memory)는 주기억장치로부터 자료를 액세스하는 속도와 중앙처리장치의 처리속도 차이로 발생하는 컴퓨터의 성능 저하를 개선하기 위해 중앙처리장치와 주기억장치 사이에 주기억장치보다 용량은 적지만 액세스 속도가 빠른 고속의 기억장치를 하드웨어적으로 설치한 메모리이다.

　정답　가

15. 가상 메모리(Virtual Memory)에 사용되는 보조기억장치는 용량이 크고 직접 접근(Direct Access)이 가능한 장치여야 하므로 보기 중 자기디스크(Magnetic Disk)가 가장 적합하다.

　정답　다

16. 가상기억장치에서 주기억장치로 자료의 페이지를 옮길 때 주소를 조정해 주는 것을 매핑이라 한다.

　정답　다

17. LRU(least recently used) : 가장 오랫동안 사용하지 않은 page를 교체하는 방법

Time	1	2	3	4	5	6	7	8	9	10
	6	6	6	①	1	1	⑤	5	5	5
		3	3	3	⑦	7	7	7	7	7
			2	2	2	③	3	3	3	3

정답 　라

18. 복수 모듈 기억장치에서 각 모듈은 독자적으로 그 모듈에 자료를 기억시키거나 그것으로부터 자료를 읽을 수 있는 완전한 회로를 갖는다.

정답 　가

19. 메모리 인터리빙(Memory Interleaving)은 메모리의 Cycle Time을 줄이기 위하여 메모리를 모듈(Module)화하여 연속된 주소를 여러 메모리 모듈에 분산시키는 방식으로, 어드레스를 주는 시간과 데이터를 읽는 시간을 오버랩시킴으로써 연속적인 액세스가 있는 경우 CPU에의 데이터 전송(외관상의 액세스 시간)을 고속화시킨다.

정답 　나

20. Memory Interleaving은 Memory Access 속도 증진이 목적이다.

정답 　라

9장

1. 도트 매트릭스 프린터(Dot Matrix Printer)는 정방형 혹은 직사각형의 7~24개의 점들이 행렬의 형태로 구성되어 인쇄하고자 하는 영상을 글자나 부호, 그림 등으로 다양하게 나타내는 장치이다.

정답 　나

2. 유휴 시간(Idle Time)은 컴퓨터의 계산 처리와 데이터 입력 시간과의 차이로 인해 어느 한쪽에 대기 시간이 생기는 것을 말한다.

정답 　나

3. 인터페이스는 컴퓨터와 외부 주변 장치 사이의 서로 다른 전기적 신호, 코드, 제어방식 등을 서로 적응시키기 위해 표준화한 것을 말한다. 컴퓨터와 주변 장치 사이의 동작 속

도 차이를 해결하기 위한 버퍼의 사용이나, 정보의 전송 단위 차이를 해결하기 위한 분해/결합 레지스터를 통한 데이터 변환, 동작 타이밍을 일치시키기 위한 기능 등이 포함되어 있다.

정답 라

4. 인터럽트 I/O 방식은 프로세서에 의해 처리되며 비동기 처리를 통해 입출력을 행한다.

정답 다

5. 입출력 포트(I/O Port)
- **Memory Mapped I/O** : 입출력 포트가 기억장치 주소공간의 일부인 형태로, 하나의 읽기/쓰기 신호만이 필요하며 기억장치의 주소와 입출력 주소의 구별이 없다는 것이 특징이다.
- **Isolated I/O** : I/O Mapped I/O 방식이라고도 하며 기억장치의 주소공간과 전혀 다른 입출력 포트를 갖는 형태로, 각 명령은 인터페이스 레지스터의 주소를 가지고 있으며 뚜렷한 명령을 가지고 있다.

정답 나

6. 문제 5. 해설 참조

정답 나

7. Handshaking 방식은 컴퓨터와 주변 장치 사이에 데이터 전송을 수행할 때 입·출력의 준비나 완료를 나타내는 신호가 필요한 비동기식 입·출력 시스템에 널리 쓰이는 방식이다.

정답 라

8. 문제 7. 해설 참조

정답 라

9. Hand Shaking이란 Data를 전송할 때 1 bit씩 응답하면서 자료를 전송하는 방법이다.

정답 라

10. 문제 7. 해설 참조

정답 라

11. • PIO(Parallel Input Output controller) : Z-80 계열

  • PPI(Programmable Peripheral Interface) : 8080 계열

  • PIA(Parallel Interface Adapter) : MC6800 계열

  • UART(Universal Asynchronous Receiver Transmitter) : 직렬 입·출력 인터페이스

  정답 나

12. • SIO(Serial Input Output controller) : Z-80 계열

  • USART(Universal Synchronous Asynchronous Receiver Transmitter) : 8080 계열

  • ACIA(Asynchronous Communication Interface Adapter) : MC6800 계열

  • PPI(Programmable Peripheral Interface) : 병렬 입·출력 인터페이스

  정답 라

13. 채널(Channel)은 중앙처리장치의 지시를 받아 입출력 명령을 해독하고 입출 명령의
실행 및 제어를 담당하는 장치로, 중앙처리장치의 별다른 도움 없이 주변 장치와 기억장
치 사이에서 입출력을 수행하는 일종의 서브 컴퓨터(Sub Computer)이다.

  정답 라

14. 채널의 종류

  • **바이트 멀티플렉서 채널(Byte Multiplexer Channel)** : 입출력 속도가 저속인 다수의 입
출력장치가 채널의 단일한 데이터 경로를 공유하면서 데이터를 입출력하는 채널이다.

  • **셀렉터 채널(Selector Channel)** : 어느 한 입·출력장치를 전용인 것처럼 운영하는 채
널로, 단 하나의 고속 입출력장치 제어에 사용하는 채널이다.

  • **블록 멀티플렉서 채널(Block Multiplexer Channel)** : Byte Multiplexer Channel과
Selector Channel의 장점을 살린 채널로, 고속으로 다수의 입출력장치 제어에 사용되는
채널이다.

  정답 나

15. DMA에 의한 입출력은 CPU의 계속적인 간섭 없이 주기억장치와 주변 장치 사이에
입출력을 행하는 방식으로, CPU로부터 버스의 사용권을 일시적으로 빼앗는 사이클 스
틸(Cycle Steal)을 발생시켜 입출력을 수행한다.

  정답 다

16. 문제 15. 해설 참조

  정답 나

10장

1. 정보통신이란 정보의 수집·가공·저장·검색·송신·수신 및 그 활용, 그리고 이에 관련되는 기기·기술·역무 등 기타 정보화를 촉진하기 위한 일련의 활동과 수단을 말한다.

> **정답** 다

2. 아날로그 데이터의 시작과 끝 감지 능력은 정보통신시스템이 갖추어야 할 기능에 해당되지 않는다.

> **정답** 라

3. 세계 최초의 본격적인 데이터 통신 시스템은 SAGE(Semi Automatic Ground Environment)이다.

> **정답** 다

4. Computer Network System은 독립된 기능을 가진 복수의 컴퓨터가 하드웨어, 소프트웨어 및 데이터 등의 자원을 공용할 수 있도록 통합된 시스템을 말한다.

> **정답** 라

5. 일괄 처리(Batch Processing) 방식은 일정 시간 혹은 일정량의 데이터를 모아 한 번에 처리하는 방식으로, Off Line 처리 방식이다.

> **정답** 나

6. Time Sharing System은 컴퓨터를 시간적으로 분할하여 많은 이용자가 여러 프로그램을 독립적으로 실행할 수 있는 시스템이다.

> **정답** 라

7. 중앙의 컴퓨터를 완전히 2중화하여 두 개의 컴퓨터가 동시에 동일한 업무를 수행하고 그 처리결과를 비교하여 그 결과가 동일한 경우에만 그 수행 결과를 이용하는 방식을 이중화 방식이라 한다.

> **정답** 다

8. Protocol은 통신회선을 이용하여 컴퓨터와 컴퓨터, 컴퓨터와 단말기끼리 데이터를 주고받을 경우의 상호 규약을 말한다.

> **정답** 다

9. 대부분의 데이터 전송 시스템은 원거리 전송을 하므로 직렬 전송 방식을 채용한다.
정답 다

10. • **단향 통신(Simplex Communication)** : 데이터의 진행 방향이 일정한 한 방향으로만 진행되는 통신 방법으로, 송신 측이 수신 측으로 데이터를 전송하면 수신 측은 오로지 데이터를 수신할 뿐 어떠한 응답도 할 수 없는 통신 방식이다.
  • **반이중 통신(Half-duplex Communication)** : 무전기를 이용한 통신과 같이 데이터를 양방향으로 전송할 수는 있으나 한쪽이 자료를 송신할 때 다른 한쪽은 반드시 수신만을 해야만 하는 통신 방식이다.
  • **전이중 통신(Full-duplex Communication)** : 4선식 회선을 사용하여 송신 회선과 수신 회선을 분리함으로써 동시에 양방향 송수신이 가능하도록 만든 통신 방식이다.
정답 가

11. • **Multiprogramming** : 한 개의 Processor를 이용, 여러 개의 Program을 처리하는 것
  • **Multiprocessing** : 여러 개의 Processor를 가지고 Program을 처리하는 것
정답 나

12. 보(Baud)는 전송에서 1회선이 1초 동안에 보낼 수 있는 단위로 일반적으로 bps와 같으나 QAM이나 다치 변조 방식의 사용으로 한 심볼이 6비트로 표현된다면 14400 bps 모뎀은 2400보(baud)를 전송하는 것이 된다.
정답 가

13. 문자당 비트수 11 bit × 문자수 20 = 220 bit/sec(BPS(bit/sec) = Baud)
[start bit(1) + data bit(7) + parity(1) + stop bit(2)]
정답 라

14. bit 시간 : $\dfrac{1}{f} = \dfrac{1}{2 \times 10^6}$ sec $= 0.5\,\mu s$ (이때 f 는 주파수)

word 시간 : $0.5\,\mu s \times 16 = 8\,\mu s$
정답 가

15. 근거리 정보 통신망(LAN ; Local Area Network)은 근거리 또는 동일 건물 내에 설치된 고속 정보 통신망으로, 다수의 독립된 전자계산기들이 단일 기관에서 사용되고 좁은 지역 내에서 사용되는 경우에 적합한 통신망이다.
정답 다

전자계산기 구조

2016년 1월 10일 1판1쇄
2020년 5월 10일 1판2쇄

저 자 : 신봉희
펴낸이 : 이정일

펴낸곳 : 도서출판 일진사
www.iljinsa.com
(우) 04317 서울시 용산구 효창원로 64길 6
전화 : 704-1616 / 팩스 : 715-3536
등록 : 제1979-000009호 (1979.4.2)

값 15,000 원

ISBN : 978-89-429-1470-8